◎ 徐祖信　尹海龙　著

城市水环境管理中的综合水质分析与评价

中国水利水电出版社
www.waterpub.com.cn

内 容 提 要

本书在总结城市水环境管理中的综合水质评价问题和国内外研究进展基础上，提出了一种全新的综合水质评价方法——水质标识指数法。其特点是既能定性评价、也能定量评价；既不会因个别水质指标较差就否定整体水质，又能对河流整体水质做出合理的评价；既可以用于一条河流不同断面水质的客观比较，又可以用于不同河流水质的评价分析；既可以在同一类别中比较水质的优劣，也可以对劣Ⅴ类水比较污染的严重程度，并判断水体黑臭与否。这些都是现行水质评价方法的不足之处，与之相比，水质标识指数法更科学合理。

本书适用于水环境管理工作者、环境保护科技人员和相关专业的大专院校师生。书后附水质标识指数计算程序光盘，以便于读者使用该方法开展综合水质评价。

图书在版编目（CIP）数据

城市水环境管理中的综合水质分析与评价/徐祖信，尹海龙著 . 一北京：中国水利水电出版社，2012.11
ISBN 978-7-5170-0332-8

Ⅰ. ①城… Ⅱ. ①徐… ②尹… Ⅲ. ①城市环境—水环境—水质分析②城市环境—水环境质量评价Ⅳ. ①X832②X824

中国版本图书馆 CIP 数据核字（2012）第 265480 号

书　　名	**城市水环境管理中的综合水质分析与评价**	
作　　者	徐祖信　尹海龙　著	
出版发行	中国水利水电出版社	
	（北京市海淀区玉渊潭南路 1 号 D 座　100038）	
	网址：www. waterpub. com. cn	
	E—mail：sales @waterpub. com. cn	
	电话：(010)68367658(发行部)	
经　　售	北京科水图书销售中心（零售）	
	电话：(010)88383994、63202643、68545874	
	全国各地新华书店和相关出版物销售网点	
排　　版	北京今奥都科技发展中心	
印　　刷	北京纪元彩艺印刷有限公司	
规　　格	175mm×245mm　16 开本　15.25 印张　307 千字	
版　　次	2012 年 11 月第 1 版　2012 年 11 月第 1 次印刷	
印　　数	0001—2000 册	
定　　价	**98.00** 元(附光盘 1 张)	

问题三 城市水环境综合治理投资巨大，动辄上亿元，需对投资巨大的水环境综合治理效果进行考核评估。由于城市河流污染历史长，污染情况严重，通过水环境综合治理后水质虽有所改善，可能水质类别不一定能改变。水质变化的定量考核能够更客观、更具有操作性地对水环境综合治理效果予以评估。如何对城市水环境治理效果进行定量考核？

上述问题得不到解决，综合水质评价就谈不上完善，甚至可以说，综合水质评价就没有生命力。针对上述问题，本书分 4 个部分共十一章介绍城市水环境管理中的综合水质评价技术及应用。

第一部分：第一章，绪论。介绍了城市水环境管理中的综合水质评价问题和综合水质评价研究进展，为本书后续章节的编写奠定了基础。

第二部分：第二章至第八章。对 7 种典型的综合水质评价方法，包括单因子评价法、污染指数评价法、模糊数学评价法、灰色系统评价法、层次分析评价法、物元分析评价法、人工神经网络评价法等逐一系统介绍，包括各种评价方法的原理、计算方法与流程、应用实例等，并对这些方法予以总结。

第三部分：第九章至第十章。围绕着城市水环境管理中的综合水质评价问题，分析了 7 种典型综合水质评价方法的不足之处，提出综合水质评价的改进方向，进而提出一种全新的综合水质评价方法——水质标识指数评价法。详细介绍了水质标识指数法的原理、计算方法与流程、黑臭判定、应用实例等。第十章对已有的典型综合水质评价方法和新提出的水质标识指数评价法进行比较研究，对新方法的科学合理性予以进一步比选验证。

第四部分：第十一章。本章围绕着城市水环境管理的实际需求，在水质标识指数法的基础上，制定了城市河流水质评价技术规范（建议稿）。在城市水环境质量评价工作中，除了选用科学合理的水质评价方法外，还需明确界定水质类别评价（包括黑臭评价）、河流（水系）整体的水质评价、水环境功能区达标评价、水质定性评价、水质随时间变化评价、水质随空间变化评价等关键技术问题，本章对这些问题给予了回答。

本书中开发的水质标识指数评价方法及其水质评价技术规范自提出以来，已受到我国广大专家学者、技术人员和水环境管理工作者的广泛关注。目前该方法已应用于太湖、辽河等流域的河流水系水质评价中，以及上海、天津、广东、浙江、江苏、山西、河北等地城市的河流水质评价与水环境综合整治考核中。一些学者还将该方法与其他理论相结合，以对该方法进一步完善。我们希望借此书出版，进一步推广应用水质标识指数评价方法，并与广大读者共同探讨和推进我国城市河流水质评价工作，使其为我国水体污染控制和治理提供更有效的科学支撑。

限于作者水平，书中难免存在不足之处，恳请读者批评指正。

作 者

2012 年 2 月

前　　言

　　长期以来，由于我国环境基础设施建设滞后于城市化进程，环境历史欠帐不断积累，导致城市水环境问题相当严峻，黑臭已经成了许多城市河流的代名词。消除城市河流黑臭，恢复城市河流景观功能并逐步恢复城市河流生态功能，实现人与自然和谐相处，已成为各级政府坚定不移的目标，我国各大中城市相继实施的大规模城市河流综合整治工程就是有力的证明。

　　城市河流污染历史长、污染负荷重，"百年顽疾，非一日能攻克"。因此，城市河流水环境整治必然是一项艰巨的工作，不仅需要有资金巨大的环保投入，还需要十几年甚至几十年持续不懈的努力。鉴于此，城市河流水环境整治的科学决策至关重要。

　　在城市河流的水环境综合整治中，水质评价是一项基础性的工作，它既是水环境整治的起始环节，又是水环境整治的末端环节。在起始环节，通过水质评价，对水质状况作出科学合理的分析，才能有针对性地制订水环境整治的规划；在末端环节，通过对水质状况进行科学合理的评价，才能准确评估水环境整治的效果，总结水环境治理的经验教训，为后续滚动推进的水环境综合整治奠定良好的基础。

　　我国2002年颁布的《地表水环境质量标准》（GB3838—2002）依据地表水水域环境功能和保护目标，按功能高低依次划分为5类，规定了20多项水质基本项目对应于不同水域功能类别的浓度限值。对水质单项指标，将其实测值与不同功能类别对应的水质浓度限值相比较，可以判断出单项指标的水质类别（Ⅰ、Ⅱ、Ⅲ、Ⅳ、Ⅴ、劣Ⅴ类），这是单项指标的水质评价。

　　除了单项水质指标的评价，还要开展综合水质评价，即通过一个确定的数值，对一组水质指标所反映的水质予以总体评价。在城市水环境管理与水环境综合治理中，尤其需要通过对一组水质指标反映的整体水质状况进行评估，科学合理地分析水环境总体水质变化和水环境治理的成效，这是政府决策水污染治理方向极其重要的依据。

　　鉴于综合水质评价的重要意义，近年来，综合水质评价在城市水环境综合治理中得到了越来越多的应用。但是，客观地讲，尽管自20世纪60年代以来就一直探讨综合水质评价问题，但综合水质评价方法并不尽完善，仍有一些关键问题需要研究和探讨。

　　问题一　综合水质评价结论既不能掩盖水质污染的现实，尤其是主要污染指标的水质；也不能过保护，以最差水质指标的水质代表综合水质。如何科学合理给出综合水质评价结论？

　　问题二　城市河流黑臭是城市水环境的严峻现实，要进行城市水环境治理，首先要消除水体黑臭，在此基础上才考虑水质的进一步改善和水生生态系统的恢复问题。黑臭是水体严重污染的综合表征，应当基于综合水质评价来判定。如何判断水体黑臭？

目　录

第一章 绪 论

任何事物的产生和发展都是在一定背景下进行的，水环境质量评价也是如此。要研究城市水环境质量综合评价技术，首先要分析城市水环境管理中面临的综合水质评价问题。本章首先概略地评述了城市水环境管理的综合水质评价问题，分析了水质评价的必要性；介绍了国内外综合水质评价技术的研究进展，为本书"城市水环境管理中的综合水质分析与评价"的具体、深入论述奠定了基础。

第一节 城市水环境管理中的综合水质评价

一、城市水环境综合治理与管理

快速城镇化是我国社会经济发展的重要标志。我国城镇化率从上个世纪 80 年代起快速增长，2008 年全国城镇化率达到 45.7%，拥有 6.07 亿城镇人口，形成建制城市 655 座，其中百万人口以上特大城市 118 座，超大城市 39 座。2009 年全国城镇化率达到 46.6%，2010 年接近 50%。由于国内生产总值的 70% 以上，国家税收的 80% 以上，第三产业增加值的 85% 以上，高等教育和科研力量的 90% 以上都集中在城市，城市的发展代表着国家社会经济发展的水平与方向。

然而，由于城市人口高度集中、产业发达，它也成为水环境污染负荷的主要来源地。根据《2010 年中国环境状况公报》中关于七大水系水质分布的数据，污染较严重的海河、辽河、淮河流域中，污染最为严重的主流河段或支流大都集中在大中城市附近；如黄河流域的渭河、汾河、湟水河、涑水河等主要支流，以及辽河流域的大辽河及支流等都是流经大型城市的河流，而主流水质最差的河段也在大城市的周边；长江、珠江等水质较好的流域也存在类似的情况。因此可以说，城市水环境恶化的局面基本上还没有得到有效控制。影响我国城市水环境水质改善的主要问题有：

（1）城市化地区截污存在问题。在城市污水处理方面，"十五"末城市污水处理率为 52.0%，"十一五"期间的 2006～2008 年依次为 55.7%、62.9% 和 66.0%，平均每年提高 8.23%。虽然目前城市污水处理率已接近 70%，但随着城市规模、城镇数量、城市人口的不断增加和人民生活水平的提高，城市用水量总体上必然呈增加的趋势，城市生活污水排放量和工业废水排放量也将继续增加，对污水处理设施的需求也将随之增大。此外，有些城市的污水处理厂建成以后难以有效运转，污水处理效率低下。许多中小型污水处理厂缺乏专业管理人员和有经验的运行操作人员，更缺少严格的操作规程和管理措施，导致污水处理设施长期处于病态运行中。还有一些污水处理厂由于运行经费不足，经常停运，使得进厂污水不经处理直接排入受纳水体，造成水环境严重污染。

（2）城市化地区排水系统运行管理存在问题。随着城市化率的提高，城市排水管网的建设速度也逐年加快。据统计，2008 年全国的城市排水管道长度已从 2005 年的 24.1 万 km 增加到 31.5 万 km。然而，我国大部分城市排水管网的建设和管理滞后于经济发展和城市建设，导致一是管网建设以后，污染源纳管率不高；二是分流制排水系统雨污混接严重，市政泵站旱流污水直接排入河道；三是合流制排水系统设计与管理运行不善，预抽空污水和初期雨水排放对河道产生冲击式污染；四是管道破损，末端封而不堵，地下水和河水大量侵占管道容量，降低排水能力。这些问题限制了高截污率城市河道水质的进一步改善，也造成了比较严重的水环境问题。

（3）城市水环境治理存在问题。一是河道底泥污染问题，城市河道受污染历时较长，水体中污染物逐年累月沉积在底泥中，成为河道潜在的内源污染，通过截污治污有效控制外部污染源后，底泥污染物释放已经成为河道水体的主要影响因素；二是河网水动力条件差，因城市为防洪安全设置的闸门、泵站、水工构筑物众多，导致水体交换率低；三是河道水生态系统脆弱，水体自净能力差。

预计到 2020 年城镇化率将达到 60%，城镇人口 8.7 亿。城镇化进程将不可避免地导致大规模的人流、物流、能流在空间上的快速集聚和扩散，污染负荷也将随之增大，城市水环境将面临着更加严峻的挑战。

二、城市水环境管理中的综合水质评价问题

（一）水质评价在城市水环境管理中的地位

城市水环境的综合治理与管理（Integrated Catchment Management，简称 ICM）通常以一个水系的全流域或其部分区域作为污染治理对象，经由决策支持系统、工程技术、行政管理、法制与经济等多方面的综合性措施来有效和经济地防治该区域内的污染，使其恢复与保持最佳的水环境质量及水资源的正常使用价值。就城市水环境治理的技术体系而言，可归纳为图 1—1 所示的形式。

从图 1—1 可以得出，城市水环境综合治理可以分为：

（1）水环境治理技术。包括污染源治理技术（城市点源截污治污技术、工业区污水治理技术、城市面源与排水管网溢流污染治理技术等）、水体就地净化与生态修复技术、生态水力学技术等。

（2）水环境管理技术。包括水质监测、水环境治理规划制定、水环境决策支持

系统开发、水环境治理政策（法规、标准）、水质评价等。其中，水质评价既是水环境综合整治的起始环节，又是末端环节。在起始环节，通过水质评价，对水质状况作出科学合理的分析，才能有针对性地借助水环境决策支持系统制订水环境治理的规划；在末端环节，通过科学合理的水质评价，才能准确评估水环境整治的效果，总结水环境治理的经验教训，为后续滚动推进的水环境综合治理奠定良好的基础。评价是为了决策，没有评价就没有决策。因此，水质评价是水环境管理的一项基础性工作。

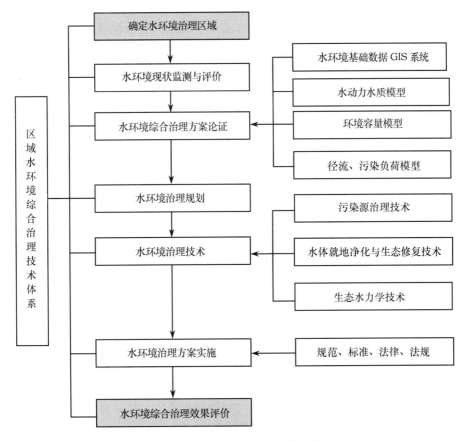

图 1-1　水环境综合治理的技术体系

（二）城市水环境管理中的综合水质评价问题

依据我国 2002 年颁布的《地表水环境质量标准》（GB3838—2002），地表水水域环境功能和保护目标，按功能高低依次划分为 5 类，并规定了 20 多项水质基本项目对应于不同水域功能类别的浓度限值。对水质单项指标，将其实测值与不同功能类别对应的水质浓度限值相比较，可以判断出单项指标的水质类别（Ⅰ、Ⅱ、Ⅲ、Ⅳ、Ⅴ、劣Ⅴ类）以及水质浓度的时空变化，这是单项指标的水质评价。

然而，影响评价事物的因素是众多而复杂的，往往需要将反映评价事物的多项指标信息加以汇集，得到一个综合指标，以此从整体上反映被评价事物的整体情况，这就是多指标综合评价方法。综合水质评价就是如此。在城市水环境管理与水环境综合治理中，尤其需要通过对一组水质指标反映的整体水质状况进行评估，分析水环境总体水质变化和水环境治理的成效。此外，以一个明确的数字表征的综合水质评价结果，也便于公众对总体水质状况的理解。

鉴于综合水质评价的重要意义，近年来，综合水质评价在城市水环境管理中得到了越来越多的应用。但是，综合水质评价并不尽完善，存在着诸多争议。要使综合水质评价更好地服务于城市水环境管理，仍有一些关键问题需要研究和探讨：

（1）综合水质评价结论的科学合理性问题。综合水质评价结论科学合理与否，直接关系到水环境综合整治决策，意义重大。综合水质评价结论既不能掩盖水质污染的现实，尤其是主要污染指标的水质，也不能过保护，以最差水质指标的水质代表综合水质。综合水质评价结论是否科学合理是最受关注的问题，也是综合水质评价研究中首先需要回答的问题。

（2）对城市河流水体黑臭的判断问题。城市河流黑臭是城市水环境的严峻现实。要进行城市水环境治理，首先要消除水体黑臭，在此基础上才能考虑水质的进一步改善和水生生态系统的恢复问题。黑臭是水体严重污染的综合表征，应当基于综合水质评价来判定。因此，综合水质评价应当能回答水体黑臭如何判断的问题。

（3）对城市水环境治理效果的定量考核问题。城市水环境综合治理投资巨大，动辄上亿乃至几十亿元，对投资巨大的水环境综合治理效果进行考核评估，自然是社会关注的问题。水环境治理效果的考核，不仅包括综合水质类别变化的考核，还应包括同一水质类别和不同水质类别间综合水质定量变化的考核，而综合水质变化的定量考核更具有实际意义，原因是：城市河流污染历史长，污染情况严重，属于百年顽疾，非一时能克。经过水环境综合治理后水质虽有改善，但综合水质类别不一定改变，因此对综合水质变化的定量考核能够更客观、更具有操作性地对水环境综合治理效果予以评估。

探讨如何解决上述水环境管理中的综合水质评价问题，正是撰写本书的目的。本书的撰写思路是：

1）对目前现有的典型综合水质评价方法，包括其原理、计算方法与流程、应用等，予以介绍和评估。

2）针对城市水环境管理中的综合水质评价问题，发现典型综合水质评价方法的不足之处，提出综合水质评价的改进方向。

3）研究提出新的河流综合水质评价方法，并将其应用于水环境管理中。

4）对各种综合水质评价方法，包括已有的典型综合水质评价方法和新提出的综合水质评价方法，进行比较研究；对新方法的科学合理性予以进一步验证。

5）针对城市水环境管理的实际应用需求，基于新提出的综合水质评价方法，提出城市水环境质量评价的技术规范。

第二节　综合水质评价研究进展简介

综合水质评价在世界范围内一直都是难点问题。自20世纪60年代以来，国内外就不断有文献讨论综合水质评价方法，目前已研究出几十种评价方法，本节介绍几种典型的水质评价方法，这些典型的评价方法代表了水质评价方法的研究前沿，反映了综合水质评价的现状。

一、单因子评价法

我国颁布的《地表水环境质量标准》（GB3838—2002）中采用了单因子评价法，其基本思想是一票否决原则，即：在所有参与评价的水质指标中，选择水质最差的单项指标所属类别来确定所属水域综合水质类别，或者说，在所有参与评价的水质指标中，若有某一单项水质指标超标，则所属水域的使用功能便丧失。

单因子评价法简单直观，但就综合水质评价而言，其所采用的一票否决原则表现为过保护，不能科学合理地评判水体的综合水质类别，值得商榷。

二、污染指数法

污染指数法的基本思想是：用各水质指标的实测值与其评价标准（通常采用水体功能类别对应的水质指标浓度限制）之比，作为标准指数单元，通过算术平均、加权平均、连乘及指数等诸多数学手段得到一个综合污染指数，作为水质评定尺度来评价综合水质。

污染指数法是最早采用的综合水质评价方法之一，其特点是计算简单。常用的污染指数包括罗斯指数、内梅罗指数、上海指数等。

三、模糊数学评价法

1965年美国自动控制专家L. A. Zadech首先提出用"Fuzzy Sets（模糊集合）"来描述模糊事物。模糊数学产生的最直接动力与系统科学发展有着密切关系：在多变量、非线性、时变的大系统中，复杂性与精确性是矛盾体，要想完全精确地描述复杂现象和系统，事实上是不可能的，我们必须在精确和简明之间取得平衡，模糊理论的提出正是为了用全新的、比较简洁的方法对复杂系统作出合乎实际的处理。近40年来，模糊数学显示了广阔的发展前景，在自然科学和社会科学诸多领域得到了广泛应用。

水环境系统存在以下特性：①水环境系统中，污染物质存在着复杂的、难以明确的相关关系，在综合评价上客观存在着模糊性；②根据水的用途和环境指标来确定水质分级标准时，水质级别划分、水质标准确定具有模糊性，如Ⅰ类水和Ⅱ类水的边界客观上难以用一个绝对的判据划分；③由于水体质量变化是连续性的，对水体质量综合评价的结论也存在着模糊性。基于水环境系统的以上特征，国内外学者已将模糊数学理论应用于水环境质量综合评价中。

应用模糊数学对水质进行综合评价的基本思想是：由监测数据建立各水质指标对各级标准的隶属度集，形成隶属度矩阵，再把评价指标的权重集与隶属度矩阵相乘，得到模糊积，获得一个综合评判集，表明评价水体水质对各级标准水质的隶属程度。目前在综合水质评价中应用较多的模糊数学方法包括模糊综合指数法、模糊聚类法、模糊识别法、模糊贴近度法、模糊距离法等。

四、灰色系统评价法

灰色系统理论是我国学者邓聚龙于 1982 年提出的一门新理论。灰色系统理论用颜色的深浅来表征信息的完备程度，把内部特征已知的信息系统称为白色系统，把完全未知和非确定的信息系统称为黑色系统。客观世界中，信息完全已知或未知的系统只占极少数，大部分为灰色系统——既含有已知信息又含有未知信息的系统。灰色理论作为分析信息不完备系统的理论，目前已广泛应用于工业、农业、气象等诸多研究。

由于对水环境质量所获得的监测数据都是在有限的时间和空间范围内监测得到的，信息是不完全的或不确切的。因此可将水环境系统视为一个灰色系统，即部分信息已知，部分信息未知或不确知的系统。基于这种特性，国内外学者也将灰色系统理论应用于水环境质量综合评价中。

应用灰色系统理论对水质进行综合评价的基本思想是：计算水体各水质指标的实测浓度与各级水质标准的关联度，然后根据关联度的大小确定水质综合水质。灰色系统理论进行水质综合评价的方法中目前常用的、较为成熟的为灰色聚类法，其他的方法主要有灰色加权关联度评价法、灰色模式识别模型法、灰色贴近度分析法、灰色决策评价法等。

五、层次分析评价法

层次分析法（Analytical Hierarchy Process，简称 AHP）是美国著名运筹学家 T L. Saaty 于 20 世纪 70 年代中期创立的。AHP 法本质上是一种决策思维方式，它把复杂的问题分解为各个组成因素，将这些因素按支配关系分组形成有序的递阶层次结构，通过两两比较方式确定层次中诸因素的相对重要性，然后综合人们判断决定诸因素相对重要性总的顺序。因此，AHP 充分体现了人们决策思维的分解、综合等基本特征。

作为一种决策工具，AHP 以其深刻的理论内容和简单的表现形式，并能统一处理决策中的定性与定量因素而被广泛应用于许多领域。对水环境质量评价而言，它实际上是一个水质评价指标、水质类别间多因素综合决策的过程，因而将 AHP 引入水质评价是可行的。目前国内外学者已经采用了 AHP 理论开展水质评价，也借助 AHP 确定综合水质指数中各评价因子的权重。

六、物元分析评价法

物元分析理论（Matter Element Analysis）是我国学者蔡文 1983 年提出的一门新理论。物元分析法是研究解决矛盾问题规律的方法，它可以将复杂问题抽象为形象化的模型，并应用这些模型研究基本理论，提出相应的应用方法。利用物元分析方法，可以建立事物多指标性能参数的质量评定模型，并能以定量的数值表示评定结果，从而能够较完整地反映事物质量的综合水平。由于该理论有很强的应用背景，在许多领域得到广泛应用。

在水质评价领域，应用物元分析法对水质进行综合评价的基本思想是：根据各项水质指标各水质类别的浓度限制，建立经典域物元矩阵；根据各水质指标的实测浓度建立节域物元矩阵；然后建立各水质指标对不同水质类别的关联函数，根据其值大小确定水体的综合水质类别。

物元分析法与模糊评价法、灰色评价法同属不确定分析方法，它们分别从模糊性、灰色关联性以及多指标间的不相容角度描述城市水环境质量归属。各方法既有相对的独立性，又渗透着某些共性。

七、人工神经网络评价法

人工神经网络（Artificial Neural Network，简称 ANN）是 20 世纪 80 年代中期兴起的前沿研究领域。所谓人工神经网络是人脑的一种物理抽象、简化与模拟，是由大量人工神经元广泛连接而成的大规模非线性系统，由于它为解决非线性、不确定性和不确知系统问题开辟了一条新的途径，因而已经成为各领域科学家研究的热点。

人工神经网络的主要特点为强大的并行处理能力，非线性映射能力，自组织、自学习和自适应功能，容错性和鲁棒性。它的基本思想是：从外界环境获得资讯，神经网络在输入资讯的影响下进入一定状态，由于神经元之间相互联系以及神经元本身的动力学特性，这种外界刺激的兴奋模式会自动地迅速演变成一种平衡状态。这样，具有特定结构的神经网络就可定义出一类模式变换，即实现一种映射关系。例如在水质评价研究领域，人工神经网络通过对有代表性的水质数据样本的自学习、自适应等，能够一定程度上掌握事物的本质特性（即综合水质状况）。基于这种特性，国内外学者将人工神经网络技术应用于水环境质量综合评价中。目前在水环境质量综合评价中应用最为广泛的神经网络模型是 BP 模型。

综合水质评价的其他方法还包括主成分分析法、集对分析法、投影寻踪模型等。尽管综合水质评价的具体方法不尽相同，但是其核心思想是一个具有确定性的评价指标和评价标准与具有不确定性的评价因子及其含量变化相结合的分析过程，它们都遵从一个统一的思路，包括：确立评价的指标体系、确定各指标的权重、建立评价数学模型、评价结果的分析等几个环节。因此，本书中通过对几种典型的综合水质评价方法，包括污染指数法、模糊数学评价法、灰色系统评价法、层次分析评价法、物元分析评价法和人工神经网络法等的介绍，就能够反映诸多综合水质方法之精髓。以下各章节对这些典型的评价方法进行详细介绍和案例分析，并在此基础上阐述新提出的综合水质评价方法以及其科学合理性和实用性。

参 考 文 献

[1] 祝绯飞，李秀央．环境质量评价的研究与进展．中国公共卫生，2001，17（6）：567－568.

[2] Pixie A. Hamilton, Timothy L. Miller, and Donna N. Myers. Water Quality in the Nation's Streams and Aquifers Overview of Selected Findings, 1991—2001, U. S. Geological Circular 1265.

[3] S. Nixon, Z. Trent, C. Marcuello, etal. Europe's Water：An Indicator—Based Assessment. Europe Environment Agency.

[4] 彭文启，周怀东，邹晓雯，等．三次全国地表水水质评价综述．水资源保护，2004，1.

[5] 周怀东，彭文启，杜霞，等．中国地表水水质评价．中国水利水电科学研究院学报，2004，2（4）：255－264.

[6] 夏青，陈艳卿，刘宪兵．水质基准与水质标准 [M]．北京：中国标准出版社，2004，9.

[7] 刘林．应用模糊数学 [M]．西安：陕西科学技术出版社，1996.

[8] 兰文辉，安海燕．环境水质评价方法的分析与探讨 [J]．干旱环境监测，2002，16（3）：167－169.

[9] 门宝辉，梁川．水质量评价的物元分析法 [J]．哈尔滨工业大学学报，2003，35（3）：358－361.

[10] 兰文辉，安海燕．环境水质评价方法的分析与探讨 [J]．干旱环境监测，2002，16（3）：167－169.

[11] 王玲杰，孙世群，田丰．不确定数学分析方法在城市水环境质量评价中的应用 [J]．合肥工业大学学报（自然科学版），2004，27（11）：1425－1429.

[12] 李祚泳，丁晶，彭荔红．环境质量评价原理与方法 [M]．北京：化学工业出版社，2004.

[13] 杨志峰，崔保山，刘静玲，等．生态环境需水量理论、方法与实践 [M]．北京：科学出版社，2003.

[14] 杜栋，庞庆华，吴炎．现代综合评价方法与案例精选 [M]．北京：清华大学出版社，2008.

[15] 范可旭，徐长江，张晶．长江流域水资源评价．人民长江，2011，42 (18)：62—72.

[16] 尹海龙，徐祖信．河流综合水质评价方法比较研究 [J]．长江流域资源与环境，2008，17 (5)：729—733.

[17] 王海峰，石萍，李春燕．基于熵权的集对分析模型在水质评价中的应用 [J]．人民黄河，2010，32 (10)：70—71.

[18] 冯莉莉，吕小凡，高军省．水质评价的集对分析方法研究 [J]．人民黄河，2010，32 (10)：76—79.

[19] 王群妹，梁雪春．基于主成分分析的水质评价研究 [J]．水资源与水工程学报，2010，21 (6)：140—154.

[20] 吴浩东，胡衡生．基于主成分分析法的明江河水质评价 [J]．湖北农业科学，2010，49 (10)：2407—2409.

[21] 刘小楠，崔巍．主成分分析法在汾河水质评价中的应用 [J]．中国给水排水，2009，25 (18)：105—108.

[22] 万金保，何华燕．主成分分析法在鄱阳湖水质评价中的应用 [J]．南昌大学学报（工科版），2010，32 (2)：113—117.

[23] 于国荣，叶辉，夏自强，等．投影寻踪分类模型的改进及在水质评价中的应用 [J]．四川大学学报（工程科学版），2008，40 (6)：24—29.

[24] 金菊良，魏一鸣，丁晶．水质综合评价的投影寻踪模型 [J]．环境科学学报，2001，21 (4)：431—434.

第二章　单因子评价法

第一节　我国水环境质量标准

我国于 1983 年首次颁布《地面水环境质量标准》（GB3838—83），1988 年进行第一次修订（GB3838—88），1999 年第二次修订后改名为《地表水环境质量标准》（GHZB1—1999），2002 年进行第三次修订（GB3838—2002），2002 年 6 月 1 日起执行。依据《地表水环境质量标准》（GB3838—2002），地表水水域环境功能和保护目标，按功能高低依次划分为 5 类：

Ⅰ类 主要适用于源头水、国家自然保护区；

Ⅱ类 主要适用于集中式生活饮用水地表水源地一级保护区、珍稀水生生物栖息地、鱼虾类产卵场、仔稚幼鱼的索饵场等；

Ⅲ类 主要适用于集中式生活饮用水地表水源地二级保护区、鱼虾类越冬场、洄游通道、水产养殖区等渔业水域及游泳区；

Ⅳ类 主要适用于一般工业用水区及人体非直接接触的娱乐用水区；

Ⅴ类 主要适用于农业用水区及一般景观要求水域。

对应上述 5 类水域功能，将地表水环境质量标准基本项目标准值分为 5 类（如表 2—1 所示），不同功能类别分别执行相应类别的标准值。

表 2—1　　　　　　地表水环境质量标准基本项目标准限值　　　　（mg/L）

序号	标准值　　分类　　项目		Ⅰ类	Ⅱ类	Ⅲ类	Ⅳ类	Ⅴ类
1	水温（℃）		人为造成的环境水温变化应限制在：周平均最大温升≤1；周平均最大温降≤2				
2	pH（无量纲）		6～9				
3	溶解氧（DO）	≥	饱和率90%（或7.5）	6	5	3	2
4	高锰酸盐指数（COD_{Mn}）	≤	2	4	6	10	15
5	化学需氧量（COD_{Cr}）	≤	15	15	20	30	40
6	五日生化需氧量（BOD_5）	≤	3	3	4	6	10
7	氨氮（$NH_3\text{-}N$）	≤	0.15	0.5	1.0	1.5	2.0

续表

序号	标准值 分类 项目		I类	II类	III类	IV类	V类
8	总磷（TP，以P计）	≤	0.02 (湖库0.01)	0.1 (湖库0.025)	0.2 (湖库0.05)	0.3 (湖库0.1)	0.4 (湖库0.2)
9	总氮（TN，湖、库以N计）	≤	0.2	0.5	1.0	1.5	2.0
10	铜（Cu）	≤	0.01	1.0	1.0	1.0	1.0
11	锌（Zn）	≤	0.05	1.0	1.0	2.0	2.0
12	氟化物（以F⁻计）	≤	1.0	1.0	1.0	1.5	1.5
13	硒（Se）	≤	0.01	0.01	0.01	0.02	0.02
14	砷（As）	≤	0.05	0.05	0.05	0.1	0.1
15	汞（Hg）	≤	0.00005	0.00005	0.0001	0.001	0.001
16	镉（Cd）	≤	0.001	0.005	0.005	0.005	0.01
17	铬（六价）（Cr^{6+}）	≤	0.01	0.05	0.05	0.05	0.1
18	铅（Pb）	≤	0.01	0.01	0.05	0.05	0.1
19	氰化物	≤	0.005	0.05	0.2	0.2	0.2
20	挥发酚	≤	0.002	0.002	0.005	0.01	0.1
21	石油类	≤	0.05	0.05	0.05	0.5	1.0
22	阴离子表面活性剂	≤	0.2	0.2	0.2	0.3	0.3
23	硫化物	≤	0.05	0.1	0.2	0.5	1.0
24	粪大肠菌群（个/L）	≤	200	2000	10000	20000	40000

此外，《地表水环境质量标准》（GB3838—2002）还包括集中式生活饮用水地表水源地补充项目（5项）、集中式生活饮用水地表水源地特定项目（80项）。集中式生活饮用水地表水源地补充项目和特定项目适用于集中式生活饮用水地表水源地一级保护区和二级保护区。集中式生活饮用水地表水源地特定项目由县级以上人民政府环境保护行政主管部门根据本地区地表水水质特点和环境管理的需要进行选择，集中式生活饮用水地表水源地补充项目和选择确定的特定项目作为基本项目的补充指标。

第二节　我国采用的一票否决制水质评价方法

我国从1988年颁布《地面水环境质量标准》（GB3838—88）后开始采用使用功能可达性单因子评价方法，把美国环保局的"满足使用功能与达到水质标准两种说法是等价"这一观念引入我国。

单因子评价法的基本思想是一票否决原则，即：在所有参与综合水质评价的水质指标中，选择水质最差的单项指标所属类别来确定所属水域综合水质类别；或者说，在所有参与评价的水质指标中，若有某一单项水质指标超标，则所属水域的使用功能便丧失。我国在水质监测公报中，便采用单因子评价法评价水体综合水质。

单因子评价法简单直观，但就综合水质评价而言，用最差的单项指标水质来决定水体综合水质情况，不能科学地评断其综合水质情况。例如：

（1）我国江南地区以 $NH_3\text{-}N$ 和 TP 污染为主，根据我国现行水质标准评价，均为劣V类水。实际上，随着我国对水环境污染治理的日益重视，各地水环境污染治理工作都取得了一定的成效，河流整体水质有了一定的改善，这种评价方法不能客观反映河流水质的改善。以我国江南某条河流水质变化为例，予以说明。

某市中心城区某条河流主要水质指标监测数据如表2-2所示。在整治前，河流黑臭，COD_{Mn}、BOD、DO、$NH_3\text{-}N$ 四项指标均劣于V类水。整治后，河流黑臭消除，河流水质逐渐改善，主要污染指标浓度逐渐降低，DO浓度逐渐升高，例如在1998～2001年间，所评价的河流下游断面水质变化为：

1）DO水质类别变化为劣V类→V类→Ⅳ类；

2）COD_{Mn} 水质类别变化为劣V类→V类→Ⅳ类→Ⅲ类；

3）BOD_5 水质类别变化为劣V类→V类→Ⅳ类；

4）$NH_3\text{-}N$ 指标由于上游来水原因（来水中的 $NH_3\text{-}N$ 为劣V类），仍为劣V类，但浓度已经大大降低。

但是，依据单因子评价法，整治前后的4年中（1998～2001年）评价断面综合水质均为劣V类，综合水质未见好转，如表2-3所示。这样的综合水质评价结果不能客观反映整治前后河流水质的明显变化。

表2-2　　　　　某河流下游某断面主要水质指标年度监测数据　　　　（mg/L）

评价年份	DO	COD_{Mn}	BOD_5	$NH_3\text{-}N$
1998	1.54	15.52	16.81	14.19
1999	1.92	10.72	16.08	9.92
2000	2.04	7.09	9.28	7.85
2001	3.35	5.93	5.17	5.61

表2-3　　　　基于单因子评价法的某河流下游某断面综合水质评价结果

年份	单项指标水质类别				综合水质评价结果
	DO	COD_{Mn}	BOD_5	$NH_3\text{-}N$	
1998	劣V	劣V	劣V	劣V	劣V
1999	劣V	V	劣V	劣V	劣V
2000	V	Ⅳ	V	劣V	劣V
2001	Ⅳ	Ⅲ	Ⅳ	劣V	劣V

（2）我国南方一些饮用水源地按粪大肠菌群指标判别，水域功能区应为劣 V 类。如按单因子评价法，那么大多数水体已失去使用功能，但实际上通过自来水厂标准处理工艺处理即能达到饮用水的标准，这类水体并未丧失饮用水源地的功能。

总之，对综合水质评价而言，我国现行的单因子评价法表现为过保护，不利于反映水环境质量的真实状况，不利于反映水体功能是否满足使用要求，不利于政府对水环境综合整治的决策，不利于部门工作考核和社会监督。

既然一票否决式的单因子评价方法不合理，那么如何基于单项指标的水质类别判定，科学合理地反映河流综合水质？这是一个需要回答的问题。如本章开头所述，功能可达性单因子评价方法的思想源于美国，因此，美国的水质评价中如何基于单项指标功能可达性的评价来评价水体的综合水质，成为关注的问题。他山之石，可以攻玉。以下对美国的河流功能可达性评价方法予以介绍，以期分析我国采用的水质评价方法改进方向。

第三节　美国的河流功能可达性评价方法

一、水域使用用途

我国颁布的《地表水环境质量标准》（GB3838—2002）将水域使用功能划分为5类，但美国没有全国统一规定的水域功能区分类标准。在考虑公众供水、鱼类保护、贝类和野生生物保护、娱乐、农业、工业和航行等使用用途的前提下，美国各州和被授权的印第安部落根据水的物理、化学和生物特性、地理位置和风景以及经济条件等详细规定水体的适当用途，来确定对水域的合理利用。

尽管美国各州对水域使用用途的详细分类不同，但依据《清洁水法》305b 条款制定的水质评价规范中的规定，在进行全国范围的水质评价时，需考虑如下 8 类水域使用用途（或水域功能）：

1）水生生物用水；

2）鱼类养殖用水；

3）贝类养殖用水；

4）游泳区用水；

5）二级接触用水；

6）饮用水水源；

7）农业用水；

8）景观用水。

因此，在进行河流水质评价时，需针对以上水域使用用途（水域功能）进行功能可达性评价。

二、河流功能可达性评价

（一）河流功能可达性评价类别

河流功能可达性评价分为 4 个类别：

1）水域功能完全满足使用要求；

2）水域功能完全满足使用要求，但其使用功能受到威胁；

3）水域功能部分受损；

4）水域功能完全受损。

美国各州统计上报每一评价类别所占长度，并上报美国环保局统一汇总。规范表格格式如表 2-4 所示。

表 2-4　　美国各州水域功能可达性评价的分类统计样表

水质保护目标	水域功能类别	评价河流长度	水域功能完全满足使用要求的河段长度	水域功能完全满足使用要求但其功能受到威胁的河段长度	水域功能部分受损的河段长度	水域使用功能完全受损的河段长度
保护水生生态系统	水生生物用水					
	各州规定的其他用途： 1.（略） 2.（略）					
保护公众健康	鱼类养殖用水					
	贝类养殖用水					
	游泳					
	二级接触用水					
	饮用水水源					
	各州规定的其他用途： 1.（略） 2.（略）					
社会经济用途	农业用水					
	景观用水					
	各州规定的其他用途： 1.（略） 2.（略）					

其中对用于饮用水水源用途的水域，还提出了更严格的评价要求。应按表2—5的格式进一步统计不同水域功能类别的长度及所占的长度比例，并识别水域污染因子。

表 2—5 饮用水水域功能可达性评价的分类统计样表

饮用水功能区的河段长度			
评价的饮用水功能区河段长度			
水域功能完全满足使用要求的河段长度		水域功能完全满足使用要求的河段长度所占比例（%）	水体污染物
水域功能完全满足使用要求但其功能受到威胁的河段长度		水域功能完全满足使用要求但其功能受到威胁的河段长度所占比例（%）	
水域使用功能部分受损的河段长度		水域使用功能部分受损的河段长度所占比例（%）	
水域使用功能完全受损的河段长度		水域使用功能完全受损的河段长度所占比例（%）	

（二）导致水体受损的污染因子分析

依据对水体受损的影响程度，污染因子分为关键影响因子、中度影响因子、轻度影响因子3种类型：

（1）关键影响因子。是导致水体使用功能完全受损的唯一影响因子，或者对水体完全受损的影响远高于其他因子。

（2）中度影响因子。是导致水体使用功能部分受损的唯一影响因子，或者对水体使用功能部分受损的影响远高于其他因子，或者是水体使用功能完全受损的多个污染因子之一。

（3）轻度影响因子。对水体使用功能完全受损或部分受损有较小的影响。

在对河流水质进行功能可达性评价的基础上，应对除水域使用功能完全满足要求以外的其他3种评价类别，针对可能导致水域使用功能受到威胁或水域功能受损的污染因子，按照其对水体受损的影响程度，分别统计不同因子影响下的受损河段长度，如表2—6所示。

表 2—6 不同污染因子影响下的河段受损长度统计样表

污 染 因 子	受损河段长度	
	关键影响因子	中度/轻度影响因子
未知的污染因子		
杀虫剂		
优先有机污染物		

污 染 因 子	受 损 河 段 长 度	
	关键影响因子	中度/轻度影响因子
非优先有机污染物		
多氯联苯（PCBs）		
二氧芑		
金属		
氨		
氰化物		
硫酸盐		
氯		
其他无机物		
营养物质		
pH		
底泥		
耗氧型有机物		
盐度/TDS/氯化物		
热量		
水流变化		
生物栖息环境的变化		
病原菌指示物		
辐射		
油脂		
味道和气味		
悬浮固体颗粒		
有毒水生植物		
藻类过度生长		
总毒性物		
浊度		
外来物种		
其他		

注 请不要在此表中留下空白，用以下符号代替：

星号（＊）：不适用的污染因子；

短横（—）：污染因子无数据可用；

零（0）：与污染因子对应的受损河流长度为0。

（三）水体受损成因归类分析

在识别水体受损的污染因子及对应的河段受损长度的基础上，将水体污染因子与水体受损成因关联（如表2-7所示），进一步归类分析每一种污染成因下的受损河段长度（如表2-8所示），以定量明确水体受损的成因，有针对性地采取水污染治理措施。

表2-7　　　　　　　污染因子与污染成因的关联关系举例

水体标识代码	污染因子	与污染因子相关的污染成因
WBID	营养物	城市径流
	营养物	市政点污染源
	沉积物	滨岸植被破坏
	热量	城市
	热量	滨岸植被破坏

表2-8　　　　　　不同污染成因下的河段受损长度统计样表

污染原因	受损河段长度	
	关键污染源	中度/轻度影响的污染源
工业点源		
市政泵站点源		
合流制系统溢流		
排水系统不能正常运行		
生活污水		
农业污染		
农业污染—种植类污染源		
农业污染—放牧业污染源		
农业污染—集中式畜禽牧场		
林业		
建筑业		
城市雨水径流		
资源开采		
土地处理工程		
水利工程		
栖息地的改变		
船坞和娱乐划船		

污 染 原 因	受损河段长度	
	关键污染源	中度/轻度影响的污染源
废弃土地侵蚀		
大气沉降		
废物储存/储存箱泄漏		
地下储存罐的泄漏		
公路维护和公路径流		
事故溢流		
受污染的沉积物		
生物残骸和河底沉积		
营养物的内循环（主要是湖泊）		
沉积物再悬浮		
天然水源		
娱乐和旅游活动		
盐场		
地下水注入		
地下水抽取		
未知污染来源		
各州附加污染来源		
州行政辖区外的污染		

注 请不要在此表中留下空白，用以下符号代替：

星号（＊）：不适用的污染成因；

短横（—）：污染成因无对应数据可用；

零（0）：与污染成因对应的受损河段长度为0。

三、美国河流功能可达性评价方法总结

1）美国的水环境功能达标评价分为水域功能完全满足使用要求、水域功能完全满足使用要求但其功能受到威胁、水域功能部分受损、水域功能完全受损等4个类别。

2）对每一个功能可达性评价类别，统计各类别的河段长度，以定量分析河流总体的功能达标情况。

3）对除水域功能完全满足使用要求的其他3个水域功能类别，具体统计每一污染因子导致的河段受损长度，以定量明确河流总体的受损状况。

4）在识别污染因子的基础上，将污染因子归类为各种污染成因，具体统计各

— 18 —

污染成因影响的河段受损长度，以定量明确河流总体的污染成因，进而采取有针对性的水环境治理措施。

第四节　本章总结

一、一票否决制水质评价方法改进

我国采用的单因子评价法规定：在所有参与评价的水质指标中，若有一项水质指标超标，则所属水域的使用功能便丧失。美国的功能可达性评价法则将水域功能达标评价分为 4 种类别：水域功能完全满足使用要求、水域功能完全满足使用要求但其功能受到威胁、水域功能部分受损、水域功能完全受损；若有一项水质指标超标，根据水质指标对水体受损的影响程度（对水体受损有关键影响、对水体受损有中度影响、对水体受损有轻度影响），作出的评价结论可能是水域使用功能部分受损或水域使用功能完全受损，并不认为一项指标超标，则水域使用功能丧失；进一步讨论，若有多项指标超标，根据多项指标的叠加影响程度，作出的评价结论可能是水域使用功能部分受损或水域使用功能完全受损，并不认为多项指标超标，则水域使用功能一定丧失。总之，在美国功能可达性评价方法中，不存在一票否决原则式的规定。

回过头分析本章第二节的举例：我国南方一些饮用水源地的粪大肠菌群严重超标，按粪大肠菌群的指标判别，水域的水质类别劣于 V 类，如按我国的单因子评价法，那么这些水源地已失去使用功能，但实际上通过自来水厂标准处理工艺处理即能达到饮用水的标准，这类水体并未丧失饮用水源地的功能；而按美国的功能可达性评价方法，首先分析粪大肠菌群对水域使用用途的影响程度，进一步作出的结论可能是水源地的使用功能部分得到支持，而不一定是水域使用功能丧失，这样的评价结论显然比较合理。

综上分析，可以得出：水体使用功能是否受损，与污染因子的影响程度有关，不应该简单地认为一项污染因子超标，则水体一定丧失使用功能。科学合理的做法是分析所有参与评价的污染因子对水域使用功能的影响程度：若某一项对水体功能产生关键影响的因子超标，则水体完全丧失使用功能；若某一项对水体功能不具有关键影响的因子超标，水体不会完全丧失使用功能，可以认为水体部分丧失使用功能；若有多项对水体功能不具有关键影响的因子超标，先判断多项因子的叠加影响，进一步判断水体是完全丧失使用功能还是部分丧失使用功能。为了实现上述科学合理性的评价要求，单个污染因子对水体使用功能影响程度的判定以及多个污染因子叠加对水体使用功能影响程度的判定是关键，是需要深入研究的课题。

二、河流总体水质评价

美国功能可达性评价方法对使用功能受威胁或受损的水域，具体统计每一污染因子导致的河段受损长度，以定量明确河流总体的水质状况；在识别污染因子的基础上，将污染因子归类为各种污染成因，具体统计各污染成因影响的河段受损长度，以定量明确河流总体的污染成因，采取有针对性的水环境治理措施。

我国目前发布的环境状况公报和各大水系水资源质量评价，已经分别统计各水质类别的断面比例和所占河段长度比例，以及超标水质指标。但是还没有达到美国功能可达性评价方法的细致程度，例如具体针对每一污染因子和每一种污染成因，分别统计受损河段长度和所占比例等。借鉴美国的河流总体水质评价方法，进一步完善我国河流总体水质状况描述，能更有针对性地开展我国河流水环境综合治理。

参 考 文 献

[1] 夏青，陈艳卿，刘宪兵. 水质基准与水质标准 [M]. 北京：中国标准出版社，2004.

[2] Assessment and watershed protection bureau, office of wetlands, oceans and watersheds, office of water, US Environmental Protection Bureau. Guidelines for preparation of the comprehensive state water quality assessments (305 (b) reports) and electronic updates：report contents [R]. 1997, 9.

[3] 张建国，钱鹏，卞锦宇. 长江干流江苏段水质评价 [J]. 四川环境，2008，27 (5)：35—38.

[4] 吕平毓，米武娟. 三峡水库蓄水前后重庆段整体水质变化分析 [J]. 人民长江，2011，42 (7)：28—32.

[5] 范可旭，徐长江，张晶. 长江流域水资源质量评价 [J]. 人民长江，2011，42 (18)：62—64.

第三章 污染指数评价法

第一节 污染指数评价法简介

污染指数法是 20 世纪 60 年代发展起来的水质评价方法，作为一种简单使用的水质评价方法，几十年来，该方法在世界各地的河流水质评价中得到了广泛应用，如：1970 年美国学者提出的 Brown 水质指数，1977 年英国学者提出的 Ross 水质指数，1980 后中国学者提出的黄浦江有机污染综合指数等。我国自上世纪 80 年代起开始应用综合污染指数法。

污染指数法的最大特点是简单实用，在综合水质评价中，污染指数法的核心思想是：

1）针对单项水质指标，将其实测值与对应的水体功能类别水质浓度限值相比，形成单项污染指数。

2）对所有参与综合水质评价的单项水质指标，将其单项污染指数通过算术平均、加权平均、连乘及指数等各种数学方法得到一个综合指数，来评价综合水质。

以下对污染指数法的原理、计算方法和应用予以详细介绍。

第二节 单项污染指数原理

单项污染指数是污染指数法的基础，用来表示某单项指标水质是否达到规定的水域功能类别以及相对于水域功能类别的达标或超标程度。对地表水环境质量标准中的基本项目，单项污染指数的计算可以分为 3 种情况：

一、非溶解氧指标的污染指数

非溶解氧指标（不包括 pH）的水质指标具有最低浓度值，且对水质的损害程度随其浓度的增加而增加。因此，某个监测断面，非溶解氧指标的污染指数计算公式为

$$I_i = \frac{C_i}{S_{oi}} \tag{3-1}$$

式中 I_i ——水质指标 i 的污染指数；

     C_i ——水质指标 i 的实测浓度；

     S_{oi} ——与水域功能类别对应的水质指标 i 浓度限值。

二、溶解氧的单项污染指数

溶解氧具有最高浓度值，且对水质的损害程度随其浓度的增加而降低。因此，某个监测断面其单项污染指数的计算公式为

$$I_{DO} = \frac{\left| C_{DO,f} - C_{DO} \right|}{C_{DO,f} - S_{o,DO}}, C_{DO} \geqslant S_{o,DO} \tag{3-2}$$

$$I_{DO} = 10 - 9\frac{C_{DO}}{S_{o,DO}}, C_{DO} < S_{o,DO} \tag{3-3}$$

式中　I_{DO}——溶解氧的污染指数；

　　C_{DO}——溶解氧的实测浓度；

　$S_{o,DO}$——与水域功能类别对应的溶解氧浓度限值；

$C_{DO,f}$——饱和溶解氧浓度。

三、pH 的单项污染指数

pH 具有最高和最低限值，因此其单项污染指数的计算公式为

$$I_{pH} = \frac{7.0 - pH_j}{7.0 - pH_{sd}} \quad (pH \leqslant 7.0,\ pH_{sd} = 6) \tag{3-4}$$

$$I_{pH} = \frac{pH_j - 7.0}{pH_{su} - 7.0} \quad (pH > 7.0,\ pH_{sd} = 6) \tag{3-5}$$

式中　I_{pH}——pH 的污染指数；

　pH_j——pH 的实测值；

　pH_{sd}——评价标准中 pH 的下限值；

　pH_{su}——评价标准中 pH 的上限值。

第三节　综合污染指数法原理

一、综合污染指数的基本形式

（一）简单叠加法

此法是将 n 个单项污染指数直接进行叠加。此法认为环境要素的污染是各种污染物共同作用的结果，因而多种污染物作用的影响必然大于其中任一种污染物的作用和影响。用所有评价参数的相对污染值的综合，可以反映环境要素的综合污染程度，某个监测断面其计算公式为

$$WQI = \sum_{i=1}^{n} I_i \qquad\qquad (3-6)$$

式中　WQI ——综合污染指数；

　　　n ——参与综合水质评价的水质指标数目。

（二）平均值法

此法是求 n 个水质指标污染指数的算术平均值。该方法计算方便，不受参数多少的影响，但计算结果容易掩盖高浓度的水质指标污染影响。对某个监测断面，其计算公式为

$$WQI = \frac{1}{n} \sum_{i=1}^{n} I_i \qquad\qquad (3-7)$$

（三）加权叠加法和加权均值法

对不同的水质指标，即使是同一浓度水平，其对水体使用功能的影响也不完全相同；为此，需要在适当估计各项水质指标对水体使用功能影响程度的基础上，对不同水质指标赋予一定的权重系数，以更合理地反映不同水质指标综合作用下的水体综合水质。相应得到如下计算公式

加权叠加型：
$$WQI = \sum I_i \cdot w_i \qquad\qquad (3-8)$$

加权叠加均值型：
$$WQI = \frac{1}{n} \sum I_i \cdot w_i \qquad\qquad (3-9)$$

式中　w_i ——水质指标 i 的权重系数。

能否科学确定权重系数会直接影响水质评价的可靠性，在本节第二部分将对权重系数的确定方法进行详细介绍。

（四）平方根法

此法的计算公式为

$$WQI = \sqrt{\sum_{i=1}^{n} I_i^2} \qquad\qquad (3-10)$$

式中，当 $I_i > 1$ 时，I_i^2 越大；当 $I_i < 1$ 时，I_i^2 越小；因此，可充分突出大于 1 的污染指数的影响，体现了主要污染因子的单因子贡献力。

（五）均方根法

此法的计算公式为

$$WQI = \sqrt{\frac{1}{n}\sum_{i=1}^{n} I_i^2}$$ (3-11)

此方法可充分反映参与综合水质评价的各水质指标的整体影响,体现了各水质指标对水质影响的整体相似性。

(六)内梅罗指数法

此法在计算式中含有评价参数中的最大分指数项,可以突出浓度最大的水质指标对环境质量的影响和作用。最为典型的内梅罗指数计算公式为

$$WQI = \sqrt{\frac{\max{(I_i)}^2 + \mathrm{avg}{(I_i)}^2}{2}}$$ (3-12)

式中　$\max(I_i)$ —— n 项水质指标污染指数的最大值;

　　　$\mathrm{avg}(I_i)$ —— n 项水质指标污染指数的算术平均值。

近年来,为克服传统的内梅罗指数过于突出最大污染因子对水质影响和未考虑权重因素的特点,有学者采用如下算式代替 $\max(I_i)$:

$$\max(I_i') = \frac{\max(I_i) + I_w}{2}$$ (3-13)

式中　I_w ——权重最大的某项水质指标的污染指数。

因此,得到改进的内梅罗指数为

$$WQI = \sqrt{\frac{\max{(I_i')}^2 + \mathrm{avg}{(I_i)}^2}{2}}$$ (3-14)

另一种改进形式是引入污染指数的加权平均值,代替内梅罗公式中的污染指数算术平均值,即:

$$WQI = \sqrt{\frac{\max{(I_i)}^2 + \mathrm{wavg}{(I_i)}^2}{2}}$$ (3-15)

式中,$\mathrm{wavg}(I_i) = \dfrac{\sum\limits_{i=1}^{n}(I_i \times w_i)}{n}$ 。

(七)混合加权模式法

此法的计算公式为

$$WQI = \sum\nolimits_1 w_{i1} I_{i1} + \sum\nolimits_2 w_{i2} I_{i2}$$ (3-16)

式中　$\sum_1$ ——诸 $I_i > 1$ 求和;

　　　$\sum_2$ ——一切 I_i 求和,包括所有水质指标的污染指数;

w_{i1} 和 w_{i2} ——权系数，$\sum_1 w_{i1} = 1$，$\sum_2 w_{i2} = 1$。

（八）向量分析法

根据希伯尔空间理论，每个水质指标为一个分量，因而，n 项水质指标就构成一个 n 维空间。把 n 项水质指标所反映的综合水质看作是一个向量，其中的每一项水质指标是一个分量 I_i，其综合污染指数就是向量 I 的"模"值，即

$$WQI = \left| I \right| = \sqrt{\left| I_1 \right|^2 + \left| I_2 \right|^2 + \cdots + \left| I_n \right|^2} \qquad (3-17)$$

二、综合污染指数法的单项水质指标赋权

单项水质指标权值是指某项评价指标在所有评价指标中所占有的比重。评价指标的权重分配，直接影响到评价的结果。水质指标赋权的方法较多，所依据的理论基础也较为广泛，以下介绍几种典型的单项水质指标赋权方法。

（一）污染贡献率法

污染贡献率法又称为超标倍数法，即根据各水质指标的单项污染指数来确定权重，是目前应用最多的方法。其计算公式为

$$w_i = \frac{I_i}{\sum_{i=1}^{n} I_i} \qquad (3-18)$$

式中　w_i ——第 i 项水质指标的权重。

（二）超标—贡献率法

该方法以污染物超标倍数对河流水质的影响程度大小为依据，基于地表水环境质量标准中的 I 类标准和 V 类标准求得水质指标的权重。

对非溶解氧指标，其计算公式为

$$w_i = \frac{S_{i,1}}{S_{i,5}} \qquad (3-19)$$

式中　$S_{i,1}$ ——第 i 项指标 I 类水的浓度限值；

　　　$S_{i,5}$ ——第 i 项指标 V 类水的浓度限值；

　　　w_i ——基于 I 类水浓度限值和 V 类水浓度限值得到的第 i 项指标相对权重。

对溶解氧指标，其计算公式为

$$w_{\text{DO}} = \frac{S_{\text{DO},5}}{S_{\text{DO},1}} \qquad (3-20)$$

式中　　$S_{DO,1}$——溶解氧 I 类水的浓度限值；

　　　　$S_{DO,5}$——溶解氧 V 类水的浓度限值。

进一步，基于归一化得到第 i 项指标的权重，即

$$a_i = \frac{w_i}{\sum\limits_{i=1}^{n} w_i} \tag{3-21}$$

（三）阈值赋权法

此方法是根据水环境质量标准中各评价指标在各水质类别间的浓度平均差值来赋权。其计算公式为

$$f_i = \frac{1}{m-1}\left[\sum\limits_{j=1}^{m-1} S_{i,j+1} - S_{i,j}\right] \tag{3-22}$$

式中　　　f_i——第 i 项水质指标各级标准间平均差值；

　　　　　$S_{i,j}$——第 i 项水质指标第 j 类水的浓度限值；

$j \in m$，m——水质类别数目（$m=5$）。

进一步，得到第 i 项指标的权重，即

$$w_i = \frac{1/f_i}{\sum\limits_{i=1}^{n}(1/f_i)} \tag{3-23}$$

（四）熵赋权法

熵赋权法是以水质指标实测值为判定依据的赋权方法。基于熵变原理的权重计算公式为

$$w_{ki} = \frac{C_{ki}}{\sum\limits_{k=1}^{l} C_{ki}} \tag{3-24}$$

进一步，基于归一化得到第 i 项指标的权重，即

$$a_i = \frac{-\sum\limits_{k=1}^{l} w_{ki} \log_2 w_{ki}}{\sum\limits_{i=1}^{n}\left(-\sum\limits_{k=1}^{l} w_{ki} \log_2 w_{ki}\right)} \tag{3-25}$$

式中　l——监测断面数；

　　　n——参与综合水质评价的水质指标数；

C_{ki}——第 i 项水质指标在第 k 个监测断面的实测值。

（五）LIT 权重系数法

LIT 权重系数主要以各水质指标对人体和水生生物的影响为依据，具体计算时

会考虑各水质指标的毒性、稳定性等主要因素，根据这些因素对人体和环境的影响程度规定相应的比重，然后分别计算各水质指标相应各因素得分，相加后得到所有水质指标总分，除以总分之和得到 LIT 权重系数。

假设有 a、b、c、d、e 5 项水质指标，则 LIT 权重系数一般计算方法如图 3—1 所示。

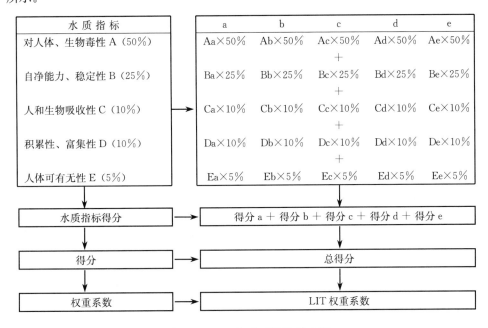

图 3—1　LIT 权重系数计算步骤

第四节　综合污染指数的特殊表达形式

一、Brown 水质指数

Brown 水质指数是 1970 年由 R. M. Brown 等人提出的。他们对 35 种水质指标，征求了 142 位水质管理专家的意见，选取了 11 种重要水质指标，即 DO、BOD_5、混浊度、总固体、硝酸盐、磷酸盐、pH、温度、大肠菌群、杀虫剂、有毒元素等，然后由专家进行不记名投票，从而确定每个参数的相对重要性权系数。Brown 水质指数计算公式为

$$WQI = \sum_{i=1}^{n} w_i P_i \qquad (3-26)$$

式中　WQI ——Brown 水质指数，其数值在 0~100 之间；

P_i——第 i 个水质指标的质量，在 $0 \sim 100$ 之间；

w_i——第 i 个参数的权重值，在 $0 \sim 1$ 之间；

n——参与评价的水质指标个数。

P_i 值大表示水质好，P_i 值小表示水质差，P_i 值按拟定的分级标准来确定，如表 $3-1$ 所示。

表 3－1　　　　　　　　　　　**pH 和 DO 的 P_i 值**

pH	P_i	DO（饱和度%）	P_i
6～8	100	＞70	100
5～6，8～9	80	50～70	80
4～5，9～10	40	30～50	60
		10～30	30
＜4，＞10	0	＜10	0

权重值 w_i 的求解步骤如下：

1）各参数重要性评价的尺度可用数值表示，其中"1"代表相对重要性最高，"5"代表相对重要性最低，以所有调查者给出的评价值计算每个参数重要性评价的平均数。

2）将所有参数的权重值归一化：先求中介权重，即用溶解氧的平均数分别除以各参数的平均数，然后将各参数的中介权重相加求总和。最后，用各参数的中介权重除以中介权重的总和，得到归一化的权重值 w_i，如表 $3-2$ 所示。

表 3－2　　　　　　　　　**9 个水质指标的重要性评价及权重系数**

水质指数	应答者寄回的所有重要评价的平均数	中介权重	归一化权重值 w_i
DO	1.4	1.0	0.17
大肠菌群数	1.5	0.9	0.15
pH	2.1	0.7	0.12
BOD₅	2.3	0.6	0.10
硝酸盐	2.4	0.6	0.10
磷酸盐	2.4	0.6	0.10
温度	2.4	0.6	0.10
混浊度	2.9	0.5	0.08
总固体	3.2	0.4	0.08
合计		$\Sigma=5.9$	$\Sigma=1.00$

二、Ross 水质指数

从理论上讲，综合水质指数可以基于任何水质指标计算，但水质指标数量过多会使综合水质指数的使用变得复杂。1977 年，Ross 在总结以前提出的一些综合水质指数基础上，通过对英国河流进行综合水质评价研究，提出了一种较简明的综合污染指数计算方法，其计算公式为

$$WQI = \frac{\sum 分级值}{\sum 权级值} \qquad (3-27)$$

Ross 选用了 BOD_5、$NH_3\text{-}N$、悬浮固体（SS）和 DO，并对这 4 个参数分别给予它们不同的权重系数，如表 3-3 所示。

表 3-3　　　　　　　　不同参数的权重系数

参　数	BOD_5	$NH_3\text{-}N$	SS	DO	权重系数合计
权重系数	3	3	2	2	10

在计算综合水质指数时，不直接用各种参数的测定值或者相对污染值来统计，而是事先把它们分成等级，然后再按等级数进行计算，水质指数各参数的评分尺度如表 3-4 所示。

表 3-4　　　　　　　　水质指数各参数的评分尺度

悬浮固体 浓度（mg/L）	分级	BOD_5 浓度（mg/L）	分级	$NH_3\text{-}N$ 浓度（mg/L）	分级	DO 浓度（饱和度%）	分级	DO 浓度（mg/L）	分级
0~10	20	0~2	30	0~0.2	30	90~105	10	>9	10
10~20	18	2~4	27	0.2~0.5	24	80~90		8~9	8
20~40	14	4~6	24	0.5~1.0	18	105~120	8	6~8	6
40~80	10	6~10	18	1.0~2.0	12	60~80		4~6	4
80~150	6	10~15	12	2.0~5.0	6	>120	6	1~4	2
150~300	2	15~25	6	5.0~10.0	3	40~60	4	0~1	0
>300	0	25~50	3	>10.0		10~40	2		
		>50	0			0~10	0		

Ross 计算法要求 WQI 值用整数表示，这样将综合污染指数共分成从 0~10 的 11 个等级，数值愈大则表示水质愈好。各级指数可以这样概括描述：WQI =10、8、6、3、0 分别为无污染、轻污染、污染、严重污染、水质腐败 5 种状态。

三、K 法综合污染指数

K 法综合污染指数于 1974 年提出，是我国第一个综合评价水污染状况的指数，其计算公式为

$$WQI_k = \sum_{i=1}^{n} \frac{C_k}{S_{oi}} \times C_i \qquad (3-28)$$

式中　C_k——根据具体条件规定的地表水各种污染物的统一最高允许标准；

　　　S_{oi}——第 i 项水质指标地表水最高允许标准；

　　　C_i——第 i 项水质指标的实测浓度。

在 1974 和 1975 年，曾规定 $C_k=0.1$。这样，当 $WQI_k<0.1$ 时，则表示水中各污染物浓度总和不超过统一的地面水最高允许标准，当时定这种水体为一般水体或未污染水体。当 $WQI_k>0.1$ 时，则表明水中各污染物的总和已超过了统一的地面水最高允许标准，当时定为污染水体并定出当 $WQI_k=0.1\sim0.2$ 时为轻度污染，当 $WQI_k>0.2$ 时为严重污染。

四、北京西郊水质质量系数

水质质量系数是 1975 年北京市西郊环境质量评价中提出的方法，其基本形式与 K 法综合污染指数相同，只是去掉了"统一标准"，其计算公式为

$$WQI = \sum_{i=1}^{n} \frac{C_i}{S_{oi}} \qquad (3-29)$$

式中　C_i——第 i 项水质指标的实测浓度；

　　　S_{oi}——第 i 项水质指标的地表水最高允许标准。

根据北京市西郊一些河流的具体情况，用此指数将地表水分为 7 个等级，如表 3—5 所示。

表 3—5　　　　　　　北京市西郊地面水环境质量分级

级　　别	地面水环境质量系数
Ⅰ 清洁	<0.2
Ⅱ 微污染	0.2~0.5
Ⅲ 轻污染	0.5~1.0
Ⅳ 中度污染	1.0~5.0
Ⅴ 较重污染	5.0~10
Ⅵ 严重污染	10~100
Ⅶ 极严重污染	>100

五、黄浦江综合污染指数

20 世纪 80 年代，我国环境科学工作者鉴于上海市黄浦江等河流的水质受有机

污染突出的问题，综合出耗氧有机污染指标与溶解氧饱和度之间的相互关系，提出了有机污染综合评价值，其计算公式为

$$WQI = \frac{C_{BOD_5}}{S_{o,BOD_5}} + \frac{C_{COD}}{S_{o,COD}} + \frac{C_{NH_3-N}}{S_{o,NH_3-N}} - \frac{C_{DO}}{S_{o,DO}} \tag{3-30}$$

式中　　　　　　　　　WQI——有机污染综合指数；

C_{BOD_5}、C_{COD}、C_{NH_3-N}、C_{DO}——分别为 BOD_5、COD、NH_3-N、DO 的实测浓度；

S_{o,BOD_5}、$S_{o,COD}$、S_{o,NH_3-N}、$S_{o,DO}$——分别为 BOD_5、COD、NH_3-N、DO 的评价标准值。

在计算时，根据黄浦江的具体情况，各项评价标准值规定为：$S_{o,BOD_5}=4mg/L$，$S_{o,COD}=6mg/L$，$S_{o,NH_3-N}=1mg/L$，$S_{o,DO}=4mg/L$。

以上海市黄浦江为例，水质评价分级如表 3-6 所示。

表 3-6　　　　　　　　　　　黄浦江水质质量评价分级

WQI	污染程度分级	综合水质评价
<0	0	良好
0~1	Ⅰ	较好
1~2	Ⅱ	一般
2~3	Ⅲ	开始污染
3~4	Ⅳ	中等污染
>4	Ⅴ	严重污染

在此基础上，有学者对有机污染评价方法进行了适当改进，使该评价方法同样适用于水体黑臭的评价。所得出的方法规定：Ⅲ级（即 WQI 值为 2~3）开始出现黑臭状况，Ⅳ级（WQI 值为 3~4）水体呈黑臭状态，Ⅴ级（WQI 值>4）时水体为严重黑臭，0 级（WQI 值<0）时水体清洁。

六、河流整体综合水质评价的污染指数

（一）加权平均法

基于内梅罗指数的河流整体综合水质评价采用加权平均法的形式。内梅罗建议将水的使用功能划分为 3 类：

（1）人体接触使用。包括饮用水、游泳用途等。

（2）间接接触使用。包括水产养殖、工业用水、农业用水等。

（3）不可接触使用。包括工业冷却用水、公共娱乐及航运等。

在此基础上，为了表征各种用途用水的总污染指数，内梅罗提出了如下的计算公式：

$$WQI = WQI_1 w_1 + WQI_2 w_2 + WQI_3 w_3 \qquad (3-31)$$

式中 WQI ——河流整体的综合污染指数；

    WQI_1、WQI_2、WQI_3 ——分别为人体接触使用、间接接触使用、不可接触使用3种用途的内梅罗指数；

         w_1、w_2、w_3 ——分别为不同使用功能的水体所占的比例。

（二）算术平均法

20世纪90年代，我国环境科学工作者根据我国流域的实际情况，选择了12项评价因子（COD_{Mn}、BOD_5、NH_3^--N、NO_2^--N、NO_3^--N、As、Hg、Cd、Pb、挥发酚、总氰化物、六价铬），以多年监测资料为基础，给出评价河流整体污染状况的综合污染指数计算方法：

$$I_{ik} = \frac{C_{ik}}{S_{oik}} \qquad (3-32)$$

$$WQI_k = \sum_{i=1}^{n} I_{ik} \qquad (3-33)$$

$$WQI = \frac{1}{l} \sum_{k=1}^{l} WQI_k \qquad (3-34)$$

式中 I_{ik} —— k 断面第 i 项水质指标的污染指数；

     C_{ik} —— k 断面第 i 项水质指标的的年浓度均值；

     S_{oik} —— k 断面第 i 项水质指标的评价标准值（一般取Ⅲ类水的浓度限制）；

  WQI_k —— k 断面综合污染指数；

      n ——参与评价的水质指标的项数（一般统一选取12项）；

   WQI ——河流整体的综合污染指数；

      l ——河流参与评价的断面总数。

基于以上公式，结合我国多年来水质评价的实践经验，得出河流整体的综合污染指数与水质类别间的总体量化关系：

$WQI < 2.0$，河流以Ⅰ～Ⅱ类水为主，水质优良；

$2.0 < WQI < 4.0$，河流以Ⅱ～Ⅲ类水为主，水质良好；

$4.0 < WQI < 8.0$，河流以Ⅳ类水为主，水质一般；

$8.0 < WQI < 12.0$，河流以Ⅴ类水为主，水质较差；

$WQI > 12.0$，河流以劣Ⅴ类水为主，水质很差。

第五节　综合污染指数法在水质评价中的应用

一、水质监测数据样本

采用两种典型的水质监测数据样本，开展基于综合污染指数法的综合水质评价，包括：

1）针对我国中东部典型城市中心城区景观河流（对应Ⅴ类水环境功能区）2010年度的水质监测数据年均值，开展基于综合污染指数法的水质评价。水质评价样本如表3－7所示，主要的水质监测指标包括溶解氧、高锰酸盐指数、五日生化需氧量、氨氮、总磷等5项。

表3－7　中东部典型城市中心城区景观河流综合水质评价数据样本（2010年）

景观河流	监测断面	水环境功能区目标	水质指标浓度（mg/L）				
			DO	COD$_{Mn}$	BOD$_5$	NH$_3$-N	TP
东部某市中心城区	A	Ⅴ	1.25	6.92	8.66	6.24	0.50
	B	Ⅴ	1.13	7.02	8.12	7.22	0.56
	C	Ⅴ	1.12	9.15	15.12	7.90	0.77
	D	Ⅴ	6.71	5.86	5.75	3.97	0.32
中部某市中心城区	A	Ⅴ	3.88	8.59	5.39	11.89	0.99
	B	Ⅴ	5.06	8.26	4.82	8.53	0.56
	C	Ⅴ	3.69	7.23	5.23	10.00	1.01
	D	Ⅴ	4.92	8.24	5.30	9.16	0.69

2）针对涵盖不同水环境功能区的某城市主要河流，开展基于综合污染指数法的水质评价。水质评价样本如表3－8所示，主要的水质监测指标包括溶解氧、高锰酸盐指数、五日生化需氧量、氨氮、总磷等5项。

表3－8　某城市多功能区河流综合水质评价数据样本

年份	监测断面	水环境功能区目标	水质指标浓度（mg/L）				
			DO	COD$_{Mn}$	BOD$_5$	NH$_3$-N	TP
2007	A	Ⅱ	6.08	5.41	3.64	1.60	0.187
	B	Ⅲ	5.25	5.77	2.58	1.69	0.320
	C	Ⅳ	3.07	5.11	2.50	1.97	0.310
	D	Ⅳ	4.25	4.55	2.20	1.67	0.287
2010	A	Ⅱ	6.55	4.81	2.81	1.00	0.153
	B	Ⅲ	5.78	5.24	2.51	1.39	0.293
	C	Ⅳ	4.19	5.33	2.71	1.78	0.313
	D	Ⅳ	5.22	4.95	2.42	1.48	0.304

各指标对应的水质功能类别浓度标准值如表3—9所示。

表3—9　　　　　　　　地 表 水 环 境 质 量 标 准

水质指标	水质类别对应的浓度限值（mg/L）				
	I	II	III	IV	V
DO	7.5	6	5	3	2
COD_{Mn}	2	4	6	10	15
BOD_5	3	3	4	6	10
NH_3-N	0.15	0.5	1.0	1.5	2.0
TP	0.02	0.1	0.2	0.3	0.4

二、综合水质评价

首先依据式（3—1）、式（3—2）计算各断面各水质指标的污染指数，如表3—10和表3—11所示。

表3—10　中东部典型城市中心城区景观河流评价样本水质指标的污染指数（2010年）

景观河流	监测断面	水环境功能区目标	单项污染指数				
			DO	COD_{Mn}	BOD_5	NH_3-N	TP
东部某市中心城区	A	V	1.10	0.46	0.87	3.12	1.26
	B	V	1.12	0.47	0.81	3.61	1.40
	C	V	1.12	0.61	1.51	3.95	1.94
	D	V	0.35	0.39	0.57	1.98	0.80
中部某市中心城区	A	V	0.74	0.57	0.54	5.94	2.47
	B	V	0.58	0.55	0.48	4.26	1.41
	C	V	0.77	0.48	0.52	5.00	2.53
	D	V	0.59	0.55	0.53	4.58	1.72

注　水温年均值为19℃，相应饱和溶解氧浓度为9.2 mg/L。下同。

表3—11　　　某城市多功能区河流评价样本水质指标的污染指数

年　份	监测断面	水环境功能区目标	单项污染指数				
			DO	COD_{Mn}	BOD_5	NH_3-N	TP
2007	A	II	0.98	1.35	1.21	3.20	1.87
	B	III	0.94	0.96	0.65	1.69	1.60
	C	IV	0.99	0.51	0.42	1.31	1.03
	D	IV	0.80	0.46	0.37	1.11	0.96
2010	A	II	0.83	1.20	0.94	2.00	1.53
	B	III	0.81	0.87	0.63	1.39	1.47
	C	IV	0.81	0.53	0.45	1.19	1.04
	D	IV	0.64	0.50	0.40	0.99	1.01

本章已介绍了诸多综合污染指数法的表达形式,包括综合污染指数法的基本形式(简单叠加法、平均值法、加权叠加法等)和综合污染指数法的特殊形式(Ross 水质指数、地表水体污染指数等),其中综合污染指数法的特殊形式有其特定的适用条件,而其他的综合污染指数法基本形式则具有通用性。

在综合污染指数法的基本形式中,选用等权重综合污染指数、加权叠加综合污染指数、内梅罗指数对所列样本进行综合水质评价,评价结果如表3-12和表3-13所示。

表 3-12　　　　基于综合污染指数法的中东部典型城市中心城区景观

河流综合水质评价(2010 年)

景观河流	监测断面	等权重综合污染指数	综合水质评价	加权叠加综合污染指数	综合水质评价	内梅罗指数	综合水质评价
东部某市中心城区	A	1.36	不达标	1.98	不达标	2.49	不达标
	B	1.48	不达标	2.31	不达标	2.87	不达标
	C	1.83	不达标	2.55	不达标	3.18	不达标
	D	0.82	达标	1.26	不达标	1.58	不达标
中部某市中心城区	A	2.05	不达标	4.15	不达标	4.68	不达标
	B	1.46	不达标	2.89	不达标	3.35	不达标
	C	1.86	不达标	3.49	不达标	3.97	不达标
	D	1.60	不达标	3.12	不达标	3.60	不达标

表 3-13　　　　基于综合污染指数法的某城市多功能区河流综合水质评价

年　份	监测断面	等权重综合污染指数	综合水质评价	加权叠加综合污染指数	综合水质评价	内梅罗指数	综合水质评价
2007	A	1.72	不达标	2.09	不达标	2.63	不达标
	B	1.17	不达标	1.31	不达标	1.48	不达标
	C	0.85	达标	0.99	达标	1.13	不达标
	D	0.74	达标	0.85	达标	0.97	达标
2010	A	1.30	不达标	1.44	不达标	1.71	不达标
	B	1.03	不达标	1.14	不达标	1.29	不达标
	C	0.80	达标	0.90	达标	1.03	不达标
	D	0.71	达标	0.80	达标	0.89	达标

从表3—12和表3—13可以看出,在3种评价方法中,等权重污染指数考虑5项评价指标的等权重整体影响,各评价指标的权重相同;加权叠加综合污染指数考虑5项指标中污染严重指标的贡献力,评价指标污染越严重,所占的权重越大;内梅罗指数考虑了污染最为严重指标的单因子贡献力,相应地,所得出的综合污染指数值最大。究竟是考虑各项评价指标的等权重整体影响,还是考虑污染严重指标的贡献力,或污染最为严重指标的单因子贡献力,尚无明确的规定。水质评价工作者可以根据综合水质评价的需要,选用符合实际情况的综合污染指数形式。

从表3—12和表3—13中还可以看出,综合污染指数法虽能够简单、直观地判断综合水质是否达标,但也存在着明显的不足之处:①综合污染指数法不能够直观判断综合水质类别;②对不同水体功能类别的断面,综合污染指数法不能够判断不同样本的污染程度大小,某断面的综合污染指数值大,其污染程度不一定高;某断面的综合污染指数值小,其污染程度也不一定低。

第六节　本 章 总 结

本章介绍了一种经典的综合水质评价方法——污染指数法。污染指数法已有数十年的应用历史,其基本思想是:

1) 对所有参与综合水质评价的水质指标,将其实测值与对应的水环境功能区类别水质标准相比较,形成单项污染指数,分为非溶解氧指标的污染指数、溶解氧的污染指数、pH 的污染指数。

2) 将各水质指标的污染指数通过算术平均、加权平均、连乘及指数等各种数学方法形成综合污染指数,来评价综合水质。综合污染指数的基本形式包括简单叠加法、平均值法、加权叠加法和加权均值法、平方根法、均方根法、最大值法、混合加权模式法等。评价指标的赋权方法包括以评价指标实测值与标准值为双重判定依据的赋权方法,以评价指标标准值为判定依据的赋权方法,以评价指标实测值为判定依据的赋权方法等方法。不同的综合污染指数法得出的评价数值不尽相同,有的污染指数法考虑各项评价指标的等权重整体影响,各评价指标的权重相同;有的污染指数法考虑污染严重指标的贡献力,评价指标污染越严重,所占的权重越大;还有的污染指数法则考虑了污染最为严重指标的单因子贡献力,相应地,所得出的综合污染指数值最大。究竟是考虑各项评价指标的等权重整体影响,还是考虑污染严重指标的贡献力,或污染最为严重指标的单因子贡献力,尚无明确的规定,水质评价工作者可以根据综合水质评价的需要,选用符合实际情况的综合污染指数形式。

在综合污染指数法的基本形式的基础上,本章还介绍了国内外学者根据特定时期、特定地域的水质特点,所发明的特殊形式的综合污染指数,包括 Brown

水质指数、Ross 水质指数、K 法综合污染指数、北京西郊水质质量系数、黄浦江有机污染综合指数等，这些综合污染指数对开发适用于特定水体的综合污染指数，具有借鉴意义。

综合污染指数法的优点是：①计算方法简单实用，易于理解和推广应用；②可以直接判断综合水质是否达到水域功能类别，以及达标或超标的程度；③对相同水域功能类别的断面，还可以比较不同断面的污染程度大小，分析同一断面综合水质随时间的变化以及不同断面综合水质的空间变化。

综合污染指数法也存在着明显的不足之处：①综合污染指数法不能够直观判断综合水质类别，从而不能使公众对综合水质状况有直观的了解；②对不同水体功能类别的断面，综合污染指数法不能够比较不同断面的污染程度大小：某断面的综合污染指数值大，其污染程度不一定高；反之，某断面的综合污染指数值小，其污染程度也不一定低。

总之，综合污染指数的显著特点在于其简单实用，以及其对水域功能达标/超标程度的判断，这是综合污染指数得以推广应用的主要原因。水体综合水质是否达到功能区目标，是综合水质评价的主要目的，从这一点考虑，综合污染指数法不失为一种好的综合水质评价方法。但对综合水质类别评价、综合水质污染程度的定量比较，综合污染指数法显得无能为力，这时就需要借助于其他的综合水质评价方法。

参 考 文 献

[1] 蒋火华，朱建平，梁德华，等．综合污染指数评价与水质类别判定的关系 [J]．中国环境监测，1999，15 (6)：46—50．

[2] 梁德华，蒋火华．河流水质综合评价方法的统一和改进 [J]．中国环境监测，2002，18 (2)．63—66．

[3] 阎平，王福庆，房春生，等．σ 指数在水质评价中的应用 [J]．吉林大学自然科学学报，1999，(1)：104—106．

[4] 阮仁良，黄长缨．苏州河水质黑臭评价方法和标准的探讨 [J]．上海水务，2002，18 (3)．32—36；2．

[5] 徐祖信．河流污染治理规划理论与实践 [M]．北京：中国环境科学出版社，2003．

[6] 彭文启，周怀东，邹晓雯，等．三次全国地表水水质评价综述 [J]．水资源保护，2004，(1)．

[7] 阮仁良．平原河网地区水资源调度改善水质的理论与实践 [M]．北京：中国水利水电出版社，2006．

[8] 陈润羊，花明，涂安国．长江流域水质评价的几种方法．东华理工大学学报（自然科学版），2008，31 (2)：146—151．

［9］ 朱叶华，曾涛，杨军，等．综合水质指数法对长江沙市江段的水质评价．南水北调与水利科技，2010，8（5）：122—124.

［10］ 丁雪卿．改进的内梅罗污染指数法在集中式饮用水源地环境质量评价中的应用．四川环境，2010，29（2）：47—51.

［11］ 丁冉，肖伟华，于福亮．水资源质量评价方法的比较与改进．中国环境监测，2011，27（3）：63—68.

［12］ 何增辉．修正内梅罗污染指数法在水源地环境质量评价中的应用．广东化工，2011，38（7）：141—143.

第四章　模糊数学评价法

第一节　模糊数学评价法简介

一、模糊数学评价法背景

现实生活中的大多数概念，都是不确定概念，都不能要求每个对象对于是否符合它而作出完全肯定的回答。在符合和不符合之间，容许有中间状态，这一类概念叫做模糊概念。

1965 年美国控制论专家查德（L. A. Zadeh）发表了关于模糊集合（Fuzzy Sets）的第一篇论文，由此产生了一个新的数学分支——模糊数学。模糊数学的产生把数学的应用范围从精确扩展到模糊现象领域。因此，其一经产生就显示了生命力。40 多年来，模糊数学发展十分迅速，已建立了许多分支，如模糊拓扑、模糊逻辑、模糊测度、模糊群、模糊算术、可能性理论、模糊优化理论，等等，应用范围包括自动控制、系统分析、知识描述、语言加工、图像识别、信息复制、人工智能、医学诊断、经济管理、生物工程、环境科学甚至心理学、哲学等社会科学的领域。

二、模糊数学评价法简介

水环境系统存在以下特性：①水环境系统中，污染物质存在着复杂的，难以明确的相关关系，在综合评价上客观存在着模糊性；②根据水的用途和环境指标来确定水质分级标准时，在水质类别划分、水质标准确定上具有模糊性，如Ⅰ类水和Ⅱ类水的边界客观上难以用一个绝对的判据划分；③由于水体质量变化是连续性的，对水体质量综合评价的结论也存在着模糊性。基于水环境系统的以上特征，国内外学者将模糊数学理论应用于水环境质量综合评价中。

基于模糊集合的基本理论，应用模糊数学对水质进行综合评价的基本思想是：

1）由监测数据建立各水质指标对各级标准的隶属度集，形成隶属度矩阵。

2）把评价指标的权重集与隶属度矩阵相乘，得到模糊积，获得一个综合评判集，表明评价水体水质对各级标准水质的隶属程度。

目前综合水质评价中应用较多的模糊数学方法包括模糊综合指数法、模糊聚类法、模糊识别法、模糊贴近度法、模糊距离法等。下面对这些模糊数学评价法的原理与计算实例予以具体介绍。

第二节　模糊综合评判法在综合水质评价中的应用

一、模糊综合评判法原理

这是目前在水质评价中应用最为广泛的模糊数学评价方法，其计算公式为

$$B = AR \tag{4-1}$$

式中　B——综合评判结果，表示评价样本对评判分类的隶属度；

A——参与评价指标的权重向量，一般通过超标倍数归一化得到；

R——各评价指标与评价标准之间的模糊关系矩阵，由定义的隶属函数确定。

二、模糊综合评判法计算方法与流程

（一）模糊关系矩阵确定

美国的控制专家 Zadeh 提出用隶属函数来定义模糊集合。用集合论的观念看，定义一个模糊集合，我们无法确定一个元素是否属于这个模糊集合，而只能说它有多大程度属于这个模糊集合，这种从属程度用 $0\sim1$ 之间的一个数来表示，这就是 Zadeh 提出的隶属函数的想法。

在模糊水质综合评价中，R 是由各评价因子的隶属度组成的。隶属度用隶属函数表示。不失一般性，设在论域 U 上给定了一个映射 $\mu:U\rightarrow[0,1]$，则 μ 定义了 U 上的一个模糊子集，记为 A；μ 称为 A 的隶属函数，记为 $\mu_A(u)$。当 $\mu_A(u)=1$ 时，u 是 A 的元素；当 $\mu_A(u)=0$ 时，u 不是 A 的元素。$\mu_A(u)$ 的值越接近于 1，u 属于 A 的程度就越来越大。

有时为了简便起见，把模糊子集简称为模糊集，把 $\mu_A(u)$ 简称为 $A(u)$。

常用的求隶属度方法为"降半梯形分布图"法。

1. 非溶解氧指标

对非溶解氧指标，浓度值越大，水质越差。

当第 i 项水质指标实测浓度为 Ⅰ 类水质时，其对应的隶属函数为

$$\mu_1(C_i) = \begin{cases} 1, & C_i \leqslant S_{i1} \\ \dfrac{S_{i,2} - C_i}{S_{i,2} - S_{i,1}}, & S_{i,1} \leqslant C_i \leqslant S_{i,2} \\ 0, & C_i \geqslant S_{i,2} \end{cases} \tag{4-2}$$

当第 i 项水质指标实测浓度为第 j 类水时（Ⅱ $\leqslant j \leqslant$ Ⅳ），其对应的隶属函数为

$$\mu_j(C_i) = \begin{cases} 0, C_i \leqslant S_{i,j-1} \text{ 或者 } C_i \geqslant S_{i,j+1} \\[2mm] \dfrac{C_i - S_{i,j-1}}{S_{i,j} - S_{i,j-1}}, \ S_{i,j-1} \leqslant C_i \leqslant S_{i,j} \\[2mm] \dfrac{S_{i,j+1} - C_i}{S_{i,j+1} - S_{i,j}}, \ S_{i,j} < C_i < S_{i,j+1} \end{cases} \tag{4-3}$$

当第 i 项水质指标实测浓度为 V 类或劣于 V 类水时，其对应的隶属函数为

$$\mu_i(C_i) = \begin{cases} 0, C_i \leqslant S_{i,4} \\[2mm] \dfrac{C_i - S_{i,4}}{S_{i,5} - S_{i,41}}, \ S_{i,4} \leqslant C_i \leqslant S_{i,5} \\[2mm] 1, C_i \geqslant S_{i,5} \end{cases} \tag{4-4}$$

式中　$\mu_j(C_i)$ ——水质指标 i 实测浓度对 j 类水的隶属度；

$\qquad C_i$ ——水质指标 i 的实测浓度值；

$\qquad S_{i,j}$ ——水质指标 i 第 j 类水的浓度限值。

2. 溶解氧指标

对溶解氧指标，浓度值越大，水质越好。

当溶解氧实测浓度为 I 类水时，其对应的隶属函数为

$$\mu_1(C_{DO}) = \begin{cases} 1, C_{DO} \geqslant S_{DO,1} \\[2mm] \dfrac{C_{DO} - S_{DO,2}}{S_{DO,1} - S_{DO,2}}, \ S_{DO,1} > C_{DO} > S_{DO,2} \\[2mm] 0, C_{DO} \leqslant S_{DO,2} \end{cases} \tag{4-5}$$

当溶解氧实测浓度为第 j 类水时（II $\leqslant j \leqslant$ IV），其对应的隶属函数为

$$\mu_j(C_{DO}) = \begin{cases} \dfrac{S_{DO,j-1} - C_{DO}}{S_{j-1} - S_{j-2}}, \ S_{DO,j-1} > C_{DO} > S_{DO,j} \\[2mm] \dfrac{C_{DO} - S_{DO,j+1}}{S_{DO,j} - S_{DO,j+1}}, \ S_{DO,j} > C_{DO} > S_{DO,j+1} \\[2mm] 0, C_{DO} \geqslant S_{DO,j-1}, C_{DO} \leqslant S_{DO,j+1} \end{cases} \tag{4-6}$$

当溶解氧实测浓度为 V 类或劣于 V 类水时，其对应的隶属函数为

$$\mu_5(C_{DO}) = \begin{cases} 0, C_{DO} \geqslant S_{DO,4} \\[2mm] \dfrac{S_{DO,4} - C_{DO}}{S_{DO,4} - S_{DO,5}}, \ S_{DO,4} > C_{DO} > S_{DO,5} \\[2mm] 1, C_{DO} \leqslant S_{DO,5} \end{cases} \tag{4-7}$$

式中　$\mu_j(C_{DO})$ ——溶解氧实测浓度对 j 类水的隶属度；

$\qquad C_{DO}$——溶解氧的实测浓度值；

$\qquad S_{DO,j}$——溶解氧第 j 类水的浓度限值。

(二) 权重向量确定

在模糊综合评判中，常采用"超标倍数归一法"计算权重。权重的计算如下：

将各项指标的实测值与地表水环境质量标准中各水质类别浓度限值的算术平均值进行比较，求得权重。对非溶解氧指标，权重的计算方法为

$$w_i = \frac{C_i}{\overline{S}_{ij}}, i = 1, 2, \cdots, n \qquad (4-8)$$

$$\overline{S}_{ij} = \frac{1}{m} \sum_{j=1}^{m} S_{ij}, \ i = 1, 2, \cdots, n; \ j = 1, 2, \cdots, m \qquad (4-9)$$

式中　w_i ——第 i 项水质指标的权重；

　　　C_i ——第 i 项水质指标的实测浓度；

　　　S_{ij} ——第 i 项指标第 j 类水的浓度限值；

　　　$\overline{S}_{ij}$ ——第 i 项评价指标各类水的浓度限值平均值；

　　　m ——水质类别数。

对溶解氧指标，权重的计算方法为

$$w_{DO} = \frac{C_{DO}}{\overline{S}_{DOj}} \qquad (4-10)$$

$$\overline{S}_{DOj} = \frac{1}{m} \sum_{j=1}^{m} S_{DOj}, \ j = 1, 2, \cdots, k \qquad (4-11)$$

需要说明的是，在计算求得权重的基础上，须对权重 w_i 进行归一化处理，以最终求得权重向量。其计算公式为

$$a_i = \frac{w_i}{\sum_{i=1}^{n} w_i} \qquad (4-12)$$

(三) 综合评判结果

模糊综合评判结果在模糊数学里是通过模糊算子进行的。常用的模糊算子有：

• 取大取小法　　$b_j = \bigvee_{j=1}^{n} (a_i \wedge r_{ij})$ 　　　　　　　　　　$(4-13)$

• 相乘取大法　　$b_j = \bigvee_{j=1}^{n} (a_i \, r_{ij})$ 　　　　　　　　　　$(4-14)$

• 取小相加法　　$b_j = \min\left[1, \sum_{i=1}^{n} (a_i \wedge r_{ij}) \right]$ 　　$(4-15)$

• 相乘相加法　　$b_j = \min\left[1, \sum_{i=1}^{n} (a_i \, r_{ij}) \right]$ 　　　$(4-16)$

采用不同的算子可能会得到不同的评价结果。因此，在作模糊综合评判时，可将几种计算方法比较后选择使用。

二、模糊综合评判法在综合水质评价中的应用

（一）评价样本

采用与第三章污染指数法中表 3－7 和表 3－8 相同的评价样本。

以下具体以 2010 年东部某城市中心城区河流 A 断面的综合水质评价为例，详细介绍应用模糊综合评判法进行水环境质量评价的过程。

（二）隶属函数构建

依据公式（4－2）至式（4－7），构建 5 项评价指标的隶属函数如下。

1. DO 的隶属函数

$$\mu_1(x)_{DO} = \begin{cases} 1, & x \geqslant 7.5 \\ \dfrac{x-6}{1.5}, & 7.5 > x \geqslant 6 \\ 0, & x < 6 \end{cases}$$

$$\mu_2(x)_{DO} = \begin{cases} \dfrac{7.5-x}{1.5}, & 7.5 > x > 6 \\ x-5, & 6 \geqslant x > 5 \\ 0, & x \geqslant 7.5, x \leqslant 5 \end{cases}$$

$$\mu_3(x)_{DO} = \begin{cases} 6-x, & 6 > x > 5 \\ \dfrac{x-3}{2}, & 5 \geqslant x > 3 \\ 0, & x \geqslant 6, x \leqslant 3 \end{cases}$$

$$\mu_4(x)_{DO} = \begin{cases} \dfrac{5-x}{2}, & 5 > x > 3 \\ x-2, & 3 \geqslant x > 2 \\ 0, & x \geqslant 5, x \leqslant 2 \end{cases}$$

$$\mu_5(x)_{DO} = \begin{cases} 0, & x \geqslant 3 \\ 3-x, & 3 > x > 2 \\ 1, & x \leqslant 2 \end{cases}$$

2. COD_{Mn} 的隶属函数

$$\mu_1 (x)_{COD_{Mn}} = \begin{cases} 1, & x \leqslant 2 \\ \dfrac{4-x}{2}, & 2 < x < 4 \\ 0, & x \geqslant 4 \end{cases}$$

$$\mu_2 (x)_{COD_{Mn}} = \begin{cases} 0, & x \leqslant 2, \ x \geqslant 6 \\ \dfrac{x-2}{2}, & 2 < x \leqslant 4 \\ \dfrac{6-x}{2}, & 4 < x < 6 \end{cases}$$

$$\mu_3 (x)_{COD_{Mn}} = \begin{cases} 0, & x \leqslant 4, \ x \geqslant 10 \\ \dfrac{x-4}{2}, & 4 < x \leqslant 6 \\ \dfrac{10-x}{4}, & 6 < x < 10 \end{cases}$$

$$\mu_4 (x)_{COD_{Mn}} = \begin{cases} 0, & x \leqslant 6, \ x \geqslant 15 \\ \dfrac{x-6}{4}, & 6 < x \leqslant 10 \\ \dfrac{15-x}{5}, & 10 < x < 15 \end{cases}$$

$$\mu_5 (x)_{COD_{Mn}} = \begin{cases} 0, & x \leqslant 10 \\ \dfrac{x-10}{5}, & 10 < x < 15 \\ 1, & x \geqslant 15 \end{cases}$$

3. BOD_5 的隶属函数

$$\mu_1 (x)_{BOD_5} = \begin{cases} 1, & x \leqslant 3 \\ 4-x, & 3 < x < 4 \\ 0, & x \geqslant 4 \end{cases}$$

$$\mu_2 (x)_{BOD_5} = \begin{cases} 1, & x \leqslant 3 \\ 4-x, & 3 < x < 4 \\ 0, & x \geqslant 4 \end{cases}$$

$$\mu_3 (x)_{BOD_5} = \begin{cases} 0, & x \leqslant 3, \ x \geqslant 6 \\ x-3, & 3 < x < 4 \\ \dfrac{6-x}{2}, & 4 < x < 6 \end{cases}$$

$$\mu_4\ (x)_{\mathrm{BOD_5}} = \begin{cases} 0, x \leqslant 4, x \geqslant 10 \\ \dfrac{x-4}{2}, 4 < x < 6 \\ \dfrac{10-x}{4}, 6 < x < 10 \end{cases}$$

$$\mu_5\ (x)_{\mathrm{BOD_5}} = \begin{cases} 0, x \leqslant 6 \\ \dfrac{x-6}{4}, 6 < x < 10 \\ 1, x \geqslant 10 \end{cases}$$

4. $\mathrm{NH_3\text{-}N}$ 的隶属函数

$$\mu_1\ (x)_{\mathrm{NH_3-N}} = \begin{cases} 1, x \leqslant 0.15 \\ \dfrac{0.5-x}{0.35}, 0.15 < x < 0.5 \\ 0, x \geqslant 0.5 \end{cases}$$

$$\mu_2\ (x)_{\mathrm{NH_3-N}} = \begin{cases} 0, x \leqslant 0.15, x \geqslant 1 \\ \dfrac{x-0.15}{0.35}, 0.15 < x < 0.5 \\ \dfrac{1-x}{0.5}, 0.5 < x < 1 \end{cases}$$

$$\mu_3\ (x)_{\mathrm{NH_3-N}} = \begin{cases} 0, x \leqslant 0.5, x \geqslant 1.5 \\ \dfrac{x-0.5}{0.5}, 0.5 < x < 1 \\ \dfrac{1.5-x}{0.5}, 1 < x < 1.5 \end{cases}$$

$$\mu_4\ (x)_{\mathrm{NH_3-N}} = \begin{cases} 0, x \leqslant 1, x \geqslant 2 \\ \dfrac{x-1}{0.5}, 1 < x < 1.5 \\ \dfrac{2-x}{0.5}, 1.5 < x < 2 \end{cases}$$

$$\mu_5\ (x)_{\mathrm{NH_3-N}} = \begin{cases} 0, x \leqslant 1.5 \\ \dfrac{x-1.5}{0.5}, 1.5 < x < 2 \\ 1, x \geqslant 2 \end{cases}$$

5. TP 的隶属函数

$$\mu_1(x)_{TP} = \begin{cases} 1, & x \leqslant 0.02 \\ \dfrac{0.1-x}{0.08}, & 0.02 < x < 0.1 \\ 0, & x \geqslant 0.1 \end{cases}$$

$$\mu_2(x)_{TP} = \begin{cases} 0, & x \leqslant 0.02, x \geqslant 0.2 \\ \dfrac{x-0.02}{0.08}, & 0.02 < x < 0.1 \\ \dfrac{0.2-x}{0.1}, & 0.1 < x < 0.2 \end{cases}$$

$$\mu_3(x)_{TP} = \begin{cases} 0, & x \leqslant 0.1, x \geqslant 0.3 \\ \dfrac{x-0.1}{0.1}, & 0.1 < x < 0.2 \\ \dfrac{0.3-x}{0.1}, & 0.2 < x < 0.3 \end{cases}$$

$$\mu_4(x)_{TP} = \begin{cases} 0, & x \leqslant 0.2, x \geqslant 0.4 \\ \dfrac{x-0.2}{0.1}, & 0.2 < x < 0.3 \\ \dfrac{0.4-x}{0.1}, & 0.3 < x < 0.4 \end{cases}$$

$$\mu_5(x)_{TP} = \begin{cases} 0, & x \leqslant 0.3 \\ \dfrac{x-0.3}{0.1}, & 0.3 < x < 0.4 \\ 1, & x \geqslant 0.4 \end{cases}$$

（三）模糊关系矩阵

根据隶属函数，建立各评价指标与各水质类别之间的模糊关系矩阵 R：

$$R = \begin{bmatrix} 0 & 0 & 0 & 0 & 1 \\ 0 & 0 & 0.770 & 0.230 & 0 \\ 0 & 0 & 0 & 0.335 & 0.665 \\ 0 & 0 & 0 & 0 & 1 \\ 0 & 0 & 0 & 0 & 1 \end{bmatrix}$$

（四）权重值的确定

根据式（4-8）～式（4-12），计算各评价指标归一化后的权重：

$A = (0.253 \quad 0.063 \quad 0.112 \quad 0.407 \quad 0.165)$

（五）模糊综合评判

在确定模糊关系矩阵和评价指标权重的基础上，评判综合水质对各水质类别的隶属度：

$$B = AR = (0.253 \quad 0.063 \quad 0.112 \quad 0.407 \quad 0.165)$$

$$\begin{bmatrix} 0 & 0 & 0 & 0 & 1 \\ 0 & 0 & 0.770 & 0.230 & 0 \\ 0 & 0 & 0 & 0.335 & 0.665 \\ 0 & 0 & 0 & 0 & 1 \\ 0 & 0 & 0 & 0 & 1 \end{bmatrix}$$

$$= (0 \quad 0 \quad 0.048 \quad 0.052 \quad 0.890)$$

同理，可以得到评价样本其余断面的综合水质对各水质类别的隶属度矩阵。

1. 东部典型城市中心城区某景观河流断面综合水质对各水质类别的隶属度矩阵

断面 B：

$$B = AR = (0.253 \quad 0.058 \quad 0.095 \quad 0.427 \quad 0.167)$$

$$\begin{bmatrix} 0 & 0 & 0 & 0 & 1 \\ 0 & 0 & 0.745 & 0.255 & 0 \\ 0 & 0 & 0 & 0.470 & 0.530 \\ 0 & 0 & 0 & 0 & 1 \\ 0 & 0 & 0 & 0 & 1 \end{bmatrix}$$

$$= (0 \quad 0 \quad 0.043 \quad 0.059 \quad 0.898)$$

断面 C：

$$B = AR = (0.212 \quad 0.062 \quad 0.147 \quad 0.388 \quad 0.191)$$

$$\begin{bmatrix} 0 & 0 & 0 & 0 & 1 \\ 0 & 0 & 0.212 & 0.788 & 0 \\ 0 & 0 & 0 & 0 & 1 \\ 0 & 0 & 0 & 0 & 1 \\ 0 & 0 & 0 & 0 & 1 \end{bmatrix}$$

$$= (0 \quad 0 \quad 0.013 \quad 0.049 \quad 0.938)$$

断面 D：

$$\boldsymbol{B} = \boldsymbol{AR} = (0.087 \quad 0.099 \quad 0.138 \quad 0.481 \quad 0.196)$$

$$\begin{bmatrix} 0.473 & 0.527 & 0 & 0 & 0 \\ 0 & 0.070 & 0.930 & 0 & 0 \\ 0 & 0 & 0.125 & 0.875 & 0 \\ 0 & 0 & 0 & 0 & 1 \\ 0 & 0 & 0 & 0.800 & 0.200 \end{bmatrix}$$

$$= (0.041 \quad 0.053 \quad 0.109 \quad 0.277 \quad 0.520)$$

2. 中部典型城市中心城区某景观河流综合水质对各水质类别的隶属度矩阵

断面 A：

$$\boldsymbol{B} = \boldsymbol{AR} = (0.061 \quad 0.059 \quad 0.052 \quad 0.583 \quad 0.245)$$

$$\begin{bmatrix} 0 & 0 & 0.440 & 0.560 & 0 \\ 0 & 0 & 0.352 & 0.648 & 0 \\ 0 & 0 & 0.305 & 0.695 & 0 \\ 0 & 0 & 0 & 0 & 1 \\ 0 & 0 & 0 & 0 & 1 \end{bmatrix}$$

$$= (0 \quad 0 \quad 0.063 \quad 0.109 \quad 0.828)$$

断面 B：

$$\boldsymbol{B} = \boldsymbol{AR} = (0.066 \quad 0.080 \quad 0.066 \quad 0.592 \quad 0.196)$$

$$\begin{bmatrix} 0 & 0.060 & 0.940 & 0 & 0 \\ 0 & 0 & 0.435 & 0.565 & 0 \\ 0 & 0 & 0.590 & 0.410 & 0 \\ 0 & 0 & 0 & 0 & 1 \\ 0 & 0 & 0 & 0 & 1 \end{bmatrix}$$

$$= (0 \quad 0.004 \quad 0.136 \quad 0.072 \quad 0.788)$$

断面 C：

$$\boldsymbol{B} = \boldsymbol{AR} = (0.071 \quad 0.055 \quad 0.056 \quad 0.542 \quad 0.276)$$

$$\begin{bmatrix} 0 & 0 & 0.345 & 0.655 & 0 \\ 0 & 0 & 0.692 & 0.308 & 0 \\ 0 & 0 & 0.385 & 0.615 & 0 \\ 0 & 0 & 0 & 0 & 1 \\ 0 & 0 & 0 & 0 & 1 \end{bmatrix}$$

$$= (0 \quad 0 \quad 0.084 \quad 0.098 \quad 0.818)$$

断面 D：

$B = AR = (0.062\quad 0.072\quad 0.066\quad 0.579\quad 0.220)$

$$\begin{bmatrix} 0 & 0 & 0.960 & 0.040 & 0 \\ 0 & 0 & 0.440 & 0.560 & 0 \\ 0 & 0 & 0.350 & 0.650 & 0 \\ 0 & 0 & 0 & 0 & 1 \\ 0 & 0 & 0 & 0 & 1 \end{bmatrix}$$

$= (0\quad 0\quad 0.115\quad 0.086\quad 0.799)$

3. 涵盖多个水环境功能区的某城市主要河流综合水质对各水质类别的隶属度矩阵

（1）2007 年

断面 A：

$B = AR = (0.165\quad 0.156\quad 0.150\quad 0.332\quad 0.196)$

$$\begin{bmatrix} 0.053 & 0.947 & 0 & 0 & 0 \\ 0 & 0.295 & 0.705 & 0 & 0 \\ 0 & 0.360 & 0.640 & 0 & 0 \\ 0 & 0 & 0 & 0.800 & 0.200 \\ 0 & 0.130 & 0.870 & 0 & 0 \end{bmatrix}$$

$= (0.009\quad 0.282\quad 0.377\quad 0.266\quad 0.066)$

断面 B：

$B = AR = (0.166\quad 0.145\quad 0.092\quad 0.305\quad 0.292)$

$$\begin{bmatrix} 0 & 0.250 & 0.750 & 0 & 0 \\ 0 & 0.115 & 0.885 & 0 & 0 \\ 1 & 0 & 0 & 0 & 0 \\ 0 & 0 & 0 & 0.620 & 0.380 \\ 0 & 0 & 0 & 0.800 & 0.200 \end{bmatrix}$$

$= (0.092\quad 0.058\quad 0.253\quad 0.422\quad 0.174)$

断面 C：

$B = AR = (0.250\quad 0.113\quad 0.078\quad 0.312\quad 0.248)$

$$\begin{bmatrix} 0 & 0 & 0.035 & 0.965 & 0 \\ 0 & 0.445 & 0.555 & 0 & 0 \\ 1 & 0 & 0 & 0 & 0 \\ 0 & 0 & 0 & 0.060 & 0.940 \\ 0 & 0 & 0 & 0.900 & 0.100 \end{bmatrix}$$

$= (0.078\quad 0.050\quad 0.071\quad 0.482\quad 0.318)$

断面 D：

$B = AR = (0.214 \quad 0.119 \quad 0.082 \quad 0.313 \quad 0.272)$

$$\begin{bmatrix} 0 & 0 & 0.625 & 0.375 & 0 \\ 0 & 0.725 & 0.275 & 0 & 0 \\ 1 & 0 & 0 & 0 & 0 \\ 0 & 0 & 0 & 0.660 & 0.340 \\ 0 & 0 & 0.130 & 0.870 & 0 \end{bmatrix}$$

$= (0.082 \quad 0.086 \quad 0.202 \quad 0.524 \quad 0.107)$

（2）2010 年

断面 A：

$B = AR = (0.198 \quad 0.179 \quad 0.149 \quad 0.268 \quad 0.207)$

$$\begin{bmatrix} 0.367 & 0.633 & 0 & 0 & 0 \\ 0 & 0.595 & 0.405 & 0 & 0 \\ 1 & 0 & 0 & 0 & 0 \\ 0 & 0 & 1 & 0 & 0 \\ 0 & 0.470 & 0.530 & 0 & 0 \end{bmatrix}$$

$= (0.221 \quad 0.329 \quad 0.450 \quad 0 \quad 0)$

断面 B：

$B = AR = (0.170 \quad 0.148 \quad 0.101 \quad 0.282 \quad 0.300)$

$$\begin{bmatrix} 0 & 0.780 & 0.220 & 0 & 0 \\ 0 & 0.380 & 0.620 & 0 & 0 \\ 1 & 0 & 0 & 0 & 0 \\ 0 & 0 & 0.220 & 0.780 & 0 \\ 0 & 0 & 0.070 & 0.930 & 0 \end{bmatrix}$$

$= (0.101 \quad 0.189 \quad 0.212 \quad 0.499 \quad 0)$

断面 C：

$B = AR = (0.199 \quad 0.128 \quad 0.093 \quad 0.307 \quad 0.273)$

$$\begin{bmatrix} 0 & 0 & 0.595 & 0.405 & 0 \\ 0 & 0.335 & 0.665 & 0 & 0 \\ 1 & 0 & 0 & 0 & 0 \\ 0 & 0 & 0 & 0.440 & 0.560 \\ 0 & 0 & 0 & 0.870 & 0.130 \end{bmatrix}$$

$= (0.093 \quad 0.043 \quad 0.204 \quad 0.453 \quad 0.208)$

断面 D：

$$\boldsymbol{B} = \boldsymbol{AR} = (0.181 \quad 0.135 \quad 0.094 \quad 0.290 \quad 0.300)$$

$$\begin{bmatrix} 0 & 0.220 & 0.780 & 0 & 0 \\ 0 & 0.525 & 0.475 & 0 & 0 \\ 1 & 0 & 0 & 0 & 0 \\ 0 & 0 & 0.040 & 0.960 & 0 \\ 0 & 0 & 0 & 0.960 & 0.040 \end{bmatrix}$$

$$= (0.094 \quad 0.111 \quad 0.217 \quad 0.566 \quad 0.012)$$

（六）综合水质类别评判

根据"相乘取大"的原则，可以最终判断不同年份评价河流各断面的综合水质类别，如表4-1和表4-2所示。

表4-1　　　基于模糊综合评价法的中东部典型城市中心城区景观河流
综合水质评价（2010年）

景观河流	监测断面	水环境功能区目标	隶 属 度					综合水质类别
			Ⅰ类	Ⅱ类	Ⅲ类	Ⅳ类	Ⅴ类	
东部某市中心城区	A	Ⅴ	0	0	0.048	0.052	0.890	Ⅴ
	B	Ⅴ	0	0	0.043	0.059	0.898	Ⅴ
	C	Ⅴ	0	0	0.013	0.049	0.938	Ⅴ
	D	Ⅴ	0.041	0.053	0.109	0.277	0.520	Ⅴ
中部某市中心城区	A	Ⅴ	0	0	0.063	0.109	0.828	Ⅴ
	B	Ⅴ	0	0.004	0.136	0.072	0.788	Ⅴ
	C	Ⅴ	0	0	0.084	0.098	0.818	Ⅴ
	D	Ⅴ	0	0	0.115	0.086	0.799	Ⅴ

表4-2　　　基于模糊综合评价法的某城市多功能区河流综合水质评价

年　份	监测断面	水环境功能区目标	隶 属 度					综合水质类别
			Ⅰ类	Ⅱ类	Ⅲ类	Ⅳ类	Ⅴ类	
2007	A	Ⅱ	0.009	0.282	0.377	0.266	0.066	Ⅲ
	B	Ⅲ	0.092	0.058	0.253	0.422	0.174	Ⅳ
	C	Ⅳ	0.078	0.050	0.071	0.482	0.318	Ⅳ
	D	Ⅳ	0.082	0.086	0.202	0.524	0.107	Ⅳ
2010	A	Ⅱ	0.221	0.329	0.450	0	0	Ⅲ
	B	Ⅲ	0.101	0.189	0.212	0.499	0	Ⅳ
	C	Ⅳ	0.093	0.043	0.204	0.453	0.208	Ⅳ
	D	Ⅳ	0.094	0.111	0.217	0.566	0.012	Ⅳ

第三节　模糊聚类法在综合水质评价中的应用

一、模糊聚类法的原理

模糊聚类法是根据客观事物间的特征、亲疏程度和相似性，通过建立模糊相似性关系对客观事物进行分类。其方法大致有两种：一是 Zadeh 和 Tamura 提出的基于模糊等价关系的动态聚类法；二是 Bezdek 提出的 ISODATA 聚类分析法。前者在环境质量的分类与评价中应用最为普遍。

基于等价关系的动态聚类法的原理是：

设 U 是需要被分类对象的全体，建立 U 上的相似关系 $\tilde{R}$。当 U 为有限集时，$\tilde{R}$ 是一个矩阵，称为相似矩阵。相似关系 $\tilde{R}$ 一般来说只满足反身性和对称性，不满足传递性，因而不是模糊等价关系。当采用 $\tilde{R}$ 的乘幂 $\tilde{R}^2$，$\tilde{R}^4$，$\tilde{R}^8$，…，若有

$$\tilde{R}^k = \tilde{R}^{2k} = \tilde{R}^* \tag{4-17}$$

则称 $\tilde{R}^*$ 是一个模糊等价关系，由它便可以对 U 中的元素在任意水平 λ 上进行分类，得到聚类图。有了聚类图，需要分成几类就从图上选取一适当的水平，得到所需要的分类。

二、模糊聚类法的计算方法与流程

（一）描述样本特征因素

设由 n 个待分类的样本构成一个集合，则

$$U = (u_1, u_2, \cdots, u_n) \tag{4-18}$$

每个样本由 m 个特征因素描述，即组成一个 $m \times n$ 矩阵 X：

$$X = \begin{bmatrix} x_{11} & x_{12} & \cdots & x_{1m} \\ x_{21} & x_{22} & \cdots & x_{2m} \\ \vdots & \vdots & \vdots & \vdots \\ x_{n1} & x_{n2} & \cdots & x_{nm} \end{bmatrix} \tag{4-19}$$

（二）样本平移变换

通常由于各个因素的单位和绝对大小不同，要进行样本平移—标准差变换，则

$$x_{ik}' = (x_{ik} - \overline{x}_k)/s_k \quad i = 1, 2, \cdots, n; k = 1, 2, \cdots, m \tag{4-20}$$

其中，$\overline{X}_k = \dfrac{1}{n}\sum\limits_{i=1}^{n} x_{ik}$；$s_k = \sqrt{\dfrac{1}{n}\sum\limits_{i=1}^{n}(x_{ik}-\overline{X}_k)^2}$。

进一步，进行平移—极差变换，则

$$x'_{ik} = \frac{x_{ik}' - \min\limits_{1\leqslant i\leqslant n}\left\{x_{ik}'\right\}}{\max\limits_{1\leqslant i\leqslant n}\left\{x_{ik}'\right\} - \min\limits_{1\leqslant i\leqslant n}\left\{x_{ik}'\right\}} \tag{4-21}$$

（三）建立样本间的模糊关系

由计算各样本间的相似系数、相关系数、距离或其他表征相似程度的量来建立样本间的模糊关系，写成矩阵形式，即

$$\widetilde{\boldsymbol{R}} = \begin{bmatrix} r_{11} & r_{12} & \cdots & r_{1m} \\ r_{21} & r_{22} & \cdots & r_{2m} \\ \vdots & \vdots & \vdots & \vdots \\ r_{n1} & r_{n2} & \cdots & r_{nm} \end{bmatrix} \tag{4-22}$$

如采用欧式距离法的计算公式，则

$$r_{ij} = 1 - \sqrt{\frac{1}{m}\sum_{k=1}^{m}\left(x'_{ik}-x'_{jk}\right)^2} \tag{4-23}$$

这种模糊关系具有自反性（$r_{ii}=1$）和对称性（$r_{ij}=r_{ji}$），但一般不具备传递性。

（四）将模糊关系改造为模糊等价关系

取 $\widetilde{R}$ 的乘幂：$\widetilde{R}^2,\widetilde{R}^4,\widetilde{R}^8$

若进一步有

$$\widetilde{\boldsymbol{R}}^k = \widetilde{\boldsymbol{R}}^{2k} = \widetilde{\boldsymbol{R}}^* \tag{4-24}$$

则 $\widetilde{R}^*$ 便是一个模糊等价关系，已具有传递性。这里

$$\widetilde{\boldsymbol{R}}^2 = \widetilde{\boldsymbol{R}}\widetilde{\boldsymbol{R}} \tag{4-25}$$

$\widetilde{R}^2 = \widetilde{R}\widetilde{R}$ 的通用计算方法是：

$$\widetilde{\boldsymbol{R}}^2 = \bigvee_{u\in U}\left\{\widetilde{\boldsymbol{R}}(u) \wedge \widetilde{\boldsymbol{R}}(u)\right\} \tag{4-26}$$

式中　∨、∧——分别表示取上、下确界。

当 U 只包含有限个元素时，∨ 就是取最大值，∧ 就是取最小值。

（五）选取 λ 截集将样本聚类

根据模糊等价关系，选取不同的 λ 截集，将样本分成若干类，最终完成模糊聚类分析。

三、模糊聚类法在综合水质评价中的应用举例

以表4-1和表4-2所列评价样本为例，在模糊综合评判结果的基础上，应用模糊聚类法对模糊综合评判结果予以修正。

（一）构造评价样本

根据不同年份各断面年度水质监测数据，构造评价样本如下。

1. 东部某城市中心城区景观河流（2010年）

$$X = \begin{bmatrix} 1.25 & 6.92 & 8.66 & 6.24 & 0.50 \\ 1.13 & 7.02 & 8.12 & 7.22 & 0.56 \\ 1.12 & 9.15 & 15.12 & 7.90 & 0.77 \\ 6.71 & 5.86 & 5.75 & 3.97 & 0.32 \end{bmatrix}$$

2. 中部某城市中心城区景观河流（2010年）

$$X = \begin{bmatrix} 3.88 & 8.59 & 5.39 & 11.89 & 0.99 \\ 5.06 & 8.26 & 4.82 & 8.53 & 0.56 \\ 3.69 & 7.23 & 5.23 & 10.00 & 1.01 \\ 4.92 & 8.24 & 5.30 & 9.16 & 0.69 \end{bmatrix}$$

3. 涵盖多个水环境功能区的某城市河流（2007年）

$$X = \begin{bmatrix} 6.08 & 5.41 & 3.64 & 1.60 & 0.19 \\ 5.25 & 5.77 & 2.58 & 1.69 & 0.32 \\ 3.07 & 5.11 & 2.50 & 1.97 & 0.31 \\ 4.25 & 4.55 & 2.20 & 1.67 & 0.29 \end{bmatrix}$$

4. 涵盖多个水环境功能区的某城市河流（2010年）

$$X = \begin{bmatrix} 6.55 & 4.81 & 2.81 & 1.00 & 0.15 \\ 5.78 & 5.24 & 2.51 & 1.39 & 0.29 \\ 4.19 & 5.33 & 2.71 & 1.78 & 0.31 \\ 5.22 & 4.95 & 2.42 & 1.48 & 0.30 \end{bmatrix}$$

（二）样本平移变换

依据式（4-20）、式（4-21），对评价样本进行平移—标准差和平移—极差变换，得到变换后的评价样本。

1. 东部某城市中心城区景观河流（2010 年）

$$X' = \begin{bmatrix} 0.186 & 0.756 & 0.573 & 0.790 & 0.649 \\ 0.168 & 0.767 & 0.537 & 0.914 & 0.727 \\ 0.167 & 1 & 1 & 1 & 1 \\ 1 & 0.640 & 0.380 & 0.503 & 0.416 \end{bmatrix}$$

2. 中部某城市中心城区景观河流（2010 年）

$$X' = \begin{bmatrix} 0.767 & 1 & 1 & 1 & 0.980 \\ 1 & 0.962 & 0.894 & 0.717 & 0.554 \\ 0.729 & 0.842 & 0.970 & 0.841 & 1 \\ 0.972 & 0.959 & 0.983 & 0.770 & 0.683 \end{bmatrix}$$

3. 涵盖多个水环境功能区的某城市河流（2007 年）

$$X' = \begin{bmatrix} 1 & 0.938 & 1 & 0.812 & 0.584 \\ 0.863 & 1 & 0.709 & 0.858 & 1 \\ 0.505 & 0.886 & 0.687 & 1 & 0.969 \\ 0.699 & 0.789 & 0.604 & 0.848 & 0.897 \end{bmatrix}$$

4. 涵盖多个水环境功能区的某城市河流（2010 年）

$$X' = \begin{bmatrix} 1 & 0.902 & 1 & 0.562 & 0.489 \\ 0.882 & 0.983 & 0.893 & 0.781 & 0.936 \\ 0.640 & 1 & 0.964 & 1 & 1 \\ 0.797 & 0.929 & 0.861 & 0.831 & 0.971 \end{bmatrix}$$

(三) 建立样本的模糊关系

依据式 (4—22)、式 (4—23)，对变换后的评价样本，建立样本模糊关系矩阵：

1. 东部某城市中心城区景观河流（2010 年）

$$\tilde{R} = \begin{bmatrix} 1 & 0.932 & 0.714 & 0.588 & 0.371 \\ 0.932 & 1 & 0.735 & 0.553 & 0.326 \\ 0.714 & 0.735 & 1 & 0.401 & 0.102 \\ 0.588 & 0.553 & 0.401 & 1 & 0.371 \\ 0.371 & 0.326 & 0.102 & 0.371 & 1 \end{bmatrix}$$

2. 中部某城市中心城区景观河流（2010 年）

$$\tilde{R} = \begin{bmatrix} 1 & 0.744 & 0.897 & 0.808 & 0.046 \\ 0.744 & 1 & 0.752 & 0.925 & 0.158 \\ 0.897 & 0.752 & 1 & 0.811 & 0.118 \\ 0.808 & 0.925 & 0.811 & 1 & 0.118 \\ 0.046 & 0.158 & 0.118 & 0.118 & 1 \end{bmatrix}$$

3. 涵盖多个水环境功能区的某城市河流（2007 年）

$$\widetilde{\boldsymbol{R}} = \begin{bmatrix} 1 & 0.762 & 0.675 & 0.729 & 0.119 \\ 0.762 & 1 & 0.819 & 0.863 & 0.107 \\ 0.675 & 0.819 & 1 & 0.872 & 0.169 \\ 0.729 & 0.863 & 0.872 & 1 & 0.226 \\ 0.119 & 0.107 & 0.169 & 0.226 & 1 \end{bmatrix}$$

4. 涵盖多个水环境功能区的某城市河流（2010 年）

$$\widetilde{\boldsymbol{R}} = \begin{bmatrix} 1 & 0.763 & 0.655 & 0.729 & 0.179 \\ 0.763 & 1 & 0.847 & 0.945 & 0.102 \\ 0.655 & 0.847 & 1 & 0.882 & 0.068 \\ 0.729 & 0.945 & 0.882 & 1 & 0.120 \\ 0.179 & 0.102 & 0.068 & 0.120 & 1 \end{bmatrix}$$

（四）将模糊关系改造为模糊等价关系

依据式（4－24）～式（4－26），将样本模糊关系改造为样本模糊等价关系：

1. 东部某城市中心城区景观河流（2010 年）

$$\widetilde{\boldsymbol{R}}^4 = \widetilde{\boldsymbol{R}}^2 = \begin{bmatrix} 1 & 0.932 & 0.735 & 0.588 & 0.371 \\ 0.932 & 1 & 0.735 & 0.588 & 0.371 \\ 0.735 & 0.735 & 1 & 0.588 & 0.371 \\ 0.588 & 0.588 & 0.588 & 1 & 0.371 \\ 0.371 & 0.371 & 0.371 & 0.371 & 1 \end{bmatrix}$$

2. 中部某城市中心城区景观河流（2010 年）

$$\widetilde{\boldsymbol{R}}^4 = \widetilde{\boldsymbol{R}}^2 = \begin{bmatrix} 1 & 0.811 & 0.897 & 0.811 & 0.158 \\ 0.811 & 1 & 0.811 & 0.925 & 0.158 \\ 0.897 & 0.811 & 1 & 0.811 & 0.158 \\ 0.811 & 0.925 & 0.811 & 1 & 0.158 \\ 0.158 & 0.158 & 0.158 & 0.158 & 1 \end{bmatrix}$$

3. 涵盖多个水环境功能区的某城市河流（2007 年）

$$\widetilde{\boldsymbol{R}}^4 = \widetilde{\boldsymbol{R}}^2 = \begin{bmatrix} 1 & 0.762 & 0.762 & 0.762 & 0.226 \\ 0.762 & 1 & 0.863 & 0.863 & 0.226 \\ 0.762 & 0.863 & 1 & 0.872 & 0.226 \\ 0.762 & 0.863 & 0.872 & 1 & 0.226 \\ 0.226 & 0.226 & 0.226 & 0.226 & 1 \end{bmatrix}$$

4. 涵盖多个水环境功能区的某城市河流（2010年）

$$\widetilde{\boldsymbol{R}}^4 = \widetilde{\boldsymbol{R}}^2 = \begin{bmatrix} 1 & 0.763 & 0.763 & 0.763 & 0.179 \\ 0.763 & 1 & 0.882 & 0.945 & 0.179 \\ 0.763 & 0.882 & 1 & 0.882 & 0.179 \\ 0.763 & 0.945 & 0.882 & 1 & 0.179 \\ 0.179 & 0.179 & 0.179 & 0.179 & 1 \end{bmatrix}$$

（五）选取 λ 截集将样本聚类

根据模糊等价关系，选取 λ 截集，作出动态样本聚类图，如图 4—1 所示。

1. 样本 1：东部某城市中心城区景观河流（2010年）

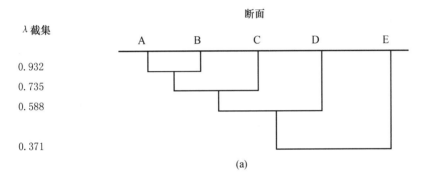

(a)

图 4—1 动态样本聚类图

2. 样本 2：中部某城市中心城区景观河流（2010年）

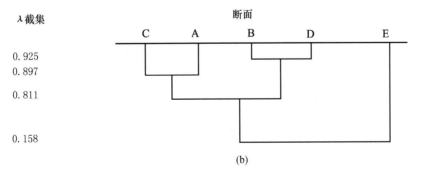

(b)

图 4—1 动态样本聚类图

3. 样本 3：涵盖多个水环境功能区的某城市河流（2007 年）

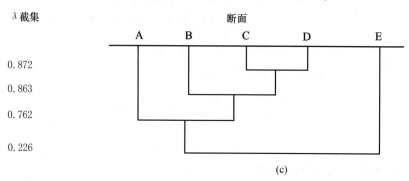

图 4－1　动态样本聚类图

4. 样本 4：涵盖多个水环境功能区的某城市河流（2010 年）

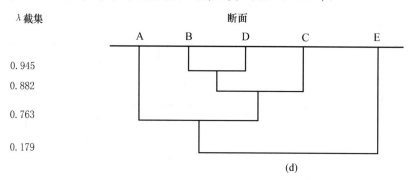

图 4－1　动态样本聚类图

（六）模糊聚类评价结果

由动态样本聚类图得知，在 4 个评价样本中，断面 E 与断面 A、B、C、D 的相似性均较低，原因是：断面 E 是为了生成模糊关系矩阵和模糊等价关系矩阵而形成的虚拟断面，因而与其他 4 个断面的相似性低是合理的。

在 4 个评价样本中，断面 A、B、C、D 的相似性总体上均较高，若以 $\lambda = 0.7$ 作为分类标准，则得到如下分类：

样本 1：$\{A，B，C\}$，$\{D\}$

样本 2：$\{A，B，C，D\}$

样本 3：$\{A，B，C，D\}$

样本 4：$\{A，B，C，D\}$

因此，有必要进一步对表 4－1 和表 4－2 确定的模糊综合评价结果进行聚类评价，如表 4－3 和表 4－4 所示。

表 4—3　　基于模糊聚类法的中东部典型城市中心城区景观河流综合水质评价（2010 年）

景观河流	监测断面	隶属度					基于模糊综合评价的综合水质类别	基于模糊聚类的综合水质类别
		Ⅰ类	Ⅱ类	Ⅲ类	Ⅳ类	Ⅴ类		
东部某市中心城区	A	0	0	0.048	0.052	0.890	Ⅴ	Ⅴ
	B	0	0	0.043	0.059	0.898	Ⅴ	
	C	0	0	0.013	0.049	0.938	Ⅴ	
	D	0.041	0.053	0.109	0.277	0.520	Ⅴ	Ⅴ
中部某市中心城区	A	0	0	0.063	0.109	0.828	Ⅴ	Ⅴ
	B	0	0.004	0.136	0.072	0.788	Ⅴ	
	C	0	0	0.084	0.098	0.818	Ⅴ	
	D	0	0	0.115	0.086	0.799	Ⅴ	

表 4—4　　基于模糊聚类法的某城市多功能区河流综合水质评价

年份	监测断面	隶属度					基于模糊综合评价的综合水质类别	基于模糊聚类的综合水质类别
		Ⅰ类	Ⅱ类	Ⅲ类	Ⅳ类	Ⅴ类		
2007	A	0.009	0.282	0.377	0.266	0.066	Ⅲ	Ⅳ
	B	0.092	0.058	0.253	0.422	0.174	Ⅳ	
	C	0.078	0.050	0.071	0.482	0.318	Ⅳ	
	D	0.082	0.086	0.202	0.524	0.107	Ⅳ	
2010	A	0.221	0.329	0.450	0	0	Ⅲ	Ⅳ
	B	0.101	0.189	0.212	0.499	0	Ⅳ	
	C	0.093	0.043	0.204	0.453	0.208	Ⅳ	
	D	0.094	0.111	0.217	0.566	0.012	Ⅳ	

第四节　模糊模式识别法在综合水质评价中的应用

模糊模式识别法是指将环境质量标准作为已知模式，评价样本作为未知待识别模式，运用模糊贴近度、模糊度等概念和隶属度最大原则判分环境质量评价样本应属的类别。常用的模糊模式识别法包括模糊贴近度综合评价法、Hamming/Euclid贴近度评价法。以下介绍这些常用模糊模式识别法的原理与应用实例。

一、模糊贴近度综合评价法在综合水质评价中的应用

（一）模糊贴近度综合评价法的原理

设在论域 U 上有 n 个模糊子集：A_1，A_2，$\cdots$，A_n，若有 $j \in \{1, 2, \cdots, n\}$，使

$$(B, A_{j0}) = \max_{1 \leqslant j \leqslant n}(B, A_j) \qquad (4-27)$$

则称 B 与 A_{j0} 最贴近。

（二）模糊贴近度综合评价法的计算方法

若 A 与 B 为论域 U 上的模糊子集，定义 A 与 B 的贴近度为

$$N(A, B) = \frac{\sum_{i=1}^{n} \min[\mu_A(u_i), \mu_B(u_i)]}{\sum_{i=1}^{n} \max[\mu_A(u_i), \mu_B(u_i)]} \qquad (4-28)$$

式中，$\mu_A(u_i)$ 为水质指标 i 对应 j 类水质类别浓度限制的隶属函数，其计算方法为

$$\mu_A(u_i) = \frac{S_{ij}}{H \sum_{j=1}^{m} S_{ij}} \qquad (4-29)$$

$\mu_B(u_i)$ 为水质指标 i 实测值的隶属函数，其计算方法为

$$\mu_B(u_i) = \frac{C_i}{H \sum_{j=1}^{m} S_{ij}} \qquad (4-30)$$

式中　S_{ij} ——水质指标 i 的 j 类水质类别浓度限值；

　　　C_i ——水质指标 i 的实测值。

　　　H ——某一正整数，满足

$$\frac{C_i}{H \sum_{j=1}^{m} S_{ij}} \leqslant 1 \qquad (4-31)$$

将各评价指标的各类水质类别浓度限值和实测值分别代入式（4—29）和式（4—30），即可分别得到各水质类别所对应的模糊子集 A_1，A_2，$\cdots$ A_m 和实测值所对应的模糊子集 B_1，B_2，$\cdots$ B_n。

根据公式（4—28），分别计算各断面样本对应各水质类别的贴近度；然后根据择近原则，选择贴近度最大值所对应的类别作为综合评价结果。

（三）模糊贴近度综合评价法的应用实例

仍以表 3—7 和表 3—8 所列评价样本为例，介绍对贴近度综合评价法在综合水

质评价中的应用。

取 $H=1$，分别得到各水质指标对应各水质类别浓度限制的隶属函数，见表 4−5；以及各水质指标对应各评价样本实测值的隶属函数，见表 4−6 和表 4−7。

表 4−5　　　　　　　各水质指标对应水质类别浓度限值的隶属函数值

水质指标	水　质　类　别				
	I（μ_{A_1}）	II（μ_{A_2}）	III（μ_{A_3}）	IV（μ_{A_4}）	V（μ_{A_5}）
DO	0.319	0.255	0.213	0.128	0.085
COD_{Mn}	0.054	0.108	0.162	0.270	0.405
BOD_5	0.115	0.115	0.154	0.231	0.385
$NH_3\text{-}N$	0.029	0.097	0.194	0.291	0.388
TP	0.020	0.098	0.196	0.294	0.392

表 4−6　　中东部典型城市景观河流评价样本水质指标实测值的隶属函数

景观河流	水质指标	对应于各断面实测值的隶属函数			
		A（μ_{B1}）	B（μ_{B2}）	C（μ_{B3}）	D（μ_{B4}）
东部某市中心城区	DO	0.053	0.048	0.048	0.286
	COD_{Mn}	0.187	0.190	0.247	0.158
	BOD_5	0.333	0.312	0.582	0.221
	$NH_3\text{-}N$	1.212	1.402	1.534	0.771
	TP	0.490	0.549	0.755	0.314
中部某市中心城区	DO	0.165	0.215	0.157	0.209
	COD_{Mn}	0.232	0.223	0.195	0.223
	BOD_5	0.207	0.185	0.201	0.204
	$NH_3\text{-}N$	2.309	1.656	1.942	1.779
	TP	0.971	0.549	0.990	0.676

表 4—7　　**某城市多功能区河流评价样本水质指标实测值的隶属函数**

年　份	水质指标	对应于各断面实测值的隶属函数			
		A （μ_{B1}）	B （μ_{B2}）	C （μ_{B3}）	D （μ_{B4}）
2007	DO	0.259	0.223	0.131	0.181
	COD_{Mn}	0.146	0.156	0.138	0.123
	BOD_5	0.140	0.099	0.096	0.085
	$NH_3\text{-}N$	0.311	0.328	0.383	0.324
	TP	0.183	0.314	0.304	0.281
2010	DO	0.279	0.246	0.178	0.222
	COD_{Mn}	0.130	0.142	0.144	0.134
	BOD_5	0.108	0.097	0.104	0.093
	$NH_3\text{-}N$	0.194	0.270	0.346	0.287
	TP	0.150	0.287	0.307	0.298

进一步，依据式（4—28），可以最终求得 A_i 与 B 的贴近度，并评判出综合水质类别，如表 4—8 和表 4—9 所示。

表 4—8　　**基于模糊贴近度综合评价法的中东部典型城市中心城区景观河流**
综合水质评价（2010 年）

景观河流	监测断面	贴　近　度					综合水质类别
		Ⅰ类	Ⅱ类	Ⅲ类	Ⅳ类	Ⅴ类	
东部某市中心城区	A	0.107	0.190	0.312	0.434	0.525	Ⅴ
	B	0.096	0.172	0.283	0.396	0.471	Ⅴ
	C	0.077	0.138	0.226	0.340	0.434	Ⅴ
	D	0.282	0.385	0.522	0.584	0.521	Ⅳ
中部某市中心城区	A	0.095	0.147	0.222	0.292	0.308	Ⅴ
	B	0.148	0.221	0.325	0.384	0.397	Ⅴ
	C	0.103	0.161	0.244	0.309	0.325	Ⅴ
	D	0.134	0.200	0.296	0.360	0.374	Ⅴ

表 4－9　　基于模糊贴近度综合评价法的某城市多功能区河流综合水质评价

年　份	监测断面	贴　近　度					综合水质类别
		Ⅰ类	Ⅱ类	Ⅲ类	Ⅳ类	Ⅴ类	
2007	A	0.434	0.648	0.811	0.651	0.473	Ⅲ
	B	0.346	0.536	0.726	0.709	0.548	Ⅲ
	C	0.262	0.444	0.621	0.719	0.591	Ⅳ
	D	0.317	0.517	0.686	0.698	0.513	Ⅳ
2010	A	0.539	0.768	0.807	0.520	0.361	Ⅲ
	B	0.393	0.604	0.752	0.693	0.485	Ⅲ
	C	0.313	0.502	0.691	0.722	0.564	Ⅳ
	D	0.362	0.567	0.739	0.713	0.501	Ⅲ

二、Hamming/Euclid 贴近度评价法在综合水质评价中的应用

(一) Hamming/Euclid 贴近度评价法原理

设在论域 U 上有 n 个模糊子集 A_1，A_2，$\cdots$，A_n，若有 $j \in \{1,2,\cdots,n\}$，使

$$(B,A_{j0}) = \max_{1 \leqslant j \leqslant n}(B,A_j) \qquad (4-32)$$

则称 B 与 A_{j0} 最贴近。

(二) Hamming/Euclid 贴近度评价法的计算方法

Hamming/Euclid 贴近度评价法与贴近度综合评价法基本相同，它们之间的区别在于贴近度的计算公式不同。Hamming 贴近度评价法的计算公式为

$$N_H(A,B) = 1 - M_H(A,B) \qquad (4-33)$$

$N_H(A,B)$ 为模糊集 A 与 B 的 Hamming 贴近度。

式中，
$$M_H(A,B) = \frac{1}{n}\sum_{i=1}^{n}\left|\mu_A(u_i) - \mu_B(u_i)\right| \qquad (4-34)$$

或

$$M_H(A,B) = \frac{1}{b-a}\int_a^b\left|\mu_A(u_i) - \mu_B(u_i)\right|\mathrm{d}u \qquad (4-35)$$

若考虑论域中各评价指标的作用有所不同，可以定义加权的 Hamming 贴近度，其计算公式为

$$M_H(A,B) = \frac{1}{n}\sum_{i=1}^{n}a(u_i)\left|\mu_A(u_i) - \mu_B(u_i)\right| \qquad (4-36)$$

或

$$M_H(A,B) = \frac{1}{b-a}\int_a^b a(u_i)\left|\mu_A(u_i) - \mu_B(u_i)\right|\mathrm{d}u \qquad (4-37)$$

式中，$a(u_i)$ 是加于 u_i 上的权数，计算公式同式（4-7）～式（4-12）。

Euclid 贴近度评价法的计算公式为

$$N_E(A,B) = 1 - M_E(A,B) \tag{4-38}$$

$N_E(A,B)$ 为模糊集 A 与 B 的 Euclid 贴近度。

式中，

$$M_E(A,B) = \sqrt{\frac{1}{n}\sum_{i=1}^{n}\left|\mu_A(u_i) - \mu_B(u_i)\right|^2} \tag{4-39}$$

或

$$M_E(A,B) = \sqrt{\frac{1}{b-a}\int_a^b \left|\mu_A(u_i) - \mu_B(u_i)\right|^2 du} \tag{4-40}$$

若考虑论域中各评价指标的作用有所不同，可以定义加权的 Euclid 贴近度，其计算公式为

$$M_E(A,B) = \sqrt{\frac{1}{n}\sum_{i=1}^{n}a(u_i)\left|\mu_A(u_i) - \mu_B(u_i)\right|^2} \tag{4-41}$$

或

$$M_E(A,B) = \sqrt{\frac{1}{b-a}\int_a^b a(u_i)\left|\mu_A(u_i) - \mu_B(u_i)\right|^2 du} \tag{4-42}$$

（三）Hamming/Euclid 贴近度评价法的应用实例

仍以表 3-7 和表 3-8 所列评价样本为例，介绍对 Hamming/Euclid 贴近度评价法在综合水质评价中的应用。

取 $H=1$，各水质指标对应各水质类别浓度限制的隶属函数和各水质指标对应各评价样本实测值的隶属函数，见表 4-5、表 4-6 和表 4-7。

进一步，依据式（4-33）、式（4-34），可以求得 A_i 与 B 的 Hamming 贴近度，并得出综合水质评判结果，如表 4-10 和表 4-11 所示。

表 4-10 基于 Hamming 贴近度综合评价法的中东部典型城市中心城区景观河流
综合水质评价（2010 年）

景观河流	监测断面	贴近度					综合水质类别
		Ⅰ类	Ⅱ类	Ⅲ类	Ⅳ类	Ⅴ类	
东部某市中心城区	A	0.546	0.599	0.665	0.725	0.755	Ⅴ
	B	0.499	0.552	0.618	0.679	0.701	Ⅴ
	C	0.366	0.419	0.485	0.569	0.620	Ⅴ
	D	0.744	0.785	0.832	0.844	0.786	Ⅳ
中部某市中心城区	A	0.269	0.322	0.388	0.441	0.414	Ⅳ
	B	0.500	0.553	0.618	0.640	0.613	Ⅳ
	C	0.346	0.398	0.464	0.504	0.477	Ⅳ
	D	0.445	0.498	0.564	0.595	0.568	Ⅳ

表 4－11　基于 Hamming 贴近度综合评价法的某城市多功能区河流综合水质评价

年　份	监测断面	贴　近　度					综合水质类别
		Ⅰ类	Ⅱ类	Ⅲ类	Ⅳ类	Ⅴ类	
2007	A	0.876	0.927	0.959	0.905	0.807	Ⅲ
	B	0.839	0.891	0.935	0.920	0.838	Ⅲ
	C	0.814	0.867	0.908	0.926	0.861	Ⅳ
	D	0.841	0.894	0.929	0.922	0.829	Ⅲ
2010	A	0.916	0.960	0.962	0.869	0.764	Ⅲ
	B	0.862	0.915	0.944	0.918	0.813	Ⅲ
	C	0.831	0.884	0.927	0.926	0.847	Ⅲ
	D	0.853	0.906	0.941	0.925	0.821	Ⅲ

依据式（4－38）、式（4－39），可以求得 A_i 与 B 的 Euclid 贴近度，并得出综合水质评判结果，见表4－12和表4－13所示。

表 4－12　基于 Euclid 贴近度综合评价法的中东部典型城市中心城区景观河流

综合水质评价（2010 年）

景观河流	监测断面	贴　近　度					综合水质类别
		Ⅰ类	Ⅱ类	Ⅲ类	Ⅳ类	Ⅴ类	
东部某市中心城区	A	0.407	0.454	0.514	0.574	0.616	Ⅴ
	B	0.322	0.368	0.428	0.487	0.530	Ⅴ
	C	0.208	0.255	0.318	0.386	0.451	Ⅴ
	D	0.637	0.679	0.733	0.769	0.763	Ⅳ
中部某市中心城区	A	−0.110	−0.066	−0.008	0.048	0.096	Ⅴ
	B	0.229	0.271	0.327	0.377	0.413	Ⅴ
	C	0.035	0.081	0.141	0.198	0.245	Ⅴ
	D	0.159	0.202	0.259	0.312	0.353	Ⅴ

表 4－13　基于 Euclid 贴近度综合评价法的某城市多功能区河流综合水质评价

年　份	监测断面	贴　近　度					综合水质类别
		Ⅰ类	Ⅱ类	Ⅲ类	Ⅳ类	Ⅴ类	
2007	A	0.846	0.895	0.943	0.897	0.797	Ⅲ
	B	0.802	0.856	0.916	0.909	0.814	Ⅲ
	C	0.777	0.832	0.893	0.906	0.819	Ⅳ
	D	0.810	0.864	0.921	0.903	0.802	Ⅲ
2010	A	0.898	0.949	0.956	0.868	0.761	Ⅲ
	B	0.831	0.884	0.939	0.901	0.798	Ⅲ
	C	0.795	0.850	0.911	0.913	0.819	Ⅳ
	D	0.821	0.875	0.931	0.904	0.802	Ⅲ

第五节　本章总结

模糊评价法的应用已有 40 余年的历史，在水环境质量综合评价中，涉及到大量的复杂现象和多种因素的相互作用，也存在大量的模糊现象和模糊概念。因此，水质评价也可以采用模糊数学的方法进行定量化处理。本章介绍了基于模糊集理论的综合水质评价方法，包括模糊综合评判法、模糊聚类法、模糊模式识别法等。

模糊综合评判法是最典型的模糊数学水质评价方法，其基本思想是：①构造水质指标对各水质类别的隶属函数；②根据隶属度函数，计算水质指标实测值对各水质类别的隶属度，构造模糊关系矩阵；③计算各水质指标的权重，构造权重向量；④将权重向量和模糊关系矩阵相乘，得到综合水质对各水质类别的隶属度，最终判断出评价样本的综合水质类别。

模糊聚类法是根据客观事物间的特征、亲疏程度和相似性，通过建立模糊相似性关系对客观事物进行分类。在模糊综合评价中，通常采用"超标法"计算评价指标的权重，水质指标污染越严重，其权重越大，对应的水质类别隶属度也大；所以，模糊综合评价结果考虑了污染严重指标的单因子贡献力。基于模糊聚类的原理，在模糊综合评价结果的基础上，对评价样本的综合水质评价结果进一步进行归类，可以对模糊综合评判法得到的综合水质进行适当修正，予以更合理的评价。

模糊模式识别法是指将环境质量标准作为已知模式，评价样本作为未知待识别模式，分别求出各水质指标对应水质类别标准值的隶属函数值和各水质指标监测值的隶属函数值，然后运用模糊贴近度、模糊度等概念和隶属度最大原则判分环境质量评价样本应属的类别。常用的模糊模式识别法包括贴近度综合评价法和 Hamming/Euclid 贴近度评价法。

对上述每一种模糊数学理论评价法，本章分别举出实例，详细介绍了这些评价方法的应用。

模糊数学评价法理论严密，国内外学者基于该评价方法进行了大量的水质综合评价研究工作。但该方法也存在不足之处。

1）基于模糊数学理论的综合水质评价工作量较大，算法也较复杂，需要构建各评价指标对各水质类别的隶属函数，求得模糊关系矩阵；进行矩阵的运算。该方法的理解与推广应用对一些不具有较深的高等数学知识背景的水质评价工作者而言，具有一定难度。

2）基于模糊数学理论的评价结果是综合水质对各水质类别的隶属度，从隶属度矩阵中，不能够直观比较不同评价样本的综合水质污染程度大小。

3）模糊数学评价法考虑的是各评价指标对于 I～V 类水的隶属度，当水质劣于 V 类时，表达结果为：对 V 类水的隶属度为 1，I～IV 水的隶属度为 0，即表达为Ⅴ类水浓度上限值。因此，该方法不能对劣于Ⅴ类水的水质作出进一步评价，即不能评价水体黑臭。

参 考 文 献

[1] 刘林. 应用模糊数学［M］. 陕西科学技术出版社，1996.

[2] 王涛. 系统模糊集理论在水环境系统——水质评价中的应用［D］. 大连理工大学硕士学位论文，2002.

[3] 梅学彬，王福刚，曹剑锋. 模糊综合评价在水质评价中的应用及探讨［J］. 世界地质，2000，19（2）：172－177.

[4] 李祚泳，丁晶，彭荔红. 环境质量评价原理与方法［M］. 北京：化学工业出版社，2004.

[5] 吴启勋. 环境单元的模糊聚类分析［J］. 青海师专学报（自然科学），2002，（5）：44－46.

[6] 徐大伟，杨扬. 模糊数学法在河流水质综合评价中的应用［J］. 沈阳大学学报（自然科学版），2000，12（2）：59－62.

[7] 马建华，季凡. 水质评价的模糊概率综合评价法［J］. 水文，1994（3）：21－24.

[8] 孙靖南，邹志红，任广平. 模糊综合评价在天然水体水质评价中的应用研究［J］. 环境污染治理技术与设备，2005，6（2）：45－48.

[9] 陈奕，许有鹏. 河流水质评价中模糊数学评价法的应用与比较［J］. 四川环境，2009，28（1）：94－98.

[10] 张欣，张保祥，孙新收，等. 基于海明贴近度的模糊物元模型在孝妇河水质评价中的应用［J］. 地下水，2008，30（6）：91－94.

[11] 赵东洋，王道涵，王延松. 基于模糊数学对细河阜新段水质评价的研究［J］. 中国资源综合利用，2011，29（2）：50－52.

[12] 孟祥宇，徐得潜. 流域水质评价模糊综合评判模型及其应用［J］. 环境保护科学，2009，35（2）：92－100.

[13] 付素静，贾冰，张金. 马莲河地表水化学特征及污染状况分析［J］. 人民黄河，2011，33（4）：54－55.

[14] 曾繁慧，曹俊. 模糊聚类在水系水质评价中的应用［J］. 辽宁工程技术大学学报（自然科学版），2010，29（5）：982－984.

[15] 傅振鹏，陶涛，孙世群. 模糊评价在巢湖市饮用水水源地水质评价中的应用［J］. 安徽农业科学，2011，39（9）：5235－5237.

[16] 马英. 模糊数学在海城河水质评价中的应用［J］. 环境科学与管理，2011，36（9）：168－172.

[17] 闫欣荣. 模糊数学在黑河水质评价中的应用［J］. 西安文理学院学报：（自然科学版），2011，14（2）：54－56.

[18] 王铁良，陈曦，苏芳莉，等. 模糊数学在双台河口湿地水质评价中的应用［J］. 沈阳农业大学学报，2011，42（1）：79－83.

[19] 徐晓云，陈效民，谢继征，等. 模糊综合评价法用于京杭运河扬州段的水质评价［J］. 中国给水排水，2008，24（24）：107－110.

［20］郝庆杰，江长胜．模糊综合评价法在江安河青羊段水质评价中的应用［J］．西南师范大学学报（自然科学版），2010，35（2）：136—141．

［21］余根鼎，江敏，李利，等．模糊综合评价法在景观水体水质评价中的应用［J］．上海海洋大学学报，2009，18（6）：734—740．

［22］赵蓓，马文斋，唐伟．模糊综合评价在渤海湾生态监控区水质评价中的应用［J］．海洋环境保护，2011，1：13—15．

［23］陶涛，孙世群，姜栋栋，等．模糊综合评价在巢湖水质评价中的应用［J］．环境科学与管理，2010，35（12）：177—180．

［24］张水珍，刘玲．模糊综合评判法在水质评价中的应用—以松花江流域为例［J］．环境科学与管理，2011，36（3）：163—165．

［25］冯佳虹，冯村华．模糊综合评判在水质评价中的应用—以金华江为例［J］．安徽农业科学，2008，36（21）：9236—9237．

［26］刘昕，刘开第，李春杰，等．水质评价中的指标权重与隶属度转换算法［J］．兰州理工大学学报，2009，35（1）：63—66．

第五章　灰色系统评价法

第一节　灰色系统评价法简介

一、灰色系统评价法背景

灰色系统理论是我国学者邓聚龙于 1982 年提出的。灰色系统理论用颜色的深浅来表征信息的完备程度，把内部特征已知的信息系统称为白色系统，把完全未知和非确定的信息系统称为黑色系统。客观世界中，信息完全已知或未知的系统只占极少数，大部分为灰色系统——既含有已知信息又含有未知信息的系统。灰色系统理论主要是利用已知信息来确定系统的未知信息，使系统由"灰"变"白"。其最大特点是对样本量没有严格要求，不要求服从任何分布。

灰色理论作为分析信息不完备系统的理论，目前已广泛应用于工业、农业、气象等诸多理论研究。在综合水质评价领域，由于对水环境质量所获得的监测数据都是在有限的时间和空间范围内监测得到的，信息是不完全的或不确切的。因此，可将水环境系统视为一个灰色系统，即部分信息已知，部分信息未知或不确知的系统。基于这种特性，国内学者将灰色系统理论应用于水环境质量综合评价中。

二、灰色系统评价法简介

应用于综合水质评价的灰色系统理论方法，包括灰色聚类法、灰色关联分析法、灰色统计法、灰色局势决策法等。

灰色聚类法的基本思想是：

1）将评价样本标准化。

2）将水环境质量类别对应的浓度值标准化，形成对应的水环境质量灰类；并基于水质灰度，构造白化函数。

3）根据白化函数，计算出各评价指标对于各灰类的白化系数。

4）依据各评价指标的权重，求得综合水质对于各灰类的聚类系数，最终判断出评价样本的综合水质类别。

灰色关联分析法的关键点是：将标准化处理后的评价样本与标准化后的地表水环境质量类别值进行比较，计算各评价指标对各水质类别的关联系数和综合水质对各水质类别的关联度。

灰色统计法的评价对象是多个评价样本，其关键点是：在评价样本标准化和构建白化系数的基础上，求各评价指标对于各水质类别的灰色统计数、灰色权和最大权。

灰色局势决策法的关键点是：构造评价样本与水质类别的二元组合局势，并构造白化函数，求得各评价指标对各灰类的白化系数；进一步构造各评价指标（目标）的决策矩阵，汇总求得所有评价指标的综合决策矩阵，最终选择最佳矩阵，判断综合水质。

下面具体介绍这些灰色系统评价法的原理与计算实例。

第二节　灰色聚类法在综合水质评价中的应用

一、灰色聚类法原理

灰色聚类是根据聚类系数的大小来判断评价样本所属的综合水质类别。其方法是将每个评价样本对各个灰类的聚类系数组成聚类行向量，在行向量中聚类系数最大的所对应的灰类即是这个评价样本所属的类别。为便于读者理解，下面详细介绍灰色聚类法应用于综合水质评价的计算方法与流程。

二、灰色聚类法计算方法与流程

（一）确定聚类白化数

设有 l 个样本（监测断面），且各有 i 个水质指标（ $i=1,2,\cdots,n$ ），每项指标有 j 个灰类（水质类别， $j=1,2,\cdots,m$ ），则由 l 个样本 n 项指标的白化数构成矩阵

$$C = \begin{bmatrix} C_{11} & \cdots & C_{1n} \\ \vdots & \ddots & \vdots \\ C_{l1} & \cdots & C_{1n} \end{bmatrix} \tag{5-1}$$

式中　C_{ki}——第 k 个（ $k=1,2,\cdots,l$ ）聚类样本第 i 个聚类指标的白化值（水质指标浓度值）。

（二）数据的标准化处理

1. 样本指标白化值的标准化处理

采用污染指数法进行样本指标白化值的标准化处理。其计算公式为

$$x_{ki} = \frac{C_{ki}}{S_{oi}} \tag{5-2}$$

式中　x_{ki}——第 k 个样本（监测点）第 i 项指标的标准化值；

S_{oi}——第 i 项指标的白化值标准化参考标准，其取值视聚类对象所在水域的环境目标而确定，可取上限值、下限值、平均值或某一水质标准值。

2. 灰类的标准化处理

灰类的标准化处理是建立白化函数的必要条件。其计算公式为

$$r_{ij} = \frac{S_{ij}}{S_{oi}} \qquad (5-3)$$

式中　r_{ij}——第 i 项指标第 j 个灰类的标准化处理值；

　　　S_{ij}——灰类值，即第 i 项指标第 j 个灰类的浓度限值。

（三）确定白化函数

某个只知道大概的范围而不知道其确切值的数，称为灰数。属于某个区间的灰数 $\otimes$，在该区间内取数时，也许每一个数的取数机会都是均等的，这称为纯灰数或绝对灰数。也许对取数有"偏爱"，即机会不均等，这成为相对灰数。通常用白化函数来表示这一灰数与"偏爱"程度的关系。

参照国家地表水环境质量标准，确定白化函数如下。

1. 非溶解氧指标

对非溶解氧指标，浓度值越大，水质越差。第 i 项指标的灰类 1 的白化函数为

$$f_{1i}(x) = \begin{cases} 1, & x \leqslant r_{i1} \\ \dfrac{r_{i2} - x}{r_{i2} - r_{i1}}, & r_{i1} < x < r_{i2} \\ 0, & x \geqslant r_{i2} \end{cases} \qquad (5-4)$$

第 i 项指标的灰类 $j(j = 2,3,4)$ 的白化函数为

$$f_{ji}(x) = \begin{cases} 0, & x \leqslant r_{i,j-1}, x \geqslant r_{i,j+1} \\ \dfrac{x - r_{i,j-1}}{r_{i,j} - r_{i,j-1}}, & r_{i,j-1} < x < r_{i,j} \\ \dfrac{r_{i,j+1} - x}{r_{i,j+1} - r_{i,j}}, & r_{i,j} < x < r_{i,j+1} \end{cases} \qquad (5-5)$$

第 i 项指标的灰类 5 的白化函数为

$$f_{5i}(x) = \begin{cases} 0, & x \leqslant r_{i,4} \\ \dfrac{x - r_{i,4}}{r_{i,5} - r_{i,4}}, & r_{i,4} < x < r_{i,5} \\ 1, & x \geqslant r_{i,5} \end{cases} \qquad (5-6)$$

2. 溶解氧指标

对于溶解氧指标，浓度值大，水质越好。灰类 1 的白化函数为

$$f_{1,\mathrm{DO}}(x) = \begin{cases} 1, \ x \geqslant r_{\mathrm{DO},1} \\ \dfrac{x - r_{\mathrm{DO},2}}{r_{\mathrm{DO},1} - r_{\mathrm{DO},2}}, \ r_{\mathrm{DO},1} > x > r_{\mathrm{DO},2} \\ 0, \ x \leqslant r_{\mathrm{DO},2} \end{cases} \qquad (5-7)$$

灰类 $j(j = 2,3,4)$ 的白化函数为

$$f_{j,\mathrm{DO}}(x) = \begin{cases} \dfrac{r_{\mathrm{DO},j-1} - x}{r_{\mathrm{DO},j} - r_{\mathrm{DO},j-1}}, \ r_{\mathrm{DO},j-1} > x > r_{\mathrm{DO},j} \\ \dfrac{x - r_{\mathrm{DO},j+1}}{r_{\mathrm{DO},j} - r_{\mathrm{DO},j+1}}, \ r_{\mathrm{DO},j} > x > r_{\mathrm{DO},j+1} \\ 0, \ x \geqslant r_{\mathrm{DO},j-1}, x \leqslant r_{\mathrm{DO},j+1} \end{cases} \qquad (5-8)$$

灰类 5 的白化函数为

$$f_{5,\mathrm{DO}}(x) = \begin{cases} 0, \ x \geqslant r_{\mathrm{DO},4} \\ \dfrac{r_{\mathrm{DO},4} - x}{r_{\mathrm{DO},4} - r_{\mathrm{DO},5}}, \ r_{\mathrm{DO},4} > x > r_{\mathrm{DO},5} \\ 1, \ x \leqslant r_{\mathrm{DO},5} \end{cases} \qquad (5-9)$$

（四）求聚类权

聚类权是衡量各个指标对同一灰类的权重，按下式计算

$$w_{ij} = \frac{r_{ij}}{\displaystyle\sum_{j=1}^{m} r_{ij}} \qquad (5-10)$$

$$\eta_{ij} = \frac{w_{ij}}{\displaystyle\sum_{i=1}^{n} w_{ij}} \qquad (5-11)$$

式中　j——灰类数, $j = 5$;

　　w_{ij}——某监测断面第 i 项指标 j 个灰类的权重值;

　　η_{ij}——某监测断面第 i 项指标 j 个灰类的聚类权。

（五）求聚类系数

聚类系数是通过灰数白化函数的生成而得到的，它反映了聚类样本对灰类的亲疏程度，其计算式为

$$\varepsilon_{kj} = \sum_{i=1}^{n} f_{ij}(x_{ki}) \eta_{ij} \qquad (5-12)$$

式中　ε_{kj}——第 k 个监测断面关于第 j 个灰类的聚类系数;

　　$f_{ij}(d_{ki})$——第 k 个监测断面第 i 项水质指标的第 j 个灰类的白化系数。

三、灰色聚类法在综合水质评价中的应用实例

（一）水质监测数据

采用与第三章污染指数法中表3－7和表3－8相同的评价样本。

（二）样本指标白化值的标准化处理

根据公式（5－2），对评价数据进行标准化处理，标准化处理后的数据如表5－1和表5－2所示。

表5－1　　　中东部典型城市中心城区景观河流综合水质评价数据样本
白化值的标准化处理（2010年）

景观河流	监测断面	水环境功能区目标	水质指标浓度（mg/L）				
			DO	COD_{Mn}	BOD_5	NH_3-N	TP
东部某市中心城区	A	V	0.63	0.46	0.87	3.12	1.25
	B	V	0.57	0.47	0.81	3.61	1.40
	C	V	0.56	0.61	1.51	3.95	1.93
	D	V	3.36	0.39	0.58	1.99	0.80
中部某市中心城区	A	V	1.94	0.57	0.54	5.95	2.48
	B	V	2.53	0.55	0.48	4.27	1.40
	C	V	1.85	0.48	0.52	5.00	2.53
	D	V	2.46	0.55	0.53	4.58	1.73

表5－2　　　某城市多功能区河流综合水质评价数据样本
白化值的标准化处理

年　份	监测断面	水环境功能区目标	水质指标浓度（mg/L）				
			DO	COD_{Mn}	BOD_5	NH_3-N	TP
2007	A	Ⅱ	1.01	1.35	1.21	3.20	1.87
	B	Ⅲ	1.05	0.96	0.65	1.69	1.60
	C	Ⅳ	1.02	0.51	0.42	1.31	1.03
	D	Ⅳ	1.42	0.46	0.37	1.11	0.96
2010	A	Ⅱ	1.09	1.20	0.94	2.00	1.53
	B	Ⅲ	1.16	0.87	0.63	1.39	1.47
	C	Ⅳ	1.40	0.53	0.45	1.19	1.04
	D	Ⅳ	1.74	0.50	0.40	0.99	1.01

以下具体以东部某城市中心城区景观河流 A 断面（2010 年）的综合水质评价为例，详细介绍用灰色聚类法进行水环境质量评价的过程。

（三）地表水环境质量灰类及无量纲化处理

依据《地表水环境质量标准》（GB3838—2002），构建地表水环境质量的 5 个灰类，如表 5-3 所示。

表 5-3 　　　　　　　　　　地表水环境质量灰类划分

评价指标	灰　　类				
	1	2	3	4	5
DO	7.5	6	5	3	2
COD_{Mn}	2	4	6	10	15
BOD_5	3	3	4	6	10
NH_3-N	0.15	0.5	1.0	1.5	2.0
TP	0.02	0.1	0.2	0.3	0.4

依据式（5-3），对地表水环境质量灰类予以无量纲化处理，计算后的结果见表 5-4 所示。

表 5-4 　　　　　　　　　　各灰类的无量纲化处理结果

评价因子	灰　　类				
	1	2	3	4	5
DO	3.75	3.00	2.50	1.50	1.00
COD_{Mn}	0.13	0.27	0.40	0.67	1.00
BOD_5	0.30	0.30	0.40	0.60	1.00
NH_3-N	0.08	0.25	0.50	0.75	1.00
TP	0.05	0.25	0.50	0.75	1.00

（四）白化函数的确定

依据表 5-2，确定参与综合水质评价的各水质指标的白化函数。

1. DO 的白化函数

$$f_1(x)_{DO} = \begin{cases} 1, & x \geqslant 3.75 \\ \dfrac{x-3.0}{0.75}, & 3.75 > x \geqslant 3.0 \\ 0, & x < 3.0 \end{cases}$$

$$f_2(x)_{DO} = \begin{cases} \dfrac{3.75-x}{0.75}, & 3.75 > x \geqslant 3.0 \\[3mm] \dfrac{x-2.5}{0.5}, & 3.0 > x > 2.5 \\[3mm] 0, & x \geqslant 3.75, x \leqslant 2.5 \end{cases}$$

$$f_3(x)_{DO} = \begin{cases} \dfrac{3.0-x}{0.5}, & 3.0 > x \geqslant 2.5 \\[3mm] \dfrac{x-1.5}{1.0}, & 2.5 > x > 1.5 \\[3mm] 0, & x \geqslant 3.0, x \leqslant 1.5 \end{cases}$$

$$f_4(x)_{DO} = \begin{cases} \dfrac{2.5-x}{1.0}, & 2.5 > x \geqslant 1.5 \\[3mm] \dfrac{x-1.0}{0.5}, & 1.5 > x > 1.0 \\[3mm] 0, & x \geqslant 2.5, x \leqslant 1.0 \end{cases}$$

$$f_5(x)_{DO} = \begin{cases} 0, & x \geqslant 1.5 \\[3mm] \dfrac{1.5-x}{0.5}, & 1.5 > x > 1.0 \\[3mm] 1, & x \leqslant 1.0 \end{cases}$$

2. COD_{Mn}的白化函数

$$f_1(x)_{COD_{Mn}} = \begin{cases} 1, & x \leqslant 0.13 \\[3mm] \dfrac{0.27-x}{0.14}, & 0.13 < x < 0.27 \\[3mm] 0, & x \geqslant 0.27 \end{cases}$$

$$f_2(x)_{COD_{Mn}} = \begin{cases} 0, & x \leqslant 0.13,\ x \geqslant 0.4 \\[3mm] \dfrac{x-0.13}{0.14}, & 0.13 < x \leqslant 0.27 \\[3mm] \dfrac{0.4-x}{0.13}, & 0.27 < x < 0.4 \end{cases}$$

$$f_3(x)_{COD_{Mn}} = \begin{cases} 0, & x \leqslant 0.27, x \geqslant 0.67 \\ \dfrac{x-0.27}{0.13}, & 0.27 < x \leqslant 0.4 \\ \dfrac{0.67-x}{0.27}, & 0.4 < x < 0.67 \end{cases}$$

$$f_4(x)_{COD_{Mn}} = \begin{cases} 0, & x \leqslant 0.4, x \geqslant 1.0 \\ \dfrac{x-0.4}{0.27}, & 0.4 < x \leqslant 0.67 \\ \dfrac{1.0-x}{0.33}, & 0.67 < x < 1.0 \end{cases}$$

$$f_5(x)_{COD_{Mn}} = \begin{cases} 0, & x \leqslant 0.67 \\ \dfrac{x-0.67}{0.33}, & 0.67 < x \leqslant 1.0 \\ 1, & x \geqslant 1.0 \end{cases}$$

3. BOD_5 的白化函数

$$f_1(x)_{BOD_5} = \begin{cases} 1, & x \leqslant 0.3 \\ \dfrac{0.4-x}{0.1}, & 0.3 < x < 0.4 \\ 0, & x \geqslant 0.4 \end{cases}$$

$$f_2(x)_{BOD_5} = \begin{cases} 1, & x \leqslant 0.3 \\ \dfrac{0.4-x}{0.1}, & 0.3 < x < 0.4 \\ 0, & x \geqslant 0.4 \end{cases}$$

$$f_3(x)_{BOD_5} = \begin{cases} 0, & x \leqslant 0.3, x \geqslant 0.6 \\ \dfrac{x-0.3}{0.1}, & 0.3 < x < 0.4 \\ \dfrac{0.6-x}{0.2}, & 0.4 < x < 0.6 \end{cases}$$

$$f_4(x)_{BOD_5} = \begin{cases} 0, & x \leqslant 0.4, x \geqslant 1.0 \\ \dfrac{x-0.4}{0.2}, & 0.4 < x < 0.6 \\ \dfrac{1.0-x}{0.4}, & 0.6 < x < 1.0 \end{cases}$$

$$f_5(x)_{BOD_5} = \begin{cases} 0, & x \leqslant 0.6 \\ \dfrac{x-0.6}{0.4}, & 0.6 < x < 1.0 \\ 1, & x \geqslant 1.0 \end{cases}$$

4. NH_3-N 的白化函数

$$f_1(x)_{NH_3\text{-}N} = \begin{cases} 1, & x \leqslant 0.08 \\ \dfrac{0.25 - x}{0.17}, & 0.08 < x < 0.25 \\ 0, & x \geqslant 0.25 \end{cases}$$

$$f_2(x)_{NH_3\text{-}N} = \begin{cases} 0, & x \leqslant 0.08, x \geqslant 0.50 \\ \dfrac{x - 0.08}{0.17}, & 0.08 < x < 0.25 \\ \dfrac{0.5 - x}{0.25}, & 0.25 < x < 0.50 \end{cases}$$

$$f_3(x)_{NH_3\text{-}N} = \begin{cases} 0, & x \leqslant 0.25, x \geqslant 0.75 \\ \dfrac{x - 0.25}{0.25}, & 0.25 < x < 0.50 \\ \dfrac{0.75 - x}{0.25}, & 0.50 < x < 0.75 \end{cases}$$

$$f_4(x)_{NH_3\text{-}N} = \begin{cases} 0, & x \leqslant 0.50, x \geqslant 0.1 \\ \dfrac{x - 0.50}{0.25}, & 0.50 < x < 0.75 \\ \dfrac{1.0 - x}{0.25}, & 0.75 < x < 1.0 \end{cases}$$

$$f_5(x)_{NH_3\text{-}N} = \begin{cases} 0, & x \leqslant 0.75 \\ \dfrac{x - 0.75}{0.25}, & 0.75 < x < 1.0 \\ 1, & x \geqslant 1.0 \end{cases}$$

5. TP 的白化函数

$$f_1(x)_{TP} = \begin{cases} 1, & x \leqslant 0.05 \\ \dfrac{0.25 - x}{0.2}, & 0.05 < x < 0.25 \\ 0, & x \geqslant 0.25 \end{cases}$$

$$f_2(x)_{TP} = \begin{cases} 0, & x \leqslant 0.05, x \geqslant 0.5 \\ \dfrac{x - 0.05}{0.2}, & 0.05 < x < 0.25 \\ \dfrac{0.5 - x}{0.25}, & 0.25 < x < 0.5 \end{cases}$$

$$f_3(x)_{TP} = \begin{cases} 0, \ x \leqslant 0.25, \ x \geqslant 0.75 \\ \dfrac{x-0.25}{0.25}, \ 0.25 < x < 0.5 \\ \dfrac{0.75-x}{0.25}, \ 0.5 < x < 0.75 \end{cases}$$

$$f_4(x)_{TP} = \begin{cases} 0, \ x \leqslant 0.5, \ x \geqslant 1.0 \\ \dfrac{x-0.5}{0.25}, \ 0.5 < x < 0.75 \\ \dfrac{1.0-x}{0.25}, \ 0.75 < x < 1.0 \end{cases}$$

$$f_5(x)_{TP} = \begin{cases} 0, \ x \leqslant 0.75 \\ \dfrac{x-0.75}{0.25}, \ 0.75 < x < 1.0 \\ 1, \ x \geqslant 1.0 \end{cases}$$

（五）计算聚类权

根据式（5—10）和式（5—11），计算出各评价指标对各灰类的聚类权，如表5—5所示。

表 5—5 各评价指标的聚类权

水质指标	灰类1	灰类2	灰类3	灰类4	灰类5
DO	0.870	0.738	0.581	0.352	0.200
COD_{Mn}	0.031	0.066	0.093	0.156	0.200
BOD_5	0.070	0.074	0.093	0.141	0.200
NH_3-N	0.017	0.061	0.116	0.176	0.200
TP	0.012	0.061	0.116	0.176	0.200

（六）计算聚类系数

首先根据白化函数，计算出各评价指标对于各灰类的白化系数，如表5—6所示。

表 5—6 各评价指标对各灰类的白化系数

评价因子	白 化 系 数				
	1	2	3	4	5
DO	0.000	0.000	0.000	0.000	1.000
COD_{Mn}	0.000	0.000	0.775	0.225	0.000
BOD_5	0.000	0.000	0.000	0.325	0.675
NH_3-N	0.000	0.000	0.000	0.000	1.000
TP	0.000	0.000	0.000	0.000	1.000

进一步，依据公式（5－12），计算出该断面综合水质对各灰类的聚类系数如下：

$$\varepsilon_1 = \sum_{i=1}^{n} f_{1i}(x_i) \eta_{i1}$$

$$= f_{1,\mathrm{DO}}(x_{\mathrm{DO}}) \times \eta_{\mathrm{DO1}} + f_{1,\mathrm{COD_{Mn}}}(x_{\mathrm{COD_{Mn}}}) \times \eta_{\mathrm{COD_{Mn}}1} + f_{1,\mathrm{BOD_5}}(x_{\mathrm{BOD_5}}) \times \eta_{\mathrm{BOD_5}1}$$

$$+ f_{1,\mathrm{NH_3\text{-}N}}(x_{\mathrm{NH_3\text{-}N}}) \times \eta_{\mathrm{NH_3\text{-}N1}} + f_{1,\mathrm{TP}}(x_{\mathrm{TP}}) \times \eta_{\mathrm{TP1}}$$

$$= 0$$

$$\varepsilon_2 = \sum_{i=1}^{n} f_{2i}(x_i) \eta_{i1}$$

$$= f_{2,\mathrm{DO}}(x_{\mathrm{DO}}) \times \eta_{\mathrm{DO},2} + f_{2,\mathrm{COD_{Mn}}}(x_{\mathrm{COD_{Mn}}}) \times \eta_{\mathrm{COD_{Mn}},2} + f_{2,\mathrm{BOD_5}}(x_{\mathrm{BOD_5}}) \times \eta_{\mathrm{BOD_5},2}$$

$$+ f_{2,\mathrm{NH_3\text{-}N}}(x_{\mathrm{NH_3\text{-}N}}) \times \eta_{\mathrm{NH_3\text{-}N},2} + f_{2,\mathrm{TP}}(x_{\mathrm{TP}}) \times \eta_{\mathrm{TP},2}$$

$$= 0$$

$$\varepsilon_3 = \sum_{i=1}^{n} f_{3i}(x_i) \eta_{i3}$$

$$= f_{3,\mathrm{DO}}(x_{\mathrm{DO}}) \times \eta_{\mathrm{DO},3} + f_{3,\mathrm{COD_{Mn}}}(x_{\mathrm{COD_{Mn}}}) \times \eta_{\mathrm{COD_{Mn}},3} + f_{3,\mathrm{BOD_5}}(x_{\mathrm{BOD_5}}) \times \eta_{\mathrm{BOD_5},3}$$

$$+ f_{3,\mathrm{NH_3\text{-}N}}(x_{\mathrm{NH_3\text{-}N}}) \times \eta_{\mathrm{NH_3\text{-}N},3} + f_{3,\mathrm{TP}}(x_{\mathrm{TP}}) \times \eta_{\mathrm{TP},3}$$

$$= 0.136$$

$$\varepsilon_4 = \sum_{i=1}^{n} f_{4i}(x_i) \eta_{i4}$$

$$= f_{4,\mathrm{DO}}(x_{\mathrm{DO}}) \times \eta_{\mathrm{DO},4} + f_{4,\mathrm{COD_{Mn}}}(x_{\mathrm{COD_{Mn}}}) \times \eta_{\mathrm{COD_{Mn}},4} + f_{4,\mathrm{BOD_5}}(x_{\mathrm{BOD_5}}) \times \eta_{\mathrm{BOD_5},4}$$

$$+ f_{4,\mathrm{NH_3\text{-}N}}(x_{\mathrm{NH_3\text{-}N}}) \times \eta_{\mathrm{NH_3\text{-}N},4} + f_{4,\mathrm{TP}}(x_{\mathrm{TP}}) \times \eta_{\mathrm{TP},4}$$

$$= 0.115$$

$$\varepsilon_5 = \sum_{i=1}^{n} f_{5i}(x_i) \eta_{i5}$$

$$= f_{5,\mathrm{DO}}(x_{\mathrm{DO}}) \times \eta_{\mathrm{DO},5} + f_{5,\mathrm{COD_{Mn}}}(x_{\mathrm{COD_{Mn}}}) \times \eta_{\mathrm{COD_{Mn}},5} + f_{5,\mathrm{BOD_5}}(x_{\mathrm{BOD_5}}) \times \eta_{\mathrm{BOD_5},5}$$

$$+ f_{5,\mathrm{NH_3\text{-}N}}(x_{\mathrm{NH_3\text{-}N}}) \times \eta_{\mathrm{NH_3\text{-}N},5} + f_{5,\mathrm{TP}}(x_{\mathrm{TP}}) \times \eta_{\mathrm{TP},5}$$

$$= 0.677$$

同理，可以计算出其余样本的综合水质对各灰类的聚类系数。最后，将所有断面综合水质对各灰类的聚类系数汇总，评价得出所有评价样本的综合水质类别，如

表5-7和表5-8所示。

表5-7　　　基于灰色聚类法的中东部典型城市中心城区景观河流
综合水质评价（2010年）

景观河流	监测断面	水环境功能区目标	对各灰类的聚类系数					综合水质类别
			1	2	3	4	5	
东部某市中心城区	A	V	0.000	0.000	0.136	0.115	0.677	V
	B	V	0.000	0.000	0.131	0.146	0.646	V
	C	V	0.000	0.000	0.037	0.175	0.755	V
	D	V	0.281	0.211	0.185	0.360	0.333	IV
中部某市中心城区	A	V	0.000	0.000	0.215	0.335	0.471	V
	B	V	0.000	0.023	0.393	0.204	0.471	V
	C	V	0.000	0.000	0.266	0.254	0.471	V
	D	V	0.000	0.000	0.358	0.252	0.471	V

表5-8　　　基于灰色聚类法的某城市多功能区河流综合水质评价

年份	监测断面	水环境功能区目标	对各灰类的聚类系数					综合水质类别
			1	2	3	4	5	
2007	A	II	0.031	0.487	0.417	0.192	0.047	II
	B	III	0.215	0.113	0.330	0.343	0.137	IV
	C	IV	0.215	0.071	0.106	0.334	0.244	IV
	D	IV	0.215	0.116	0.221	0.409	0.080	IV
2010	A	II	0.433	0.404	0.396	0.000	0.000	I
	B	III	0.215	0.356	0.222	0.412	0.000	IV
	C	IV	0.215	0.054	0.255	0.359	0.162	IV
	D	IV	0.215	0.168	0.273	0.463	0.009	IV

第三节　灰色关联分析法在综合水质评价中的应用

一、灰色关联分析原理

灰色关联分析法是根据离散数列之间几何相似程度来判断关联度大小而进行排序的方法。在进行水质的分级评价时，选择评价样本的水质指标实测值为参考序列，水质指标各水质类别标准值为比较序列，根据求出的多个关联度，选出最大关联度所对应比较序列的水质类别，作为评价样本的综合水质类别。

二、灰色关联分析法计算方法与流程

（一）确定关联分析数列

设有 l 个样本（监测断面），且各有 i 个水质指标（$i=1,2,\cdots,n$），则在某个监测断面 k（$k=1,2,\cdots,l$），实测样本序列表示为

$$\boldsymbol{C}_{ki}=(C_{k1},C_{k2},\cdots,C_{kn}) \qquad (5-13)$$

每个水质指标对应 j 个灰类（即 j 个水质类别，$j=1,2,\cdots,m$），则比较样本序列表示为

$$\boldsymbol{S}_{ji}=(S_{j1},S_{j2},\cdots,S_{jn}) \qquad (5-14)$$

式中　$\boldsymbol{C}_{ki}$——第 k 个样本序列中第 i 项水质指标的实测值；

$\boldsymbol{S}_{ji}$——第 j 类水质类别中第 i 项水质指标的浓度限值。

（二）数据的标准化处理

数据的标准化处理就是对水质样本各项指标浓度和功能区类别对应的水质浓度限制相比，进行无量纲化处理，以便于对各样本指标进行综合分析并使结果具有可比性。其步骤可以参照前一节灰色聚类法中介绍的方法。

经标准化处理后，实测样本序列表示为

$$\boldsymbol{x}_{ki}=(x_{k1},x_{k2},\cdots,x_{kn}) \qquad (5-15)$$

比较样本序列表示为

$$\boldsymbol{r}_{ji}=(r_{j1},r_{j2},\cdots,r_{jn}) \qquad (5-16)$$

式中　$\boldsymbol{x}_{ki}$——经过标准化处理后，第 k 个样本序列中第 i 项水质指标的实测值；

$\boldsymbol{r}_{ji}$——经过标准化处理后，第 j 类水质类别中第 i 项水质指标的浓度限值。

（三）关联系数的计算

针对某个监测断面 k（$k=1,2,\cdots,l$），按照下式计算关联系数为

$$\xi_{ji}=\frac{\min_i\min_j\left|\boldsymbol{r}_{ji}-\boldsymbol{x}_{ki}\right|+\zeta\max_i\max_j\left|\boldsymbol{r}_{ji}-\boldsymbol{x}_{ki}\right|}{\left|\boldsymbol{r}_{ji}-\boldsymbol{x}_{ki}\right|+\zeta\max_i\max_j\left|\boldsymbol{r}_{ji}-\boldsymbol{x}_{ki}\right|} \qquad (5-17)$$

式中　ξ_{ji}——第 j 个灰类中第 i 项水质指标的灰色关联系数；

ζ——分辨系数，介于 0 和 1 之间。一般取 0.5。

（四）关联度的计算

关联系数只表示各时刻数据间的关联程度，由于关联系数的数很多，信息过于

分散，不便于比较，有必要将各个时刻的关联系数集中为一个数值，引入关联度的概念来进行处理。通常采用求平均值的办法，即：

$$rd_j = \frac{1}{n}\sum_{i=1}^{n}\xi_{ji} \qquad (5-18)$$

式中　　n——水质指标的项数。

若考虑各项水质指标的权重，则有

$$rd_j = \sum_{i=1}^{n}[\xi_{ji} \times w_i] \qquad (5-19)$$

式中，w_i 为 ξ_{ji} 在关联度中的权重，且 $\sum_{i=1}^{n}w_i = 1$。

（五）综合水质类别判定

若有　　$rd_s = \max\{rd_1,rd_2,rd_3,rd_4,rd_5\}, s \in \{1,2,3,4,5\}$ 　(5-20)

则待评价样本的综合水质类别属于 s 类。

三、灰色关联分析法在综合水质评价中的应用

仍以表3-7和表3-8所列评价样本为例，介绍灰色关联分析法在综合水质评价中的应用。

下面以东部某城市中心城区河流 A 断面（2010 年）的综合水质评价为例，详细介绍用灰色关联分析法进行水环境质量评价的过程。

（一）地表水环境质量类别的标准化处理

地表水环境质量类别的标准化处理方法同灰色聚类法。

（二）关联度的计算与综合水质评价级别

首先将标准化处理后的评价样本与标准化后的地表水环境质量类别值进行比较，如表5-9所示。

表5-9　　　　　　　评价样本与水质分类样本的比较

水质指标 ＼ 样本	$|r_{ji}-x_i|$ ($j=1,2,3,4,5$)				
	1	2	3	4	5
DO	3.438	2.688	2.188	1.188	0.688
COD$_{Mn}$	0.103	0.236	0.369	0.636	0.969
BOD$_5$	0.213	0.213	0.313	0.513	0.913
NH$_3$-N	1.485	1.310	1.060	0.810	0.560
TP	3.075	2.875	2.625	2.375	2.125

进一步，根据公式（5—18）、式（5—19），计算各评价指标对各水质类别的关联系数，并计算综合水质对各水质类别的关联度，如表5—10所示。

表5—10　　　　　　　　　评价断面关联系数与关联度的计算

关联系数 水质指标	$\xi_{ji}=\dfrac{\min\limits_{i}\min\limits_{i}\|r_{ji}-x_{ki}\|+0.5\max\limits_{i}\max\limits_{i}\|r_{ji}-x_{ki}\|}{\|r_{ji}-x_{ki}\|+0.5\max\limits_{i}\max\limits_{j}\|r_{ji}-x_{ki}\|}$				
	1	2	3	4	5
DO	0.353	0.413	0.466	0.627	0.757
COD_{Mn}	1.000	0.932	0.872	0.773	0.678
BOD_5	0.943	0.943	0.896	0.816	0.692
$NH_3\text{-}N$	0.568	0.601	0.655	0.720	0.799
TP	0.380	0.396	0.419	0.445	0.474
$rd_j=\dfrac{1}{n}\sum\limits_{i=1}^{n}\xi_{ji}$	0.649	0.657	0.662	0.676	0.680

同理，可以计算出其余样本的灰色关联系数与关联度，并进一步评价得出综合水质类别，如表5—11和表5—12所示。

表5—11　　　基于灰色关联分析法的中东部典型城市中心城区景观河流
综合水质评价（2010年）

景观河流	监测断面	水环境功能区目标	对各灰类的灰色关联度					综合水质类别
			1	2	3	4	5	
东部某市中心城区	A	V	0.649	0.657	0.662	0.676	0.680	V
	B	V	0.635	0.642	0.645	0.656	0.655	IV
	C	V	0.665	0.674	0.678	0.691	0.688	IV
	D	V	0.590	0.608	0.631	0.683	0.634	IV
中部某市中心城区	A	V	0.660	0.672	0.680	0.701	0.706	V
	B	V	0.638	0.650	0.659	0.699	0.668	IV
	C	V	0.680	0.693	0.701	0.723	0.728	V
	D	V	0.655	0.669	0.678	0.713	0.690	IV

表 5—12　　　基于灰色关联分析法的某城市多功能区河流综合水质评价

年　份	监测断面	水环境功能区目标	对各灰类的灰色关联度					综合水质类别
			1	2	3	4	5	
2007	A	Ⅱ	0.638	0.745	0.845	0.683	0.507	Ⅲ
	B	Ⅲ	0.609	0.711	0.794	0.728	0.572	Ⅲ
	C	Ⅳ	0.564	0.645	0.693	0.778	0.649	Ⅳ
	D	Ⅳ	0.584	0.692	0.748	0.736	0.546	Ⅲ
2010	A	Ⅱ	0.681	0.803	0.827	0.550	0.407	Ⅲ
	B	Ⅲ	0.640	0.760	0.794	0.736	0.517	Ⅲ
	C	Ⅳ	0.572	0.670	0.747	0.727	0.569	Ⅲ
	D	Ⅳ	0.576	0.698	0.770	0.713	0.490	Ⅲ

第四节　灰色统计法在综合水质评价中的应用

一、灰色统计法原理

以灰数的白化函数生成为基础，将一些具体数据，按某种灰数所描述的类别进行归纳整理，称为灰色统计。

二、灰色统计法计算方法与流程

（一）确定聚类白化数

设有 l 个样本（监测断面），且各有 i 个水质指标（$i=1,2,\cdots,n$），每项指标有 j 个灰类（水质类别，$j=1,2,\cdots,m$），则由 l 个样本 n 项指标的白化数构成矩阵

$$C = \begin{bmatrix} C_{11} & \cdots & C_{1n} \\ \vdots & \ddots & \vdots \\ C_{l1} & \cdots & C_{1n} \end{bmatrix} \qquad (5-21)$$

式中　C_{ki}——第 k 个（$k=1,2,\cdots,l$）聚类样本第 i 个聚类指标的白化值（水质指标浓度值）。

（二）数据的标准化处理

数据的标准化处理方法同灰色聚类法。

（三）确定白化函数

确定白化函数方法同灰色聚类法。

（四）求灰色统计数和灰色权

记 $f_{ij}(x_{ki})$ 表示标准化处理后的评价样本 x_{ki} 通过白化函数得到的值，$n^{(k)}$ 为第 k 个评价样本的监测次数，则有

$$n_{ij} = \sum_{k=1}^{l} f_{ij}(x_{ki}) n^{(k)} \tag{5-22}$$

式中　n_{ij} ——第 i 项水质指标第 j 个灰类的灰色统计数。

进一步，可得各监测点对于第 i 个水质指标属于第 j 个灰类的灰色权 r_{ij} 为

$$r_{ij} = \frac{n_{ij}}{\sum\limits_{j=1}^{5} n_{ij}} \tag{5-23}$$

（五）求决策矩阵，得出综合水质评价结果

各监测点整体的灰色决策矩阵表示为

$$\boldsymbol{r} = \begin{bmatrix} r_{11} & \cdots & r_{1m} \\ \vdots & \ddots & \vdots \\ r_{n1} & \cdots & r_{nm} \end{bmatrix} \tag{5-24}$$

记 r 中第 k 列为 $r_{ik} = \{r_{1k}, r_{2k}, \cdots, r_{nk}\}$，若有

$$r_{ik} = \max\{r_{1j}, r_{2j}, \cdots, r_{nj}\}, j = 1, 2, \cdots, m \tag{5-25}$$

则说明综合水质属于第 k 个灰类。

三、灰色统计法在综合水质评价中的应用实例

仍以表 3-7 所列评价样本为例，对灰色统计法在综合水质评价中的应用予以介绍。

灰色统计法的评价对象是多个评价样本，而非单个评价样本。在本例中，利用灰色统计法对多条河流断面所表征的整体综合水质予以评价。

（一）确定聚类白化数

根据评价数据，构造河流整体水质评价矩阵如下：

1. 东部某城市中心城区河流综合水质评价数据样本（2010 年）

$$C = \begin{bmatrix} 1.25 & 6.92 & 8.66 & 6.24 & 0.50 \\ 1.13 & 7.02 & 8.12 & 7.22 & 0.56 \\ 1.12 & 9.15 & 15.12 & 7.90 & 0.77 \\ 6.71 & 5.86 & 5.75 & 3.97 & 0.32 \end{bmatrix}$$

2. 中部某城市中心城区河流综合水质评价数据样本（2010 年）

$$C = \begin{bmatrix} 3.88 & 8.59 & 5.39 & 11.89 & 0.99 \\ 5.06 & 8.26 & 4.82 & 8.53 & 0.56 \\ 3.69 & 7.23 & 5.23 & 10.00 & 1.01 \\ 4.92 & 8.24 & 5.30 & 9.16 & 0.69 \end{bmatrix}$$

3. 涵盖多个水环境功能区的某城市河流综合水质评价样本（2007 年）

$$C = \begin{bmatrix} 6.08 & 5.41 & 3.64 & 1.60 & 0.187 \\ 5.25 & 5.77 & 2.58 & 1.69 & 0.320 \\ 3.07 & 5.11 & 2.50 & 1.97 & 0.310 \\ 4.25 & 4.55 & 2.20 & 1.67 & 0.287 \end{bmatrix}$$

4. 涵盖多个水环境功能区的某城市河流综合水质评价样本（2010 年）

$$C = \begin{bmatrix} 6.55 & 4.81 & 2.81 & 1.00 & 0.153 \\ 5.78 & 5.24 & 2.51 & 1.39 & 0.293 \\ 4.19 & 5.33 & 2.71 & 1.78 & 0.313 \\ 5.22 & 4.95 & 2.42 & 1.48 & 0.304 \end{bmatrix}$$

（二）数据标准化处理

数据标准化处理方法同灰色聚类法。

（三）白化函数确定

白化函数确定方法同灰色聚类法。

（四）求灰色统计数和灰色权

若各水质指标在各个监测点的监测平均值是由相同次数的监测值平均得到的，则 $n^{(k)} = 1$。

具体以东部某城市中心城区景观河流为例，求得 DO 对于 Ⅰ～Ⅴ类水质的灰色统计数为

$n_{DO1} = 0 + 0 + 0 + 0.473 = 0.473$

$n_{DO2} = 0.527$

$n_{DO3} = 0$

$n_{DO4} = 0$

$n_{DO5} = 3.0$

进一步，可得到 DO 对 Ⅰ～Ⅴ类水质类别的灰色权：

$r_{DO1} = 0.118$

$r_{DO2} = 0.132$，$r_{DO3} = 0$，$r_{DO4} = 0$，$r_{DO5} = 0.750$

同理，可以求得 COD_{Mn}、BOD_5、$NH_3\text{-}N$、TP 对于 Ⅰ、Ⅱ、Ⅲ、Ⅳ、Ⅴ类水的灰色统计数和灰色权。

表 5－13 和表 5－14 列出了各个评价样本 5 项评价指标对于 5 个水质类别的灰色统计数和灰色权。

表 5－13　　　中东部典型城市中心城区景观河流评价样本各指标

对于各水质类别的灰色统计数和灰色权

景观河流	水质指标	n_{ij}					r_{ij}				
		Ⅰ	Ⅱ	Ⅲ	Ⅳ	Ⅴ	Ⅰ	Ⅱ	Ⅲ	Ⅳ	Ⅴ
东部某市中心城区	DO	0.473	0.527	0.000	0.000	3.000	0.118	0.132	0.000	0.000	0.750
	COD_{Mn}	0.000	0.070	2.658	1.273	0.000	0.000	0.018	0.664	0.318	0.000
	BOD_5	0.000	0.000	0.125	1.680	2.195	0.000	0.000	0.031	0.420	0.549
	$NH_3\text{-}N$	0.000	0.000	0.000	0.000	4.000	0.000	0.000	0.000	0.000	1.000
	TP	0.000	0.000	0.000	0.800	3.200	0.000	0.000	0.000	0.200	0.800
中部某市中心城区	DO	1.000	0.060	2.685	1.255	0.000	0.200	0.012	0.537	0.251	0.000
	COD_{Mn}	0.350	0.650	1.920	2.080	0.000	0.070	0.130	0.384	0.416	0.000
	BOD_5	1.000	0.000	1.630	2.370	0.000	0.200	0.000	0.326	0.474	0.000
	$NH_3\text{-}N$	0.914	0.086	0.000	0.000	4.000	0.183	0.017	0.000	0.000	0.800
	TP	0.875	0.125	0.000	0.000	4.000	0.175	0.025	0.000	0.000	0.800

表 5－14　某城市多功能区河流评价样本各指标对于各水质类别的灰色统计数和灰色权

年份	水质指标	n_{ij}					r_{ij}				
		Ⅰ	Ⅱ	Ⅲ	Ⅳ	Ⅴ	Ⅰ	Ⅱ	Ⅲ	Ⅳ	Ⅴ
2007	DO	0.053	1.197	1.410	1.340	0.000	0.013	0.299	0.353	0.335	0.000
	COD_{Mn}	0.000	1.580	2.420	0.000	0.000	0.000	0.395	0.605	0.000	0.000
	BOD_5	3.000	0.360	0.640	0.000	0.000	0.750	0.090	0.160	0.000	0.000
	$NH_3\text{-}N$	0.000	0.000	0.000	2.140	1.860	0.000	0.000	0.000	0.535	0.465
	TP	0.000	0.130	1.000	2.570	0.300	0.000	0.033	0.250	0.643	0.075

年　份	水质指标	n_{ij}					r_{ij}				
		I	II	III	IV	V	I	II	III	IV	V
2010	DO	0.360	1.640	1.595	0.405	0.000	0.090	0.410	0.399	0.101	0.000
	COD_{Mn}	0.000	1.840	2.160	0.000	0.000	0.000	0.460	0.540	0.000	0.000
	BOD₅	4.000	0.000	0.000	0.000	0.000	1.000	0.000	0.000	0.000	0.000
	NH₃-N	0.000	0.000	1.260	2.180	0.560	0.000	0.000	0.315	0.545	0.140
	TP	0.000	0.470	0.600	2.760	0.170	0.000	0.118	0.150	0.690	0.043

（五）求灰色决策矩阵

$$r = \begin{bmatrix} 0.118 & 0.132 & 0 & 0 & 0.750 \\ 0 & 0.018 & 0.664 & 0.318 & 0 \\ 0 & 0 & 0.031 & 0.420 & 0.549 \\ 0 & 0 & 0 & 0 & 1 \\ 0 & 0 & 0 & 0.200 & 0.800 \end{bmatrix}$$

$$r = \begin{bmatrix} 0.2 & 0.012 & 0.537 & 0.251 & 0 \\ 0.070 & 0.130 & 0.384 & 0.416 & 0 \\ 0.2 & 0 & 0.326 & 0.474 & 0 \\ 0.183 & 0.017 & 0 & 0 & 0.800 \\ 0.175 & 0.025 & 0 & 0 & 0.800 \end{bmatrix}$$

$$r = \begin{bmatrix} 0.013 & 0.299 & 0.353 & 0.335 & 0 \\ 0 & 0.395 & 0.605 & 0 & 0 \\ 0.750 & 0.090 & 0.160 & 0 & 0 \\ 0 & 0 & 0 & 0.535 & 0.465 \\ 0 & 0.033 & 0.250 & 0.643 & 0.075 \end{bmatrix}$$

$$r = \begin{bmatrix} 0.090 & 0.410 & 0.399 & 0.101 & 0 \\ 0 & 0.460 & 0.540 & 0 & 0 \\ 1 & 0 & 0 & 0 & 0 \\ 0 & 0 & 0.315 & 0.545 & 0.140 \\ 0 & 0.118 & 0.150 & 0.690 & 0.043 \end{bmatrix}$$

（六）河流整体综合水质评价

针对东部某城市中心城区河流综合水质评价数据样本（2010 年），从各评价指标综合分析知 V 类水质的灰色权为最大：$r_{j5} = (0.750, 0, 0.549, 1, 0.800)$。归一化后，决策行向量表达为：$r_{j5^*} = (0.242, 0, 0.177, 0.323, 0.258)$。由此判断得出：该评价样本整体的综合水质类别为 V 类。

针对中部某城市中心城区河流综合水质评价数据样本（2010 年），从各评价指标综合分析知 V 类水质的灰色权为最大：$r_{j5} = (0, 0, 0, 0.800, 0.800)$。归一化后，决策行向量表达为：$r_{j5^*} = (0, 0, 0, 0.500, 0.500)$。由此判断得出：该评价样本整体的综合水质类别为 V 类。

针对某城市主要河流涵盖多个水环境功能区的综合水质评价数据样本（2010 年），从各评价指标综合分析知 IV 类水质的灰色权为最大：$r_{j4} = (0.335, 0, 0, 0.535, 0.643)$。归一化后，决策行向量表达为：$r_{j4^*} = (0.221, 0, 0, 0.354, 0.425)$。由此判断得出：该评价样本整体的综合水质类别为 IV 类。

针对某城市主要河流涵盖多个水环境功能区的综合水质评价数据样本（2007 年），从各评价指标综合分析知 IV 类水质的灰色权为最大：$r_{j4} = (0.101, 0, 0, 0.545, 0.690)$。归一化后，决策行向量表达为：$r_{j4^*} = (0.076, 0, 0, 0.408, 0.516)$。由此判断得出：该评价样本整体的综合水质类别为 IV 类。

第五节　灰色局势决策在水质评价中的应用

一、灰色局势决策法原理

决策一般是由事件、对策、效果、目标四要素决定的。发生了某个事件，考虑许多对策去对付，不同对策有不同效果，然后用某些目标去衡量，从这些对策中挑出一个效果最佳者为决策。

二、灰色局势决策法计算方法与流程

（一）给出事件、对策和目标

评价样本作为事件，记作：$a = \{a_1, a_2, \cdots, a_l\}$。

水质类别作为对策，记作：$b = \{b_1, b_2, \cdots, b_m\}$。

样本中的评价指标作为目标，记作：$g = \{g_1, g_2, \cdots, g_n\}$。

（二）构造局势

评价样本与水质类别的二元组合作为局势，记为 s，$s_{kj} = (a_k, b_j)$。

（三）计算不同目标的局势效果测度

用目标 g_i 的白化函数作为映射函数，则对应于 s_{kj}，可求出决策矩阵 D_i：

$$D_i = \begin{bmatrix} \dfrac{f_{1i}^{(1)}}{s_{1i}^{(1)}} & \cdots & \dfrac{f_{1i}^{(l)}}{s_{1i}^{(l)}} \\ \vdots & \ddots & \vdots \\ \dfrac{f_{mi}^{(1)}}{s_{mi}^{(1)}} & \cdots & \dfrac{f_{mi}^{(l)}}{s_{mi}^{(l)}} \end{bmatrix}^{\mathrm{T}} \tag{5-26}$$

式中　$f_{1i}^{(1)}$ ——第 1 个监测断面对应第 i 项水质指标第 1 个灰类的白化系数；

　　　$f_{mi}^{(1)}$ ——第 1 个监测断面对应第 i 项水质指标第 m 个灰类的白化系数；

　　　$f_{mi}^{(l)}$ ——第 l 个监测断面对应第 i 项水质指标第 m 个灰类的白化系数。

公式（5-26）上标"T"表示矩阵的转置。

（四）将多目标问题转化为单目标问题

进一步针对同一监测断面，求得综合决策矩阵 D_Z：

$$D_Z = \begin{bmatrix} d_{11} & \cdots & d_{1m} \\ \vdots & \ddots & \vdots \\ d_{l1} & \cdots & d_{lm} \end{bmatrix} \tag{5-27}$$

其中，$d_{kj} = \dfrac{f_z}{s_{kj}}$，$f_z = \dfrac{1}{n} \sum\limits_{i=1}^{n} f_{ji}^{(k)}$，

式中　$f_{ji}^{(k)}$ ——第 k 个监测断面的第 i 项水质指标第 j 个灰类的白化系数；

　　　n ——参与综合评价的水质指标个数。

（五）按最佳效果，选最佳局势进行决策

记 D_Z 中第 k 行为

$$d_k = \{d_{k1}, d_{k2}, \cdots, d_{km}\} \tag{5-28}$$

若有

$$d_{kj} = \max\{d_{k1}, d_{k2}, \cdots, d_{km}\} \tag{5-29}$$

则说明第 k 个监测断面的综合水质类别为第 j 个灰类。

三、灰色局势决策法在综合水质评价中的应用

仍以表3-7所列评价样本为例,介绍灰色统计法在综合水质评价中的应用。

(一) 给出事件、对策和目标

事件集:$a = \{a_1, a_2, \cdots, a_l\} = \{1, 2, 3, 4\}$

对策集:$b = \{b_1, b_2, \cdots, b_m\} = \{1, 2, 3, 4, 5\}$

目标集:$g = \{g_1, g_2, \cdots, g_n\} = \{DO, COD_{Mn}, BOD_5, NH_3\text{-}N, TP\}$

(二) 构造局势

$$s_{kj} = \{(a_1, b_1), \cdots, (a_1, b_5); \cdots; (a_4, b_1), \cdots, (a_4, b_5)\}$$

(三) 构造白化函数

各评价指标白化函数的表达形式同前,这里不详细列举。

(四) 计算不同目标的决策矩阵

依据公式 (5-29),构造各评价指标的目标决策矩阵。

具体以我国东部某城市中心城区河流综合水质评价数据样本 (2010 年) 为例,

1. 目标 g_1 (DO) 的决策矩阵为

$$
\boldsymbol{D}_1 = \begin{bmatrix}
\dfrac{0}{s_{11}} & \dfrac{0}{s_{12}} & \dfrac{0}{s_{13}} & \dfrac{0}{s_{14}} & \dfrac{1}{s_{15}} \\[2ex]
\dfrac{0}{s_{21}} & \dfrac{0}{s_{22}} & \dfrac{0}{s_{23}} & \dfrac{0}{s_{24}} & \dfrac{1}{s_{25}} \\[2ex]
\dfrac{0}{s_{31}} & \dfrac{0}{s_{32}} & \dfrac{0}{s_{33}} & \dfrac{0}{s_{34}} & \dfrac{1}{s_{35}} \\[2ex]
\dfrac{0.473}{s_{41}} & \dfrac{0.527}{s_{42}} & \dfrac{0}{s_{43}} & \dfrac{0}{s_{44}} & \dfrac{0}{s_{45}}
\end{bmatrix}
$$

2. 目标 g_2 (COD_{Mn}) 的决策矩阵为

$$
\boldsymbol{D}_2 = \begin{bmatrix}
\dfrac{0}{s_{11}} & \dfrac{0}{s_{12}} & \dfrac{0.770}{s_{13}} & \dfrac{0.230}{s_{14}} & \dfrac{0}{s_{15}} \\[2ex]
\dfrac{0}{s_{21}} & \dfrac{0}{s_{22}} & \dfrac{0.745}{s_{23}} & \dfrac{0.255}{s_{24}} & \dfrac{0}{s_{21}} \\[2ex]
\dfrac{0}{s_{31}} & \dfrac{0}{s_{32}} & \dfrac{0.213}{s_{33}} & \dfrac{0.788}{s_{34}} & \dfrac{0}{s_{35}} \\[2ex]
\dfrac{0}{s_{41}} & \dfrac{0.700}{s_{42}} & \dfrac{0.930}{s_{43}} & \dfrac{0}{s_{43}} & \dfrac{0}{s_{45}}
\end{bmatrix}
$$

3. 目标 g_3（BOD$_5$）的决策矩阵为

$$
\boldsymbol{D}_3 =
\begin{bmatrix}
\dfrac{0}{s_{11}} & \dfrac{0}{s_{12}} & \dfrac{0}{s_{13}} & \dfrac{0.335}{s_{14}} & \dfrac{0.665}{s_{15}} \\[2ex]
\dfrac{0}{s_{21}} & \dfrac{0}{s_{22}} & \dfrac{0}{s_{23}} & \dfrac{0.470}{s_{24}} & \dfrac{0.530}{s_{25}} \\[2ex]
\dfrac{0}{s_{31}} & \dfrac{0}{s_{32}} & \dfrac{0}{s_{33}} & \dfrac{0}{s_{34}} & \dfrac{1}{s_{35}} \\[2ex]
\dfrac{0}{s_{41}} & \dfrac{0}{s_{42}} & \dfrac{0.125}{s_{43}} & \dfrac{0.875}{s_{43}} & \dfrac{0}{s_{45}}
\end{bmatrix}
$$

4. 目标 g_4（NH$_3$-N）的决策矩阵为

$$
\boldsymbol{D}_4 =
\begin{bmatrix}
\dfrac{0}{s_{11}} & \dfrac{0}{s_{12}} & \dfrac{0}{s_{13}} & \dfrac{0}{s_{14}} & \dfrac{1}{s_{15}} \\[2ex]
\dfrac{0}{s_{21}} & \dfrac{0}{s_{22}} & \dfrac{0}{s_{23}} & \dfrac{0}{s_{24}} & \dfrac{1}{s_{25}} \\[2ex]
\dfrac{0}{s_{31}} & \dfrac{0}{s_{32}} & \dfrac{0}{s_{33}} & \dfrac{0}{s_{34}} & \dfrac{1}{s_{35}} \\[2ex]
\dfrac{0}{s_{41}} & \dfrac{0}{s_{42}} & \dfrac{0}{s_{43}} & \dfrac{0}{s_{43}} & \dfrac{1}{s_{45}}
\end{bmatrix}
$$

5. 目标 g_5（TP）的决策矩阵为

$$
\boldsymbol{D}_5 =
\begin{bmatrix}
\dfrac{0}{s_{11}} & \dfrac{0}{s_{12}} & \dfrac{0}{s_{13}} & \dfrac{0}{s_{14}} & \dfrac{1}{s_{15}} \\[2ex]
\dfrac{0}{s_{21}} & \dfrac{0}{s_{22}} & \dfrac{0}{s_{23}} & \dfrac{0}{s_{24}} & \dfrac{1}{s_{25}} \\[2ex]
\dfrac{0}{s_{31}} & \dfrac{0}{s_{32}} & \dfrac{0}{s_{33}} & \dfrac{0}{s_{34}} & \dfrac{1}{s_{35}} \\[2ex]
\dfrac{0}{s_{41}} & \dfrac{0}{s_{42}} & \dfrac{0}{s_{43}} & \dfrac{0.800}{s_{43}} & \dfrac{0.200}{s_{45}}
\end{bmatrix}
$$

（五）将多目标问题转换为单目标问题

依据公式（5－30），在上述多目标矩阵的基础上，以我国东部某城市中心城区景观河流综合水质评价数据样本（2010 年）为例，构造一个各评价断面统一的综合决策矩阵：

$$\boldsymbol{D}_Z = \begin{bmatrix} \dfrac{0}{s_{11}} & \dfrac{0}{s_{12}} & \dfrac{0.154}{s_{13}} & \dfrac{0.113}{s_{14}} & \dfrac{0.733}{s_{15}} \\[2ex] \dfrac{0}{s_{21}} & \dfrac{0}{s_{22}} & \dfrac{0.149}{s_{23}} & \dfrac{0.145}{s_{24}} & \dfrac{0.706}{s_{25}} \\[2ex] \dfrac{0}{s_{31}} & \dfrac{0}{s_{32}} & \dfrac{0.043}{s_{33}} & \dfrac{0.158}{s_{34}} & \dfrac{0.800}{s_{35}} \\[2ex] \dfrac{0.095}{s_{41}} & \dfrac{0.119}{s_{42}} & \dfrac{0.211}{s_{43}} & \dfrac{0.335}{s_{44}} & \dfrac{0.240}{s_{45}} \end{bmatrix}$$

同理，得到我国中部某城市中心城区景观河流综合水质评价数据样本（2010年）的综合决策矩阵：

$$\boldsymbol{D}_Z = \begin{bmatrix} \dfrac{0}{s_{11}} & \dfrac{0}{s_{12}} & \dfrac{0.220}{s_{13}} & \dfrac{0.381}{s_{14}} & \dfrac{0.400}{s_{15}} \\[2ex] \dfrac{0}{s_{21}} & \dfrac{0.012}{s_{22}} & \dfrac{0.393}{s_{23}} & \dfrac{0.195}{s_{24}} & \dfrac{0.400}{s_{25}} \\[2ex] \dfrac{0}{s_{31}} & \dfrac{0}{s_{32}} & \dfrac{0.285}{s_{33}} & \dfrac{0.316}{s_{34}} & \dfrac{0.400}{s_{35}} \\[2ex] \dfrac{0}{s_{41}} & \dfrac{0}{s_{42}} & \dfrac{0.350}{s_{43}} & \dfrac{0.250}{s_{44}} & \dfrac{0.400}{s_{45}} \end{bmatrix}$$

某城市多功能区河流综合水质评价数据样本（2007年）的综合决策矩阵：

$$\boldsymbol{D}_Z = \begin{bmatrix} \dfrac{0.011}{s_{11}} & \dfrac{0.346}{s_{12}} & \dfrac{0.443}{s_{13}} & \dfrac{0.160}{s_{14}} & \dfrac{0.040}{s_{15}} \\[2ex] \dfrac{0.200}{s_{21}} & \dfrac{0.073}{s_{22}} & \dfrac{0.327}{s_{23}} & \dfrac{0.284}{s_{24}} & \dfrac{0.116}{s_{25}} \\[2ex] \dfrac{0.200}{s_{31}} & \dfrac{0.089}{s_{32}} & \dfrac{0.118}{s_{33}} & \dfrac{0.385}{s_{34}} & \dfrac{0.208}{s_{35}} \\[2ex] \dfrac{0.200}{s_{41}} & \dfrac{0.145}{s_{42}} & \dfrac{0.206}{s_{43}} & \dfrac{0.381}{s_{44}} & \dfrac{0.068}{s_{45}} \end{bmatrix}$$

某城市多功能区河流综合水质评价数据样本（2010年）的综合决策矩阵：

$$\boldsymbol{D}_Z = \begin{bmatrix} \dfrac{0.272}{s_{11}} & \dfrac{0.342}{s_{12}} & \dfrac{0.386}{s_{13}} & \dfrac{0}{s_{14}} & \dfrac{0}{s_{15}} \\[2ex] \dfrac{0.200}{s_{21}} & \dfrac{0.232}{s_{22}} & \dfrac{0.226}{s_{23}} & \dfrac{0.342}{s_{24}} & \dfrac{0}{s_{25}} \\[2ex] \dfrac{0.200}{s_{31}} & \dfrac{0.067}{s_{32}} & \dfrac{0.252}{s_{33}} & \dfrac{0.343}{s_{34}} & \dfrac{0.138}{s_{35}} \\[2ex] \dfrac{0.200}{s_{41}} & \dfrac{0.149}{s_{42}} & \dfrac{0.259}{s_{43}} & \dfrac{0.384}{s_{44}} & \dfrac{0.008}{s_{45}} \end{bmatrix}$$

（六）选择最佳矩阵，判断综合水质

依据综合目标决策矩阵，得到最佳矩阵如表5－15和表5－16所示；判断各断面的综合水质。

表5－15　　基于灰色局势决策法的中东部典型城市中心城区景观河流
综合水质评价（2010年）

景观河流	监测断面	对应的综合决策矩阵行	最佳测度效果（r_{kj}）	最佳决策元（d_{kj}）	最佳局势（s_{kj}）	综合水质评价结果
东部某市中心城区	A	第1行	0.733	$0.733/s_{15}$	（a_1,b_5）	V
	B	第2行	0.706	$0.706/s_{25}$	（a_2,b_5）	V
	C	第3行	0.800	$0.800/s_{35}$	（a_3,b_5）	V
	D	第4行	0.335	$0.335/s_{44}$	（a_4,b_4）	IV
中部某市中心城区	A	第1行	0.400	$0.400/s_{25}$	（a_2,b_5）	V
	B	第2行	0.400	$0.400/s_{35}$	（a_3,b_5）	V
	C	第3行	0.400	$0.400/s_{45}$	（a_4,b_5）	V
	D	第4行	0.400	$0.400/s_{55}$	（a_5,b_5）	V

表5－16　　基于灰色局势决策法的某城市多功能区河流综合水质评价

年份	监测断面	对应的综合决策矩阵行	最佳测度效果（r_{kj}）	最佳决策元（d_{kj}）	最佳局势（s_{kj}）	综合水质评价结果
2007	A	第1行	0.443	$0.443/s_{13}$	（a_1,b_3）	III
	B	第2行	0.327	$0.327/s_{23}$	（a_2,b_3）	III
	C	第3行	0.385	$0.385/s_{34}$	（a_3,b_4）	IV
	D	第4行	0.381	$0.381/s_{44}$	（a_4,b_4）	IV
2010	A	第1行	0.386	$0.386/s_{13}$	（a_1,b_3）	III
	B	第2行	0.342	$0.342/s_{24}$	（a_2,b_4）	IV
	C	第3行	0.343	$0.343/s_{34}$	（a_3,b_4）	IV
	D	第4行	0.384	$0.384/s_{44}$	（a_4,b_4）	IV

第六节 本 章 总 结

本章介绍了基于灰色系统理论的综合水质评价方法，包括灰色聚类法、灰色关联分析法、灰色统计法、灰色局势决策法等。

灰色聚类法的基本思想是：将评价样本标准化；将水环境质量类别对应的浓度值标准化，形成对应的水环境质量灰类；基于水质灰度，构造白化函数；根据白化函数，计算出各评价指标对于各灰类的白化系数；依据各评价指标的权重，求得综合水质对于各灰类的聚类系数，最终判断出评价样本的综合水质类别。灰色聚类法的原理与前一章介绍的模糊综合评价法原理基本相似，不同点在于各评价指标的权重计算方法。灰色聚类法依据评价指标某个灰类（水质类别）对应浓度限制与功能区目标浓度限制的比值确定权重，与评价样本水质指标实测值无关。所选评价样本的综合水质评价结果表明，由于受到权重值选取的影响，灰色聚类法的部分评价结果可能会失真。因而，如何合理选取评价指标的权重值，是需要进一步研究的问题。

灰色关联分析法的关键点是：将标准化处理后的评价样本与标准化后的地表水环境质量类别值进行比较，计算各评价指标对各水质类别的关联系数，并计算综合水质对各水质类别的关联度。灰色统计法的评价对象是多个评价样本，其关键点是：在评价样本标准化和构建白化系数的基础上，求各评价指标对于各水质类别的灰色统计数、灰色权和最大权。灰色局势决策法的关键点是：构造评价样本与水质类别的二元组合局势，并构造白化函数，求得各评价指标对各灰类的白化系数；进一步构造各评价指标（目标）的决策矩阵，汇总求得所有评价指标的综合决策矩阵，最终选择最佳矩阵，判断综合水质。

灰色系统评价法理论较为严密，但是在应用中存在一定的问题。

1）灰色系统评价法的综合水质评价工作量较大，算法也较复杂，需要构建各评价指标对各灰类的白化函数矩阵；这对大多数不具有较深的高等数学知识背景的水质评价工作者而言，该方法的推广应用具有一定难度。

2）基于灰色系统理论的评价结果是综合水质对各灰类（水质类别）的聚类系数。因此，该方法不能够直观判断不同评价样本的综合水质污染程度大小。

3）灰色系统评价法仅考虑各评价指标对于 I ～ V 类水的白化系数。因此，该方法不能对劣于 V 类水的情形作出进一步评价，相应地，不能评价水体黑臭。

4）需要将基于灰色系统理论的综合水质评价结果与其他方法得出的评价结果，进一步比较分析，确定灰色系统理论评价结果的合理性，对其作出必要的改进。

参 考 文 献

[1] 邓聚龙. 灰色系统基本方法 [M]. 华中工学院出版社，1987.

[2] 李祚泳，丁晶，彭荔红. 环境质量评价原理与方法 [M]. 化学工业出版社，2004.

[3] 赵光影，华德尊. 灰色聚类法在地表水环境质量评价中的应用 [J]. 北方环境，2005，30 (2)：84—86.

[4] 吴雅琴. 水质灰色关联评价方法 [J]. 甘肃环境研究与监测，1998，11 (3)：24—27.

[5] 迟久鉴，樊贵盛. 水质的灰色关联——统计分析 [J]. 西北水资源与水工程，1994，(1)：67—72.

[6] 李祚泳，李继陶，陈祯培. 灰色局势法用于水质富营养化评价 [J]. 重庆环境科学，1990，12 (1)：22—26.

[7] 冯玉国. 灰色局势决策在水质评价中的应用 [J]. 化工环保，1994，(4)：239—241.

[8] 吴京，王启山，张旋，等. 改进的灰色关联度方法在天津引滦输水沿线水质评价中的作用 [J]. 水资源与水工程学报，2010，21 (1)：71—74.

[9] 赖坤容，周维博. 灰色关联分析在延安市宝塔区延河段水质评价中的应用 [J]. 成都理工大学学报（自然科学版），2010，37 (6)：570—573.

[10] 邓璇，陈庆华，张江山. 灰色聚类法在福建晋江水系水质评价中的应用 [J]. 环境科学与管理，2010，35 (9)：187—191.

[11] 郝庆杰. 灰色聚类法在汇河水质评价中的应用 [J]. 西南师范大学学报（自然科学版），2011，36 (4)：115—122.

[12] 魏颖，张江山，陈庆华. 灰色聚类法在闽江闽清段水质评价中的应用 [J]. 安全与环境工程，2011，18 (5)：53—56.

[13] 马丽，林洪孝，王海林，等. 灰色聚类关联评估在牟汶河水质评价中的应用 [J]. 水利科技与经济，2010，16 (10)：1137—1139.

[14] 姚建玉，钟正燕，陈金发. 灰色聚类关联评估在水环境质量评价中的应用 [J]. 环境科学与管理，2009，34 (2)：172—174.

[15] 张蕾，崔广柏. 基于灰色关联方法的水质评价研究——以广东省西樵和太平场为例 [J]. 安徽农业科学，2009，37 (36)：10863—10864.

[16] 芦云峰，谭德宝，王学雷. 基于灰色模式识别模型的洪湖水质评价初探 [J]. 长江科学院院报，2009，26 (5)：58—61.

[17] 章新，贺石磊，张雍照. 水质评价的灰色关联分析方法研究 [J]. 水资源与水工程学报，2010，21 (5)：117—119.

[18] 杜栋，庞庆华，吴炎. 现代综合评价方法与案例精选 [M]. 北京：清华大学出版社，2008.

第六章　层次分析评价法

第一节　层次分析评价法简介

一、层次分析法背景

层次分析法（Analytical Hierarchy Process）是 20 世纪 70 年代中期由美国著名运筹科学家萨蒂（T. L. Saaty）教授创立的，经过多年的发展现已成为一种较为成熟的方法。层次分析法本质上是一种决策思维方式，它具有人的思维分析、判断和综合的特征。它能把复杂的决策问题层次化，并引导决策者通过一系列成对比较的评判来得到各方案或措施在某一个准则之下的相对重要程度的量度，然后通过层次的递阶关系归结为最低层（供选择的方案、措施、对象等）相对于最高层（目标）的相对重要性权值或相对优劣次序的总排序问题，从而决策者就可以进行评价、选择和计算决策等活动。

作为一种决策工具，层次分析法以其深刻的理论内容和简单的表现形式，并能统一处理决策中的定性与定量因素而被广泛应用于许多领域。对水环境质量评价而言，它实际上是一个水质评价指标、水质类别间多因素综合决策的过程，因而将层次分析法引入综合水质评价是可行的。

二、层次分析评价法简介

层次分析法的基本思想是：对评价系统有关方案的各种要素分解成若干层次，并以同一层次的各种要求按照上一层要求为准则，进行两两的判断比较和计算，求出各要素的权重。根据综合权重按最大权重原则确定最优方案。

基于层次分析法的综合水质评价步骤是：

1）建立递阶层次结构模型。

2）构造判断矩阵，求最大特征根和特征向量。

3）进行判断矩阵的一致性检验。

4）进行层次单排序。

5）进行层次总排序，给出综合水质评价结果。

以下具体介绍基于层次分析法的综合水质评价原理与计算实例。

第二节 层次分析评价法原理

层次分析法涉及递阶层次结构原理、标度原理和排序原理等三方面的理论。

一、递阶层次结构原理

把一个复杂系统中具有共同属性的因素组成系统的同一层次，不同类型的因素就形成了系统的不同层次，并且上一层因素对它的下一层的全部或部分因素起支配作用，形成按层次自上而下的递层支配关系。这就是系统因素按性质分层排列的递阶层次结构原理。

最高层次通常只有一个元素，表示决策者要达到的目标；中间层次一般为准则、子准则，表示衡量是否达到目标的判断准则；最低层次表示要选用的解决各种问题的各种措施、决策、方案等。除目标层外，每个元素至少受上一层一个元素支配；除方案层外，每个元素至少支配下一层一个元素。层次数与问题的复杂程度和需要分析的详尽程度有关。每一层次中的元素一般不超过9个，因同一层次中包含数目过多的元素会给两两比较判断带来困难。

二、标度原理

在建立了递阶层次结构后，针对某一层的某个因素（某一准则），将下一层与之有关的因素（如各种不同方案）通过两两比较，用评分的方法，判断出它们相对的优劣程度或重要程度，将判断结果构成一个判断矩阵。

为了判断矩阵中的每个因素定量化，T.L.Satty 提出了"1～9"比较标度法，如表 6－1 所示，比较标度法反映了相同、较强、强、很强、极强等 5 个判断以及介于这些判断之间的 4 个判断共 9 个级别的比较。使用比较标度法时有两点要求：要求进行比较的因素具有相同的数量级；两个比较的因素的优劣程度尽可能用定量表示。

表 6－1 比较标度及含义

序 号	重要性等级	赋 值
1	i，j 两元素同等重要	1
2	i 元素比 j 元素稍重要	3
3	i 元素比 j 元素明显重要	5
4	i 元素比 j 元素强烈重要	7
5	i 元素比 j 元素极端重要	9
6	i 元素与 j 元素相比，重要性等级介于以上相邻等级之间	2，4，6，8
7	i 元素比 j 元素稍不重要	1/3

序号	重 要 性 等 级	赋　　值
8	i 元素比 j 元素明显不重要	1/5
9	i 元素比 j 元素强烈不重要	1/7
10	i 元素比 j 元素强极端不重要	1/9
11	i 元素与 j 元素相比，重要性等级介于以上相邻等级之间	1/2, 1/4, 1/6, 1/8

三、排序原理

排序包括层次单排序和层次总排序。层次单排序是把本层所有因素针对上层某因素通过判断矩阵计算排出优劣顺序。利用层次单排序结果，综合得出本层次各因素对更上一层次的优劣顺序，最终得到最底层（方案层）对于最高层（目标层）的优劣顺序，这就是层次总排序。

第三节　层次分析评价法计算方法与流程

一、建立层次递层结构

最简单的递阶层次分为 3 层。最上面的层次一般只有一个因素，它是系统的目标，被称为目标层；中间的层次称为准则层，其中排列了衡量是否达到目标的各项准则；最底层是方案层，表示所选的解决问题的各方案、策略等。递阶层次结构如图 6—1 所示。

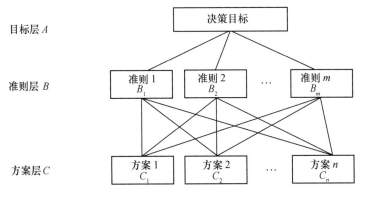

图 6—1　递阶层次结构示意图

以水环境质量评价为例，把参与综合水质评价的水质指标作为层次分析的准则层，把水质类别作为层次分析的方案层，由这 3 个层次建立水环境质量层次结构模型，典型的层次结构模型如图6—2所示。

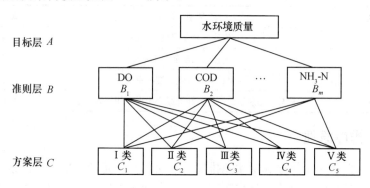

图6—2　综合水质评价的典型层次结构

二、构造判断矩阵并求最大特征根和特征向量

针对上一层次某因素，对本层次有关因素就相对重要性进行两两比较。这种比较通过引入适当标度，用数值表示出来，写成判断矩阵。如针对准则 B_k，对 C_1，C_2，$\cdots$，C_n 方案两两进行优劣性评比。评比结果构成下列形式的判断矩阵，如表6—2所示。

表6—2　　　　　　　　　　　两两比较判断矩阵

准则 B_k	C_1	C_2	$\cdots$	C_n
C_1	c_{11}	c_{12}	$\cdots$	c_{1n}
C_2	c_{21}	c_{22}	$\cdots$	c_{2n}
$\vdots$	$\vdots$	$\vdots$	$\vdots$	$\vdots$
C_n	c_{n1}	c_{n2}	$\cdots$	c_{nn}

从表6—1标度的规定可知，对于判断矩阵的元素 c_{ij}，显然有性质：$c_{ij} > 0$；$c_{ii} = 1$；$c_{ij} = 1/c_{ji}$。

具体针对综合水质评价，在水环境质量目标 A 下，设参与评价的水质指标有 n 个，构造各准则的相对重要性的两两比较判断矩阵（$\boldsymbol{A} - \boldsymbol{B}$）为

$$(\boldsymbol{A} - \boldsymbol{B}) = \begin{bmatrix} b_{11} & \cdots & b_{1n} \\ \vdots & \ddots & \vdots \\ b_{n1} & \cdots & b_{nn} \end{bmatrix} \tag{6—1}$$

进一步，判断矩阵的最大特征值和特征向量，计算步骤如下：

1）计算矩阵各行元素乘积

$$M_i = \prod_{i=1}^{n} b_{ij}, i = 1, 2, \cdots, n \tag{6—2}$$

2）计算 M_i 的 n 次方根，得到特征向量

$$\overline{w_i} = \sqrt[n]{M_i} \qquad (6-3)$$

3）对特征向量 $\overline{\boldsymbol{w}} = (\overline{w_1}, \overline{w_2}, \cdots, \overline{w_n})^{\mathrm{T}}$ 进行归一化处理

$$w_i = \frac{\overline{w_i}}{\sum\limits_{i=1}^{n} \overline{w_i}} \qquad (6-4)$$

得到归一化后的特征向量 $\boldsymbol{w} = (w_1, w_2, \cdots, w_n)^{\mathrm{T}}$ ，即为各准则或方案的权重。

4）计算矩阵的最大特征值 $\lambda_{\max}$

$$\lambda_{\max} = \frac{1}{n} \sum\limits_{i=1}^{n} \frac{(\boldsymbol{Bw})_i}{w_i} \qquad (6-5)$$

式中　　$(\boldsymbol{Bw})_i$——向量 $\boldsymbol{Bw}$ 的第 i 个元素。

三、判断矩阵的一致性检验

对于实际建立起来的判断矩阵有时候满足不了一致性，造成这种原因是多种多样的，比如由于客观事物的复杂性和人们认识上的多样性，以及可能产生的片面性。要求每一个判断都具有完全的一致性不太可能，但是要求判断具有大致的一致性是应该的。若出现甲比乙极端重要，乙比丙乙极端重要，丙又比甲极端重要的情况，显然是违反常识的。因此，在用判断矩阵进行层次单排序之前，应对判断矩阵进行一致性检验，其方法是引入判断矩阵最大特征值以外的其余特征值的负平均值，作为度量判断矩阵偏离一致性的指标，即：

$$CI = \frac{\lambda_{\max} - n}{n - 1} \qquad (6-6)$$

CI 值越大，表明判断矩阵偏离完全一致性的程度越大；CI 值越小（接近于0），表明判断矩阵的一致性越好。

在计算出 CI 基础上，对于 $1\sim9$ 阶判断矩阵，按照表 $6-3$ 确定平均一致性指标 RI ，最后计算一致性比值 CR ：

$$CR = \frac{CI}{RI} \qquad (6-7)$$

表6—3　　　　　　　　　　　　　平均一致性指标

标度	1	2	3	4	5	6	7	8	9
RI	0	0	0.58	0.90	1.12	1.24	1.32	1.41	1.45

一般情况下，当 $CR \leqslant 0.1$ 时，认为判断矩阵有满意的一致性，可以进行层次单排序；当 $CR > 0.1$ 时，认为判断矩阵的一致性偏差太大，需要对判断矩阵进行调整，直到满足 $CR \leqslant 0.1$ 为止。

只有对问题中的所有判断矩阵的一致性检验都合格后，通过层次单排序得到的结论才是合理的和有效的。

四、层次单排序

层次单排序是把本层所有因素针对上层某因素通过判断矩阵计算排出优劣顺序。这实际上是求出满足 $\boldsymbol{Bw} = \lambda_{\max}\boldsymbol{w}$ 的特征向量 $\boldsymbol{w}$ 的分量值。根据前面利用方根法得到的结果可进行层次单排序。

五、层次总排序

利用层次单排序结果，综合得出本层次各因素对更上一层次的优劣顺序，最终得到最底层（方案层）对于最高层（目标层）的优劣顺序，这就是层次总排序，如表 6—4 所示。

表 6—4   层 次 总 排 序 表

层 次		目 标 层 A					总权重
		准 则 层 B					
		B_1	B_2	B_3	B_4	B_5	
	a_i	a_1	a_2	a_3	a_4	a_5	
方案层 C	C_1（I类）	w_1^1	w_1^2	w_1^3	w_1^4	w_1^5	d_1
	C_2（II类）	w_2^1	w_2^2	w_2^3	w_2^4	w_2^5	d_2
	C_3（III类）	w_3^1	w_3^2	w_3^3	w_3^4	w_3^5	d_3
	C_4（IV类）	w_4^1	w_4^2	w_4^3	w_4^4	w_4^5	d_4
	C_5（V类）	w_5^1	w_5^2	w_5^3	w_5^4	w_5^5	d_5

注 a_i 表示比较判断矩阵（A—B）的特征向量。

总排序也要进行一致性检验，若

$$CR = \frac{CI}{RI} = \frac{\sum\limits_{i=1}^{n} a_i (CI)_i}{\sum\limits_{i=1}^{n} a_i (RI)_i} < 0.10 \qquad (6-8)$$

则认为层次总排序结果具有一致性。

六、确定综合水质类别

从判断矩阵的层次总排序表 6—4 可以得到，若

$$d_k = \max\{d_1, d_2, d_3, d_4, d_5\} \qquad (6-9)$$

其中

$$d_i = \sum_{i=1}^{n} a_i w_j^i, \ i = 1, 2, 3, 4, 5 \qquad (6-10)$$

则可以判定该评价样本综合水质为第 k 类。

第四节 层次分析评价法在综合水质评价中的应用

一、水质监测数据

采用与第三章污染指数法中表 3-7 和表 3-8 相同的评价样本。

以下具体以 2010 年东部某城市中心城区河流 A 监测断面的综合水质评价为例，详细介绍应用层次分析法进行水环境质量评价的过程。

二、综合水质评价中的递阶层次结构模型

根据参与综合水质评价的 5 项主要指标和地表水环境质量标准（GB3838—2002）中的水体功能类别分类（Ⅰ～Ⅴ类），建立水环境质量递阶层次结构模型，如图 6-3 所示。

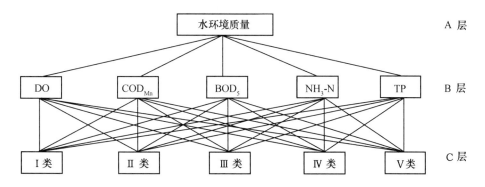

图 6-3   水环境质量递阶层次结构模型

三、构造判断矩阵并求最大特征值和特征向量

在水环境质量目标 A 层次上，以水环境功能区类别为基准，利用 5 项水质指标的单项污染指数（具体计算方法见本书第三章）作为标度，构造各准则层 B_i 相对重要性的两两比较判断矩阵（$A-B$）：

$$(A-B) = \begin{bmatrix} 1 & 2.393 & 1.275 & 0.354 & 0.883 \\ 0.418 & 1 & 0.533 & 0.148 & 0.369 \\ 0.784 & 1.877 & 1 & 0.278 & 0.693 \\ 2.826 & 6.763 & 3.603 & 1 & 2.496 \\ 1.132 & 2.710 & 1.443 & 0.401 & 1 \end{bmatrix}$$

根据式（6-2）～式（6-4）计算 $(A-B)$ 的最大特征根及特征向量为

$$M_1 = 1 \times 2.393 \times 1.275 \times 0.354 \times 0.883 = 0.954$$

$$\overline{w}_1 = \sqrt[5]{M_1} = 0.991$$

同理求得，$\overline{w}_2 = 0.414$，$\overline{w}_3 = 0.777$，$\overline{w}_4 = 2.799$，$\overline{w}_5 = 1.121$，经归一化处理得到特征向量：

$$w = (0.162, 0.068, 0.127, 0.459, 0.184)^T$$

根据式（6-4）计算 $(A-B)$ 的最大特征值为

$$\lambda_{max} = \frac{1}{5} \sum_{i=1}^{5} \frac{\left[(A-B)w \right]_i}{w_i} = 5$$

在 B_i 准则层下，构造各评价类别相对重要性的两两比较判断矩阵 $(B_i - C)$，$i=1$，2，3，4，5。并计算最大特征根及特征向量。

$(B_i - C)$ 判断矩阵的构造方法是用各水质指标浓度的实测值与其对应的各个水环境质量类别浓度限值的差值的倒数作为标度，各判断矩阵分别为

$$(B_1 - C) = \begin{bmatrix} 1 & 0.760 & 0.600 & 0.280 & 0.120 \\ 1.316 & 1 & 0.789 & 0.368 & 0.158 \\ 1.667 & 1.267 & 1 & 0.467 & 0.200 \\ 3.571 & 2.714 & 2.143 & 1 & 0.429 \\ 8.333 & 6.333 & 5.000 & 2.333 & 1 \end{bmatrix}$$

对应的最大特征值及特征向量为

$$w = (0.063, 0.083, 0.105, 0.225, 0.525)^T$$

$$\lambda_{max} = \frac{1}{5} \sum_{i=1}^{5} \frac{\left[(B_1 - C)w \right]_i}{w_i} = 5$$

$$(B_2 - C) = \begin{bmatrix} 1 & 0.593 & 0.187 & 0.626 & 1.642 \\ 1.685 & 1 & 0.315 & 1.055 & 2.767 \\ 5.348 & 3.174 & 1 & 3.348 & 8.783 \\ 1.597 & 0.948 & 0.299 & 1 & 2.623 \\ 0.609 & 0.361 & 0.114 & 0.381 & 1 \end{bmatrix}$$

对应的特征向量及最大特征根为

$$\boldsymbol{w} = (0.098, 0.165, 0.522, 0.156, 0.059)^{\mathrm{T}}$$

$$\lambda_{\max} = \frac{1}{5} \sum_{i=1}^{5} \frac{\left[(\boldsymbol{B}_2 - \boldsymbol{C})\boldsymbol{w} \right]_i}{w_i} = 5$$

$$(\boldsymbol{B}_3 - \boldsymbol{C}) = \begin{bmatrix} 1 & 1.000 & 0.823 & 0.470 & 0.237 \\ 1.000 & 1 & 0.823 & 0.470 & 0.237 \\ 1.215 & 1.215 & 1 & 0.571 & 0.288 \\ 2.128 & 2.128 & 1.752 & 1 & 0.504 \\ 4.224 & 4.224 & 3.478 & 1.985 & 1 \end{bmatrix}$$

对应的特征向量及最大特征根为

$$\boldsymbol{w} = (0.105, 0.105, 0.127, 0.222, 0.442)^{\mathrm{T}}$$

$$\lambda_{\max} = \frac{1}{5} \sum_{i=1}^{5} \frac{\left[(\boldsymbol{B}_3 - \boldsymbol{C})\boldsymbol{w} \right]_i}{w_i} = 5$$

$$(\boldsymbol{B}_4 - \boldsymbol{C}) = \begin{bmatrix} 1 & 0.943 & 0.860 & 0.778 & 0.696 \\ 1.061 & 1 & 0.913 & 0.826 & 0.739 \\ 1.162 & 1.095 & 1 & 0.905 & 0.809 \\ 1.285 & 1.211 & 1.105 & 1 & 0.895 \\ 1.436 & 1.354 & 1.236 & 1.118 & 1 \end{bmatrix}$$

对应的特征向量及最大特征根为

$$\boldsymbol{w} = (0.168, 0.178, 0.196, 0.216, 0.242)^{\mathrm{T}}$$

$$\lambda_{\max} = \frac{1}{5} \sum_{i=1}^{5} \frac{\left[(\boldsymbol{B}_4 - \boldsymbol{C})\boldsymbol{w} \right]_i}{w_i} = 5$$

$$(\boldsymbol{B}_5 - \boldsymbol{C}) = \begin{bmatrix} 1 & 0.833 & 0.625 & 0.417 & 0.208 \\ 1.200 & 1 & 0.750 & 0.500 & 0.250 \\ 1.600 & 1.333 & 1 & 0.667 & 0.333 \\ 2.400 & 2.000 & 1.500 & 1 & 0.599 \\ 4.800 & 4.000 & 3.000 & 2.000 & 1 \end{bmatrix}$$

对应的特征向量及最大特征根为

$$\boldsymbol{w} = (0.091, 0.109, 0.145, 0.218, 0.436)^{\mathrm{T}}$$

$$\lambda_{\max} = \frac{1}{5} \sum_{i=1}^{5} \frac{\left[(\boldsymbol{B}_5 - \boldsymbol{C})\boldsymbol{w} \right]_i}{w_i} = 5$$

四、判断矩阵的一致性检验

$(A-B)$ 的一致性检验：

$$CI = \frac{|\lambda_{max} - n|}{n-1} = \frac{5-5}{5-1} = 0$$

$$CR = \frac{CI}{RI} = \frac{0}{1.12} = 0 < 0.1$$

(B_1-C) 的一致性检验结果为 $CR = 0 < 0.1$

(B_2-C) 的一致性检验结果为 $CR = 0 < 0.1$

(B_3-C) 的一致性检验结果为 $CR = 0 < 0.1$

(B_4-C) 的一致性检验结果为 $CR = 0 < 0.1$

(B_5-C) 的一致性检验结果为 $CR = 0 < 0.1$

由此可见，所构成的判断矩阵具有满意的一致性。

五、层次总排序及一致性检验

基于层次分析法的评价样本，层次总排序如表6－5所示。

表6－5　　　　　　基于层次分析法的评价样本层次总排序

监测断面	比较判断矩阵的特征向量					层次总排序	
	层次 A						
	层次	B_1	B_2	B_3	B_4	B_5	权值	排序
		0.162	0.068	0.127	0.459	0.184	权值	排序
东部某城市中心城区景观河流（断面A）	C_1	0.063	0.098	0.105	0.168	0.091	0.124	5
	C_2	0.083	0.165	0.105	0.178	0.109	0.140	4
	C_3	0.105	0.522	0.127	0.196	0.145	0.185	3
	C_4	0.225	0.156	0.222	0.216	0.218	0.215	2
	C_5	0.525	0.059	0.442	0.242	0.436	0.336	1

对层次总排序的一致性检验为

$$CI = 0.162 \times 0 + 0.068 \times 0 + 0.127 \times 0 + 0.459 \times 0 + 0.184 \times 0 = 0$$

$$RI = (0.162 + 0.068 + 0.127 + 0.459 + 0.184) \times 1.12 = 1.12$$

于是，$CR = \dfrac{CI}{RI} = \dfrac{0}{1.12} = 0 < 0.1$

由此可见，层次总排序具有满意的一致性。

由表6－5可知，序号为1对应的水环境质量为Ⅴ类，其对应的权值为0.336。因此，2010年东部某城市中心城区河流A监测断面的综合水质类别为Ⅴ类。

同理，可以得到其余评价样本的层次总排序，如表6—6～表6—9所示，而且可以检验它们各自的判断矩阵和层次总排序都具有满意的一致性。

表6—6　　　**基于层次分析法的东部某城市中心城区景观河流**

综合水质评价（2010年）

监测断面	比较判断矩阵的特征向量						层次总排序	
	层次 A							
	层次	B_1	B_2	B_3	B_4	B_5	权值	排序
		0.151	0.063	0.110	0.487	0.189		
B	C_1	0.068	0.101	0.119	0.173	0.110	0.135	5
	C_2	0.089	0.168	0.119	0.182	0.129	0.150	4
	C_3	0.112	0.497	0.148	0.197	0.164	0.191	3
	C_4	0.232	0.170	0.288	0.214	0.228	0.225	2
	C_5	0.499	0.064	0.325	0.234	0.370	0.299	1
	层次 A						层次总排序	
	层次	B_1	B_2	B_3	B_4	B_5	权值	排序
		0.123	0.067	0.166	0.433	0.211		
C	C_1	0.069	0.070	0.147	0.176	0.142	0.144	5
	C_2	0.090	0.097	0.147	0.184	0.159	0.155	4
	C_3	0.113	0.159	0.161	0.197	0.186	0.176	3
	C_4	0.233	0.589	0.196	0.213	0.226	0.240	2
	C_5	0.497	0.086	0.349	0.231	0.287	0.285	1
	层次 A						层次总排序	
	层次	B_1	B_2	B_3	B_4	B_5	权值	排序
		0.084	0.095	0.140	0.485	0.195		
D	C_1	0.338	0.031	0.066	0.146	0.042	0.120	5
	C_2	0.376	0.065	0.066	0.160	0.058	0.136	4
	C_3	0.156	0.862	0.103	0.187	0.106	0.221	2
	C_4	0.072	0.029	0.723	0.225	0.635	0.343	1
	C_5	0.057	0.013	0.043	0.282	0.159	0.180	3

表 6—7   基于层次分析法的中部某城市中心城区景观河流综合水质评价（2010 年）

监测断面	比较判断矩阵的特征向量						层次总排序	
	层次 A							
	层次	B_1	B_2	B_3	B_4	B_5	权值	排序
		0.072	0.056	0.052	0.579	0.241		
A	C_1	0.083	0.094	0.123	0.184	0.157	0.162	5
	C_2	0.143	0.134	0.123	0.190	0.171	0.175	4
	C_3	0.270	0.238	0.211	0.199	0.193	0.205	3
	C_4	0.343	0.438	0.480	0.208	0.221	0.248	1
	C_5	0.161	0.096	0.064	0.219	0.258	0.209	2
	层次 A						层次总排序	
	层次	B_1	B_2	B_3	B_4	B_5	权值	排序
		0.079	0.076	0.066	0.586	0.193		
B	C_1	0.022	0.102	0.164	0.178	0.110	0.146	5
	C_2	0.056	0.150	0.164	0.185	0.129	0.160	4
	C_3	0.879	0.284	0.363	0.198	0.164	0.263	1
	C_4	0.026	0.368	0.252	0.212	0.228	0.215	3
	C_5	0.017	0.095	0.057	0.228	0.370	0.217	2
	层次 A						层次总排序	
	层次	B_1	B_2	B_3	B_4	B_5	权值	排序
		0.082	0.052	0.056	0.538	0.272		
C	C_1	0.075	0.106	0.139	0.181	0.158	0.120	5
	C_2	0.124	0.172	0.139	0.188	0.172	0.136	4
	C_3	0.218	0.451	0.253	0.198	0.193	0.221	2
	C_4	0.414	0.200	0.404	0.210	0.220	0.343	1
	C_5	0.169	0.071	0.065	0.223	0.256	0.180	3
	层次 A						层次总排序	
	层次	B_1	B_2	B_3	B_4	B_5	权值	排序
		0.075	0.069	0.066	0.574	0.216		
D	C_1	0.026	0.103	0.133	0.179	0.133	0.149	5
	C_2	0.063	0.151	0.133	0.186	0.151	0.164	4
	C_3	0.852	0.286	0.235	0.198	0.182	0.252	1
	C_4	0.035	0.365	0.436	0.211	0.228	0.227	2
	C_5	0.023	0.095	0.065	0.226	0.307	0.208	3

表6-8 　　　　　　　**基于层次分析法的某城市多功能区河流**

综合水质评价（2007年）

监测断面	比较判断矩阵的特征向量						层次总排序	
	层次A							
	层次	B_1	B_2	B_3	B_4	B_5	权值	排序
		0.113	0.157	0.141	0.372	0.217		
A	C_1	0.048	0.097	0.241	0.044	0.055	0.083	4
	C_2	0.850	0.235	0.241	0.058	0.106	0.212	3
	C_3	0.063	0.561	0.428	0.106	0.713	0.350	1
	C_4	0.022	0.072	0.065	0.634	0.082	0.277	2
	C_5	0.017	0.035	0.024	0.159	0.043	0.079	5
	层次A						层次总排序	
	层次	B_1	B_2	B_3	B_4	B_5	权值	排序
		0.161	0.165	0.110	0.290	0.274		
B	C_1	0.068	0.048	0.404	0.057	0.042	0.092	5
	C_2	0.204	0.102	0.404	0.074	0.058	0.132	4
	C_3	0.613	0.787	0.119	0.127	0.106	0.307	2
	C_4	0.068	0.043	0.050	0.461	0.635	0.331	1
	C_5	0.047	0.020	0.023	0.282	0.159	0.139	3
	层次A						层次总排序	
	层次	B_1	B_2	B_3	B_4	B_5	权值	排序
		0.232	0.120	0.098	0.308	0.242		
C	C_1	0.014	0.121	0.393	0.015	0.027	0.067	5
	C_2	0.021	0.340	0.393	0.018	0.037	0.099	3
	C_3	0.032	0.424	0.131	0.027	0.071	0.097	4
	C_4	0.876	0.077	0.056	0.056	0.779	0.424	1
	C_5	0.057	0.038	0.026	0.884	0.087	0.314	2
	层次A						层次总排序	
	层次	B_1	B_2	B_3	B_4	B_5	权值	排序
		0.216	0.123	0.099	0.302	0.259		
D	C_1	0.089	0.123	0.363	0.055	0.035	0.096	5
	C_2	0.165	0.572	0.363	0.072	0.050	0.177	4
	C_3	0.386	0.217	0.161	0.125	0.108	0.192	2
	C_4	0.231	0.058	0.076	0.494	0.723	0.401	1
	C_5	0.129	0.030	0.037	0.254	0.083	0.134	3

表6—9　　　　　　基于层次分析法的某城市多功能区河流
综合水质评价（2010年）

监测断面	比较判断矩阵的特征向量						层次总排序	
	层次A							
	层次	B_1	B_2	B_3	B_4	B_5	权值	排序
		0.127	0.185	0.144	0.308	0.235		
A	C_1	0.262	0.131	0.445	0.000	0.128	0.152	3
	C_2	0.453	0.454	0.445	0.000	0.322	0.282	2
	C_3	0.161	0.309	0.071	0.999	0.364	0.481	1
	C_4	0.070	0.071	0.027	0.000	0.116	0.053	4
	C_5	0.055	0.036	0.012	0.000	0.069	0.032	5
	层次A						层次总排序	
	层次	B_1	B_2	B_3	B_4	B_5	权值	排序
		0.157	0.169	0.121	0.269	0.283		
B	C_1	0.083	0.113	0.395	0.053	0.021	0.100	4
	C_2	0.646	0.294	0.395	0.074	0.030	0.228	2
	C_3	0.182	0.480	0.130	0.168	0.063	0.188	3
	C_4	0.051	0.077	0.055	0.597	0.832	0.424	1
	C_5	0.038	0.037	0.026	0.108	0.054	0.060	5
	层次A						层次总排序	
	层次	B_1	B_2	B_3	B_4	B_5	权值	排序
		0.201	0.132	0.112	0.295	0.259		
C	C_1	0.089	0.105	0.425	0.057	0.032	0.105	5
	C_2	0.163	0.263	0.425	0.072	0.045	0.148	4
	C_3	0.365	0.521	0.096	0.119	0.084	0.210	2
	C_4	0.248	0.075	0.037	0.331	0.730	0.351	1
	C_5	0.135	0.036	0.017	0.421	0.109	0.186	3
	层次A						层次总排序	
	层次	B_1	B_2	B_3	B_4	B_5	权值	排序
		0.181	0.140	0.114	0.279	0.286		
D	C_1	0.062	0.128	0.384	0.013	0.013	0.080	4
	C_2	0.182	0.398	0.384	0.018	0.018	0.143	3
	C_3	0.647	0.361	0.141	0.037	0.035	0.204	2
	C_4	0.064	0.075	0.062	0.896	0.898	0.536	1
	C_5	0.044	0.038	0.029	0.034	0.037	0.037	5

六、综合水质评价结果

根据表6-5～表6-9，可以最终得出各评价样本的综合水质类别，如表6-10和表6-11所示。

表 6-10　　基于层次分析法的中东部典型城市中心城区景观河流

综合水质评价（2010年）

景观河流	监测断面	层 次 总 排 序					综合水质类别
		Ⅰ类	Ⅱ类	Ⅲ类	Ⅳ类	Ⅴ类	
东部某市中心城区	A	0.124	0.140	0.185	0.215	0.336	Ⅴ
	B	0.135	0.150	0.191	0.225	0.299	Ⅴ
	C	0.144	0.155	0.176	0.240	0.285	Ⅴ
	D	0.120	0.136	0.221	0.343	0.180	Ⅳ
中部某市中心城区	A	0.162	0.175	0.205	0.248	0.209	Ⅳ
	B	0.146	0.160	0.263	0.215	0.217	Ⅲ
	C	0.120	0.136	0.221	0.343	0.180	Ⅳ
	D	0.149	0.164	0.252	0.227	0.208	Ⅲ

表 6-11　　基于层次分析法的某城市多功能区河流综合水质评价

景观河流	监测断面	层 次 总 排 序					综合水质类别
		Ⅰ类	Ⅱ类	Ⅲ类	Ⅳ类	Ⅴ类	
2007	A	0.083	0.212	0.350	0.277	0.079	Ⅲ
	B	0.092	0.132	0.307	0.331	0.139	Ⅳ
	C	0.067	0.099	0.097	0.424	0.314	Ⅳ
	D	0.096	0.177	0.192	0.401	0.134	Ⅳ
2010	A	0.152	0.282	0.481	0.053	0.032	Ⅲ
	B	0.100	0.228	0.188	0.424	0.060	Ⅳ
	C	0.105	0.148	0.210	0.351	0.186	Ⅳ
	D	0.080	0.143	0.204	0.536	0.037	Ⅳ

第五节　本章总结

本章介绍了基于层次分析决策的综合水质评价方法。层次分析法体现了人们决策思维的分解、判断与综合的基本特征。其原理是：对评价系统的有关方案的各种要素分解成若干层次，并以同一层次的各种要求按照上一层次要求为准则，进行两两的判断比较和计算，求出各要素的权重。根据综合权重按最大权重原则确定最优方案。层次分析法涉及到递阶层次结构原理、标度原理和排序原理等三方面的理论。

基于层次分析法的综合水质评价步骤是：①建立递阶层次结构模型；②构造判断矩阵，求最大特征根和特征向量；③进行判断矩阵的一致性检验；④进行层次单排序；⑤进行层次总排序，给出综合水质评价结果。

总之，在综合水质评价中，层次分析模型的核心思想可以理解为：对参与综合水质评价的各水质指标，通过上一层次的结构关系求得对目标层的关联程度（以特征向量表示）；通过下一层次的层次结构关系求得其监测值分别对于Ⅰ～Ⅴ类水的关联程度（以特征向量表示）；最终，将上下两层的结构关系相关联，求得评价样本对Ⅰ～Ⅴ类水的层次总排序，从而判定综合水质类别。

层次分析评价法的理论严密，但是存在的问题如下：

（1）基于层次分析模型的综合水质评价工作量大，计算效率相对较低。以本章中基于5项指标的河流综合水质评价为例，对每一个断面，需构造6个5×5的两两比较判断矩阵；若矩阵的一致性检验结果达不到要求，则需重新采用构建判断矩阵。对大多数不具有较深的高等数学知识背景的水质评价工作者而言，这种方法在推广应用上也具有一定难度。

（2）基于层次分析模型的评价结果是对各水质类别的关联程度。因此，该方法不能够直观判断不同评价样本的综合水质污染程度大小。

（3）层次分析结构模型考虑的是各评价指标对于Ⅰ～Ⅴ类水的结构关系。因此，该方法不能对劣于Ⅴ类水的情形作出进一步评价，相应地，不能评价水体黑臭。

参 考 文 献

[1] 苏德林，武斌，沈晋. 水环境质量评价中的层次分析法 [J]. 哈尔滨工业大学学报，1997，29
　　(5)：105－107.

[2] 王莲芬，许树柏. 层次分析法引论 [M]. 北京：中国人民大学出版社，1990.6.

[3] 朱国宇，黄川友，华国春. 层次分析法在水环境规划中的应用 [J]. 东北水利水电，2003，21
　　(4)：1－2，7.

［4］ 金菊良，魏一鸣，付强，等．层次分析法在水环境系统工程中的应用［J］．水科学进展，2002，13（4）：467—472.

［5］ 洪继华，宋依兰．层次分析法在水环境规划中的应用［J］．环境科学与技术，2000，（1）：32—35.39.

［6］ 庞振凌，常红军，李玉英，等．层次分析法对南水北调中线水源区的水质评价［J］．生态学报，2008，28（4）：1810—1819.

［7］ 田红，杨眆婧．改进层次分析法与模糊综合评价的耦合模型在水质评价中的应用［J］．环境保护科学，2011，37（1）：70—71.

［8］ 肖明杰．改进的模糊综合评价模型在水质评价中的应用［J］．水科学与工程技术，2007，4：6—9.

［9］ 董艳，陈琳，成和平，等．用层次分析法评价青白江区长流河水质现状［J］．成都大学学报（自然科学版），2010，29（4）：290—292.

［10］ 杜栋，庞庆华，吴炎．现代综合评价方法与案例精选［M］．北京：清华大学出版社，2008.

第七章　物元分析评价法

第一节　物元分析评价法简介

物元分析理论（Matter Element Analysis）是我国学者蔡文 1983 年提出的，该理论的发展经历了 3 个历程：萌芽阶段（1976～1983 年），这一阶段提出了研究事物可拓性和处理不相容问题的方向，以 1983 年《科学探索学报》发表《可拓集合和不相容问题》一文为标志；初创阶段（1984～1992 年），这一阶段初步确定了学科的研究范围和范畴，确定了解决矛盾问题的技术手段和研究途径，形成了解决问题的一些初步方法，以出版《物元分析》和《物元模型及其应用》两书为标志；完成阶段（1993 年以后），这一阶段对前两阶段提出的理论系统化进行了研究，阐明了物元分析与邻近学科的关系，论证了它的特殊研究对象、特殊研究方法及其独特的意义。

物元分析理论研究解决矛盾问题的规律和方法，其研究对象是矛盾问题和解决矛盾问题的方法，其理论支柱是物元理论和可拓集合。它以物元为基本元，建立物元模型；以物元可拓为依据，应用物元变换法化矛盾问题为相容问题。由于该理论能够较完整地反映事物质量的综合水平，因而有很强的应用背景，在许多领域得到广泛应用。

物元分析法与模糊评价法、灰色评价法同属不确定分析方法，它们分别从模糊性、灰色关联性以及多指标间的不相容角度描述水环境质量归属。各方法既有相对的独立性，又渗透着某些共性。

基于物元分析理论的综合水质评价步骤是：

1）建立物元模型，包括各水质类别的经典域物元矩阵、各评价指标最大值的节域物元矩阵、评价样本的待评物元矩阵。

2）计算各水质指标对各水质类别的关联度。

3）确定各水质指标对各水质类别的权重，计算综合水质对各水质类别的关联度。

4）选择最大关联度对应的水质类别，作为综合水质类别。

下面具体介绍基于物元分析法的综合水质评价原理与计算实例。

第二节　物元分析评价法原理

一、物元和物元变换理论

我们把事物的名称、特征和量值称为物元三要素。为了区别和认识事物，用一些记号来代表它们，这些记号就是事物的名称，用 M 表示。凡是能表示事物的性质、功能、行为状态以及事物间的关系等征象都是事物的特征，用 c 表示。事物关于某一特征的数量、程度或范围等成为该事物关于这一特征的量值，用 v 表示。

给定事物的名称 M，它的 n 个特性 $c_1, c_2, \cdots, c_n$ 和相应的量值 $v_1, v_2, \cdots, v_n$，以有序数组表示为：

$$\boldsymbol{R}_M = \begin{bmatrix} R_1 \\ R_2 \\ \vdots \\ R_n \end{bmatrix} = \begin{bmatrix} M & c_1 & v_1 \\ & c_2 & v_2 \\ & \vdots & \vdots \\ & c_n & v_n \end{bmatrix} \tag{7-1}$$

式中　$\boldsymbol{R}_M$ 为描述事物的 n 维物元，$\boldsymbol{R}_M = (M, c, v)$，其中

$$\boldsymbol{C} = \begin{bmatrix} c_1 \\ c_2 \\ \vdots \\ c_n \end{bmatrix}, \boldsymbol{v} = \begin{bmatrix} v_1 \\ v_2 \\ \vdots \\ v_n \end{bmatrix} \tag{7-2}$$

二、可拓集合

（一）可拓集合的特点

经典数学的基础是经典集合论。在经典集合中，"是"就是"是"，"非"就是"非"。人们用 0、1 两个数来表征对象属于某一集合或不属于该集合。经典集合描述的是事物的确定性概念，它的数学表达形式是特征函数。在模糊数学中，用 [0，1] 中的数来描述事物具有某种性质的程度，称为隶属度。模糊集合是以隶属函数来表征的，它是模糊数学的基础，描述的是现实世界中事物的模糊性。

在物元理论中，要解决矛盾问题，就必须考虑"是"与"非"的相互转化。在现实世界中，事物是可变的，事物具有某种性质的程度也随着变化。在一定条件下，具有某种性质的事物可以改变为不具有某种该性质的事物；不具有该性质的事物也可以改变为具有该性质的事物。为此，建立可拓集合概念，以描述事物的可变性和辩证逻辑、形式逻辑的有机结合，这是解决矛盾问题的数学工具的基础。

（二）可拓集合的定义

建立可拓集合，要根据问题的实际情况及所给定的限制去建立它的关联函数。用代数式来表示可拓集合的关联函数，使解决不相容问题的过程定量化成为可能。

记可拓集合为 $\overline{X}$，对某种限制下对象 U 上的一个可拓集合 $\overline{X}$，对任何 $u \in U$，可规定一个实数 $K_{\overline{X}(u)} \in (-\infty, +\infty)$ 与 u 对应，用它表示 u 与 $\overline{X}$ 的关系。

定义映射 $K_{\overline{X}} : U \to (-\infty, +\infty)$，$u \to K_{\overline{X}(u)}$ 称为 $\overline{X}$ 的关联函数。$K_{\overline{X}(u)}$ 称为 u 与可拓集合的关联度。

$\overline{X} = \{u \,|\, u \in U, K_{\overline{X}(u)} > 0\}$ 为 $\overline{X}$ 的经典域；称 $\overline{X} = \{u \,|\, u \in U, -1 < K_{\overline{X}(u)} < 0\}$ 为 $\overline{X}$ 的可拓域（在所给限制下，可拓域中的元素 u 可转化为 $u \in \overline{X}$）；称 $\overline{X} = \{u \,|\, u \notin U, K_{\overline{X}(u)} < -1\}$ 为 $\overline{X}$ 的非域（在所给限制下，非域中的元素 u 不能转化为 $u \in \overline{X}$）。

当 $K_{\overline{X}(u)} = 0$ 时，称点 u 为零点，它或者属于经典域，或者属于可拓域，或者同时属于两者；当 $K_{\overline{X}(u)} = -1$ 时，称点 u 为拓点，它或者属于可拓域，或者属于非域，或者同时属于两者。进一步，可表达如下：

1）当 $K_{\overline{X}(u)} \geqslant 0$ 时，完全符合被评价的类别。

2）当 $-1 \leqslant K_{\overline{X}(u)} < 0$ 时，基本符合被评价的类别，其符合的程度取决于 $K_{\overline{X}(u)}$ 的大小，如果符合两种以上类别，则按相对最优的原则进行划分。

3）当 $K_{\overline{X}(u)} < -1$ 时，不符合被评价的类别。

第三节　物元分析评价法计算方法与流程

一、确定物元

以有序三元组 $\boldsymbol{R}_M = (M, c, v)$ 作为描述事物的基本单元，称为物元。其中 M 表示事物，c 表示 M 的特征，v 表示 M 所取的量值。若事物 M 由 n 个特征 $c_1, c_2, \cdots, c_n$ 和相应的量值 $v_1, v_2, \cdots, v_n$ 来描述，则称 n 维物元，并可用矩阵表示为：

$$\boldsymbol{R}_M = \begin{bmatrix} R_1 \\ R_2 \\ \vdots \\ R_n \end{bmatrix} = \begin{bmatrix} M & c_1 & v_1 \\ & c_2 & v_2 \\ & \vdots & \vdots \\ & c_n & v_n \end{bmatrix} \tag{7-3}$$

对待评单元，将实测数据用物元表示，称为待评物元，即：

$$\boldsymbol{R}_0 = \begin{bmatrix} M_0 & c_1 & v_1 \\ & c_2 & v_2 \\ & \vdots & \vdots \\ & c_n & v_n \end{bmatrix} \tag{7-4}$$

式中 M_0 —— 待评价单元；

v_i —— M_0 关于 c_i 的量值。

二、确定水环境质量类别的物元集

(一) 经典域对象物元矩阵

经典域对象物元矩阵可表示为：

$$\boldsymbol{R}_j = \begin{bmatrix} M & c_1 & v_{1j} \\ & c_2 & v_{2j} \\ & \vdots & \vdots \\ & c_n & v_{nj} \end{bmatrix} = \begin{bmatrix} M & c_1 & (a_{1j}, b_{1j}) \\ & c_2 & (a_{2j}, b_{2j}) \\ & \vdots & \vdots \\ & c_n & (a_{nj}, b_{nj}) \end{bmatrix} \tag{7-5}$$

式中 j —— 水质类别（$j = 1, 2, \cdots, 5$）；

$\boldsymbol{R}_j$ —— 对应第 j 个水质类别的经典域对象物元矩阵；

c_i —— 第 i（$i = 1, 2, \cdots, n$）项水质指标；

v_{ij} —— 分别为第 i 项水质指标第 j 类水质的取值范围，即 (a_{ij}, b_{ij})。

(二) 节域对象物元矩阵

节域对象物元矩阵可表示为：

$$\boldsymbol{R}_P = \begin{bmatrix} M_P & c_1 & v_{1P} \\ & c_2 & v_{2P} \\ & \vdots & \vdots \\ & c_n & v_{nP} \end{bmatrix} = \begin{bmatrix} M_P & c_1 & (a_{1P}, b_{1P}) \\ & c_2 & (a_{2P}, b_{2P}) \\ & \vdots & \vdots \\ & c_n & (a_{nP}, b_{nP}) \end{bmatrix} \tag{7-6}$$

式中 $\boldsymbol{R}_P$ —— 所有水质类别的全体构成的节域对象物元矩阵；

v_{iP} —— 第 i 项水质指标对应水质标准的最大取值范围，显然有 $v_{iP} \supset v_{ij}$。

(三) 待评物元矩阵

根据实际监测数据，确定待评物元矩阵：

$$\boldsymbol{R}_0 = \begin{bmatrix} M_0 & c_1 & v_1 \\ & c_2 & v_2 \\ & \vdots & \vdots \\ & c_n & v_n \end{bmatrix} \tag{7-7}$$

式中　$\boldsymbol{R}_0$——待评物元；

　　　v_i——第 i 项水质指标的实测值。

三、确定各水质指标与各水质类别的关联度

关联函数表示物元的量值为实数轴上一点时，物元符合要求的取值范围程度。一般意义上，若区间 $v_0 = (a,b)$ ，$v_1 = (c,d)$ ，且 $v_0 \in v_1$ ，则关联函数的通用计算公式为

$$K(x) = \begin{cases} -\dfrac{\rho(v,v_0)}{|v_0|} & v \in v_0 \\[3mm] \dfrac{\rho(v,v_0)}{\rho(v,v_1) - \rho(v,v_0)} & v \notin v_0 \end{cases} \qquad (7-8)$$

针对经典域物元矩阵（7－5）和节域物元矩阵（7－6），可采用如下关联度计算公式：

$$K_j(v_i) = \begin{cases} -\dfrac{\rho(v_i,v_{ij})}{|v_{ij}|} & v_i \in v_{ij} \\[3mm] \dfrac{\rho(v_i,v_{ij})}{\rho(v_i,v_{iP}) - \rho(v_i,v_{ij})} & v_i \notin v_{ij} \end{cases} \qquad (7-9)$$

式中　$K_j(v_i)$——第 i 项水质指标对第 j 类水质的关联度；

　　　v_i——第 i 项水质指标的实测值；

　　　v_{ij}——第 i 项水质指标第 j 类水质的取值范围，$v_{ij} = (a_{ij},b_{ij}) = |b_{ij} - a_{ij}|$ ；

　　　v_{iP}——第 i 项水质指标对应水质标准的最大取值范围，$v_{iP} = (a_{iP},b_{iP})$
　　　$= |b_{iP} - a_{iP}|$ 。

$\rho(v_i,v_{ij})$ 表示点 v_i 与有限区间 $v_{ij} = (a_{ij},b_{ij})$ 的距离：

$$\rho(v_i,v_{ij}) = \left| v_i - \frac{1}{2}(a_{ij} + b_{ij}) \right| - \frac{1}{2}(b_{ij} - a_{ij}) \qquad (7-10)$$

$\rho(v_i,v_{iP})$ 表示点 v_i 与有限区间 $v_{iP} = (a_{iP},b_{iP})$ 的距离：

$$\rho(v_i,v_{iP}) = \left| v_i - \frac{1}{2}(a_{iP} + b_{iP}) \right| - \frac{1}{2}(b_{iP} - a_{iP}) \qquad (7-11)$$

一般意义上，点 v_0 与有限区间 $v = (a,b)$ 之间的距离 $\rho(v_0,v)$ 的计算公式为

$$\rho(v_0,v) = \left| v_0 - \frac{1}{2}(a+b) \right| - \frac{1}{2}(b-a)$$

$$= \begin{cases} a - v_0 & v_0 \leqslant \dfrac{a+b}{2} \\[3mm] v_0 - b & v_0 \geqslant \dfrac{a+b}{2} \end{cases} \qquad (7-12)$$

四、计算权系数

对于评价等级 M_j（$j=1,2,\cdots,m$），水质指标 i 的权系数计算公式为

$$a_{ij} = \frac{v_{ij}}{\sum\limits_{i=1}^{n} v_{ij}} \qquad (7-13)$$

式中　a_{ij}——第 i 个水质指标对第 j 类水质的权系数。式（7-13）的符号意义如表7-1所示。

表 7-1　　　　　　　　水质指标 i 对应第 j 类水质的权系数计算

水 质 指 标	M_1	M_2	...	M_m
c_1	v_{11}	v_{12}	...	v_{1m}
c_2	v_{21}	v_{22}	...	v_{2m}
...	...	...	...	...
c_n	v_{n1}	v_{n2}	...	v_{nm}
$\sum$	$\sum\limits_{i=1}^{n} v_{i1}$	$\sum\limits_{i=1}^{n} v_{i2}$	...	$\sum\limits_{i=1}^{n} v_{im}$

五、计算综合关联度与评价综合水质类别

待评价物元关于各水质类别的综合关联度 $K_j(M_0)$ 表达为

$$K_j(M_0) = \sum_{i=1}^{n} a_{ij} K_j(v_i) \qquad (7-14)$$

式中　$K_j(M_0)$——待评水质样本 M_0 关于各水质类别 j 的关联度；

　　　a_{ji}——第 i 个水质指标对第 j 类水质的权系数。

1）当 $K_j(M_0) \geqslant 0$ 时，完全符合被评价的类别；若 $K_{j0} = \max K_j(M_0)$，$j \in$（Ⅰ，Ⅱ，Ⅲ，Ⅳ，Ⅴ），则评价样本 M_0 的综合水质评价结果为 j_0 类。

2）当 $-1 < K_j(M_0) < 0$ 时，基本符合被评价的类别，其符合的程度取决于 $K_j(M_0)$ 的大小，若 $K_j(M_0)$ 接近于 0，基本上按相对最优的原则进行划分。

3）当 $K_j(M_0) < -1$ 时，不符合被评价的类别，表明综合水质为劣Ⅴ类。

第四节　物元分析评价法在综合水质评价中的应用

一、水质监测数据

采用与第三章污染指数法中表3-7和表3-8相同的评价样本。

下面以东部某城市中心城区河流 A 断面（2010 年）的综合水质评价为例，详细介绍用物元分析法进行水环境质量评价的过程。

二、确定经典域物元矩阵

对 DO、COD_{Mn}、BOD_5、NH_3-N、TP 五项评价指标，取Ⅰ～Ⅴ类水对应的浓度区间构造经典域物元矩阵如下：

$$
\boldsymbol{R}_1 = \begin{bmatrix}
1类 & DO & (9.2,7.5) \\
& COD_{Mn} & (0,2) \\
& BOD_5 & (0,3) \\
& NH_3\text{-}N & (0,0.15) \\
& TP & (0,0.02)
\end{bmatrix}
$$

$$
\boldsymbol{R}_2 = \begin{bmatrix}
2类 & DO & (7.5,6) \\
& COD_{Mn} & (2,4) \\
& BOD_5 & (0,3) \\
& NH_3\text{-}N & (0.15,0.5) \\
& TP & (0.02,0.1)
\end{bmatrix}
$$

$$
\boldsymbol{R}_3 = \begin{bmatrix}
3类 & DO & (6,5) \\
& COD_{Mn} & (4,6) \\
& BOD_5 & (3,4) \\
& NH_3\text{-}N & (0.5,1.0) \\
& TP & (0.1,0.2)
\end{bmatrix}
$$

$$
\boldsymbol{R}_4 = \begin{bmatrix}
4类 & DO & (5,3) \\
& COD_{Mn} & (6,10) \\
& BOD_5 & (4,6) \\
& NH_3\text{-}N & (1.0,1.5) \\
& TP & (0.2,0.3)
\end{bmatrix}
$$

$$
\boldsymbol{R}_5 = \begin{bmatrix}
5类 & DO & (3,2) \\
& COD_{Mn} & (10,15) \\
& BOD_5 & (6,10) \\
& NH_3\text{-}N & (1.5,2) \\
& TP & (0.3,0.4)
\end{bmatrix}
$$

三、确定节域物元矩阵

节域物元矩阵按各水质指标的最大取值范围而定，构建如下：

$$\boldsymbol{R}_P = \begin{bmatrix} M_0 & DO & (9.2,2) \\ & COD_{Mn} & (0,15) \\ & BOD_5 & (0,10) \\ & NH_3\text{-}N & (0,2) \\ & TP & (0,0.4) \end{bmatrix}$$

四、确定待评物元

根据实际监测数据，确定待评物元：

$$\boldsymbol{R}_0 = \begin{bmatrix} P & DO & 1.25 \\ & COD_{Mn} & 6.92 \\ & BOD_5 & 8.66 \\ & NH_3\text{-}N & 6.24 \\ & TP & 0.50 \end{bmatrix}$$

五、确定水质与各类别的关联度

（一）计算五项评价指标与各水质类别的关联度

为计算各项评价指标与各水质类别的关联度，首先比较各评价指标的实测值、评价指标各水质类别的浓度区间和评价指标水质最大浓度区间，如表7－2所示。

表7－2　　　　评价数据比较

评价指标	v_i	v_{ij}					v_{iP}
		I	II	III	IV	V	
DO	1.25	(9.2, 7.5)	(7.5, 6)	(6, 5)	(5, 3)	(3, 2)	(9.2, 2)
COD_{Mn}	6.92	(0, 2)	(2, 4)	(4, 6)	(6, 10)	(10, 15)	(0, 15)
BOD_5	8.66	(0, 3)	(0, 3)	(3, 4)	(4, 6)	(6, 10)	(0, 10)
$NH_3\text{-}N$	6.24	(0, 0.15)	(0.15, 0.5)	(0.5, 1.0)	(1.0, 1.5)	(1.5, 2)	(0, 2)
TP	0.50	(0, 0.02)	(0.02, 0.1)	(0.1, 0.2)	(0.2, 0.3)	(0.3, 0.4)	(0, 0.4)

进一步，依据公式（7－9），计算得出各评价指标对I～V类水的关联度，如表7－3所示。

表 7-3   评价断面各指标对Ⅰ~Ⅴ类水的关联度

水质指标	Ⅰ	Ⅲ	Ⅲ	Ⅳ	Ⅴ
DO	-1.136	-1.188	-1.250	-1.750	-0.750
COD_{Mn}	-0.416	-0.297	-0.117	0.230	-0.308
BOD_5	-0.809	-0.809	-0.777	-0.665	0.335
$NH_3\text{-}N$	-3.292	-3.827	-5.240	-9.480	-8.480
TP	-1.263	-1.333	-1.500	-2.000	-1.000

(二) 计算权系数

根据公式 (7-13) 计算各评价指标对各水质类别的权系数，如表 7-4 所示。

表 7-4   各评价指标对Ⅰ~Ⅴ类水的权系数

水质指标	Ⅰ	Ⅲ	Ⅲ	Ⅳ	Ⅴ
DO	0.247	0.216	0.217	0.233	0.094
COD_{Mn}	0.291	0.289	0.435	0.465	0.472
BOD_5	0.437	0.433	0.217	0.233	0.377
$NH_3\text{-}N$	0.022	0.051	0.109	0.058	0.047
TP	0.003	0.012	0.022	0.012	0.009

(三) 待评水质与各水质类别的关联度

根据公式 (7-13)，计算得到对于各个水质类别的综合关联度，如表 7-5 所示。

表 7-5   评价断面综合水质与各水质类别的综合关联度

水质类别	Ⅰ	Ⅱ	Ⅲ	Ⅳ	Ⅴ
$K_j(M_0)$	-0.831	-0.901	-1.094	-1.029	-0.499

由表 7-5 可知，存在 $K_j(M_0) < -1$，表明待评价样本 M_0 的水质类别已经不属于所划分的各类之内，综合水质类别为劣Ⅴ类。

同理，可计算得到其他评价样本对各水质类别的综合关联度，最终评价结果如表 7-6 和表 7-7 所示。

表 7－6　　　　　基于物元分析法的中东部典型城市中心城区景观河流
综合水质评价（2010 年）

景观河流	监测断面	对各水质类别的关联度					综合水质类别
		Ⅰ	Ⅱ	Ⅲ	Ⅳ	Ⅴ	
东部某市中心城区	A	−0.831	−0.901	−1.094	−1.029	−0.499	劣Ⅴ
	B	−0.815	−0.911	−1.200	−1.135	−0.553	劣Ⅴ
	C	−1.300	−1.424	−1.648	−1.667	−1.217	劣Ⅴ
	D	−0.394	−0.262	−0.417	−0.366	−0.457	Ⅱ
中部某市中心城区	A	−0.606	−0.801	−1.526	−0.951	−1.148	劣Ⅴ
	B	−0.473	−0.569	−0.985	−0.554	−0.840	劣Ⅴ
	C	−0.557	−0.707	−1.269	−0.758	−1.023	劣Ⅴ
	D	−0.511	−0.626	−1.101	−0.641	−0.887	劣Ⅴ

表 7－7　　　　　基于物元分析法的某城市多功能区河流综合水质评价

年份	监测断面	对各水质类别的关联度					综合水质类别
		Ⅰ	Ⅱ	Ⅲ	Ⅳ	Ⅴ	
2007	A	−0.274	−0.154	0.139	−0.139	−0.406	Ⅲ
	B	−0.176	−0.096	−0.014	−0.141	−0.433	Ⅲ
	C	−0.260	−0.195	−0.100	−0.204	−0.453	Ⅲ
	D	−0.154	−0.057	−0.075	−0.148	−0.515	Ⅱ
2010	A	−0.156	0.045	0.135	−0.250	−0.520	Ⅲ
	B	−0.139	−0.035	0.125	−0.175	−0.494	Ⅲ
	C	−0.240	−0.165	−0.031	−0.067	−0.438	Ⅲ
	D	−0.145	−0.046	0.149	−0.186	−0.503	Ⅲ

第五节　本章总结

　　本章介绍了基于物元分析理论的综合水质评价方法。物元分析理论包括物元理论和可拓集合两部分：基于物元分析理论，建立反映事物名称、特征和量值的物元，应用物元变换，化矛盾问题为相容问题；基于可拓集合，把解决矛盾问题的过程定量化，建立解决矛盾问题的过程定量化的数学工具。

　　基于物元分析理论的综合水质评价步骤是：建立物元模型，包括各水质类别的经典域物元矩阵、各评价指标最大值的节域物元矩阵、评价样本的待评物元矩阵；

计算各水质指标对各水质类别的关联度；确定各水质指标对各水质类别的权重，计算综合水质对各水质类别的关联度；基于综合关联度判断综合水质类别。

应用物元分析理论开展综合水质评价，需注意以下问题：

1）物元分析理论复杂，对大多数不具有较深的高等数学知识背景的水质评价工作者而言，使用该方法具有一定难度。

2）基于物元分析理论的评价结果是综合水质对各水质类别的关联程度，与前面介绍的模糊数学法、灰色系统评价法、层次分析法等方法相类似，从该评价结果中无法直观判断不同评价样本的综合水质污染程度大小。

3）物元分析理论模型考虑的是各评价指标对于Ⅰ～Ⅴ类水的关联度。因此，该方法不能对劣于Ⅴ类水的情形作出进一步评价，相应地，不能评价水体黑臭。

4）在物元分析法中，依据单项水质指标对应某水质类别的门限值与所有参与评价水质指标对应该水质类别的门限值之和的比值，确定各水质指标对应某个水质类别的权重；与评价样本水质指标实测值无关。针对所选择评价样本的综合水质评价结果表明，由于受到权重值选取的影响，部分评价结果可能存在不确定性。虽然可拓集合的关联函数在一定程度上能够反映这种不确定性的影响，但是仍有必要将基于物元分析理论的综合水质评价结果与其他方法得出的评价结果，进一步比较分析，确定物元分析评价结果的合理性，对其作出必要的改进。

参 考 文 献

[1] 蔡文. 物元分析 [M]. 广州：广东高等教育出版社，1987.7.

[2] 蔡文. 物元模型及其应用 [M]. 北京：科学技术文献出版社，1994.

[3] 门宝辉，梁川. 水质量评价的物元分析法 [J]. 哈尔滨工业大学学报，2003，35（3）：358—361.

[4] 王国平，王洪光. 物元分析法用于水环境质量的评价比较 [J]. 干旱环境监测，1997，11（2）：65—67，112.

[5] 韩家悦，吕海峰，门宝辉. 物元分析法在水环境质量评价应用中的初探 [J]. 南水北调与水利科技，2005，3（2）：33—35，40.

[6] 席北斗，于会彬，郭旭晶，等. 基于模糊权物元理论的地下水水质评价模型构建及应用 [J]. 环境工程学报，2009，3（2）：381—384.

[7] 刘雷雷，盖美. 水质评价物元分析模型及其应用——以大连英那河水库为例 [J]. 水资源研究，2011，32（1）：6—8.

[8] 朱红玉，杜少少，张培栋. 物元可拓法在邯郸市浅层地下水水质评价中的应用 [J]. 水科学与工程技术，2011，4：7—9.

第八章　人工神经网络评价法

第一节　人工神经网络评价法简介

人工神经网络（Artificial Neural Network，简称 ANN）是 20 世纪 80 年代中期兴起的前沿研究领域。所谓人工神经网络是人脑的一种物理抽象、简化与模拟，是由大量人工神经元广泛连接而成的大规模非线性系统，由于它为解决非线性、不确定性和不确知系统问题开辟了一条新的途径，因而已经成为各领域科学家竞相研究的热点。

人工神经网络的主要特点为强大的并行处理能力、非线性映射能力、自组织、自学习和自适应功能、容错性和鲁棒性。它的基本思想是：从外界环境获得资讯，神经网络在输入资讯的影响下进入一定状态，由于神经元之间相互联系以及神经元本身的动力学特性，这种外界刺激的兴奋模式会自动地迅速演变成一种平衡状态。这样，具有特定结构的神经网络就可定义出一类模式变换，即实现一种映射关系。在水质评价研究领域，人工神经网络通过对有代表性的水质数据样本的自学习、自适应等，能够一定程度上掌握事物的本质特性（即综合水质状况）。基于这种原理，国内外学者将人工神经网络技术应用于水环境质量综合评价中。

目前水环境质量综合评价中应用最为广泛的神经网络模型是 BP 模型，本章介绍基于 BP 网络模型的水质综合评价，其基本思想是：

1）网络学习训练。BP 人工神经网络的学习训练过程由信号的正向传播与误差的反向传播两个过程组成。正向传播时，输入样本信息从输入层输入，经各隐层逐层处理后，传向输出层。若输出层的实际输出与期望输出不符，则转入误差的反向传播阶段。这种信号正向传播与误差反向传播的各层权值调整过程，也就是网络的学习训练过程。此过程一直进行到网络输出的误差可以允许的程度，或进行到预先设定的学习次数为止。

2）水质评价。基于学习训练好的人工神经网络，输入水质评价样本，经 BP 人工神经网络回想后，得出综合水质评价结果。

第二节　BP 人工神经网络评价法原理

一、人工神经网络的构成原理

1986 年，Rumelhart 从 8 个方面说明各种神经网络的构成原理与特征：

（1）给定一组处理单元：由若干处理单元（即神经元）组成神经网络，处理单元的数目用 N 表示。

（2）单元集合的激活：所谓激活是指在指定的时间指定的处理单元所具有的状态，也称激活状态。设单元 i 在 t 时刻的激活值为 $a_i(t)$，系统的状态由 N 维实向量 $\boldsymbol{a}(t)$ 表示。激活状态可取连续值，也可取离散值。

（3）各单元的输出函数：将激活状态 $a_i(t)$ 映射为各单元的输出 $o_i(t)$。

（4）单元互联模式：各单元之间相互连接的规律，特定的规律决定了网络的功能特征，或者说构成了系统具有的知识。通常，利用连接矩阵描述互联模式。

（5）传播规则：输出矢量 $\boldsymbol{o}(t)$ 与连接矩阵 $\boldsymbol{W}$ 给出了各处理单元的输出信号。对每个单元综合各输入信号得到净输入 Net。描述此作用之规则称为传播规则。

（6）激活规则：净输入与当前激活状态通过函数 F 之作用共同决定一个新的激活状态，这就是激活规则。对第 i 个处理单元，激活规则可表示为

$$a_i(t+1) = F[a_i(t), \text{Net}_i(t)]$$

（7）学习规则：修改单元间的相互连接模式可以改变系统的知识结构。各种形式的修改都是通过样本识别给出的经验来调整互连强度（权重）。描述此过程之规则称为学习规则。

（8）系统工作环境：指系统输入信号分布特性的统计规律。

二、神经元功能函数

神经元在输入信号作用下产生输出信号的规律由神经元功能函数 f 给出，也称激活函数或者转移函数，这是神经元模型的外特性。它包含了从输入信号到净输入、再到激活值、最终产生输出信号的过程。f 函数形式多样，利用它们的不同特性可以构成功能各异的神经网络。几种常用的神经元功能函数如图 8－1 所示：

（一）线性模型

图 8－1（a）为线性模型，神经元功能函数 f 连续取值，表达式可写成：

$$f(x) = x \qquad\qquad (8-1)$$

（二）非线性模型

图 8－1（b）是非线性函数模型，神经元的输出是在两个有限值之间的连续非减函数，表达式可写成：

Sigmoid 函数

$$f(x) = \frac{1}{1+e^{-x}} \qquad (8-2)$$

或者双曲正切函数

$$f(x) = \frac{1-e^{-x}}{1+e^{-x}} \qquad (8-3)$$

（三）阈值模型

图 8－1（c）是阈值模型，输出只取二值，如 1 或者－1（或 1 与 0，称为硬限幅函数），当净输入大于某一阈值 θ 时，输出取 1，反之输出取－1。可借助符号函数表示，即：

$$f(x) = \mathrm{sgn}(x-\theta) \qquad (8-4)$$

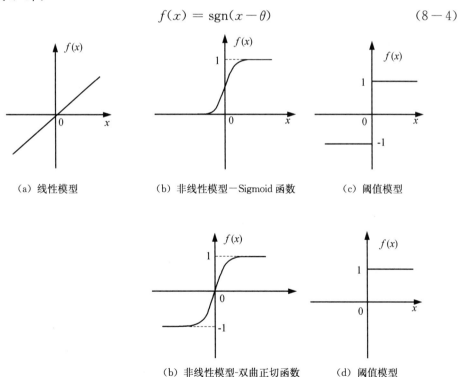

（a）线性模型　　（b）非线性模型－Sigmoid 函数　　（c）阈值模型

（b）非线性模型-双曲正切函数　　（d）阈值模型

图 8－1　人工神经网络的几种常用神经元功能函数

三、BP 神经元之间的连接形式

B—P 模型，即误差反向传播人工神经网络模型，是应用最多的人工神经网络模型之一。常见的 B—P 模型是一个 3 层的网络模型，它由一个有多个节点的输入层、多个节点的隐层（中间层）和多个或 1 个输出节点的输出层组成，相邻各层节点之间单方向相联，如图 8—2 所示。

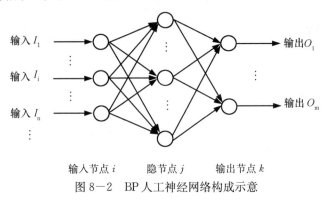

图 8—2　BP 人工神经网络构成示意

四、神经网络的学习训练

（一）Hebb 规则

假定从第 j 个神经元到第 i 个神经元的连接强度（突触权重）为 w_{ij}，样本序号 s 从 1 至 M，$I_i^{(s)}$ 和 $I_j^{(s)}$ 分别表示第 s 样本矢量的第 i 和 j 元素，以它们分别作为第 i 和 j 神经元之输出，那么，w_{ij} 的计算规律是

$$w_{ij} = \begin{cases} \sum_{s=1}^{M} I_i^{(s)} I_j^{(s)}, & i \neq j \\ 0, & i = j \end{cases} \qquad (8-5)$$

（二）误差修正法（Widrow—Hoff 规则）

在给定样本的条件下，首先随机设置初始权重值，然后加入样本矢量。对于第 i 神经元，假设 $I_j^{(s)}$ 为样本序号 s 输入矢量的第 j 元素，而 w_{ij} 是相应的权重值。如果期望输出为 T_k，而实际输出是 O_k，那么，在训练过程中，w_{ij} 的调整规则由下式给出：

$$w_{ij}(t+1) = w_{ij}(t) + \alpha(T_k - O_k) I_j^{(s)} \qquad (8-6)$$

式中　α——调整步幅系数，$\alpha > 0$。

以上两种学习规则都属于有监督类型的学习。对于无监督类型的学习的情况，事先不给定标准样本，直接将网络置于"环境"之中，学习阶段与应用阶段成为一体，这种方法目前用于水质评价较少，故不予详述。

第三节　BP 人工神经网络评价法计算方法与流程

BP 人工神经网络评价法的核心步骤是神经网络的学习训练，在学习训练好的网络基础上，输入评价样本，即可经神经网络得到输出结果。因此，要介绍 BP 人工神经网络评价法的计算方法与流程，只需重点介绍 BP 人工神经网络的学习训练过程。

一、BP 人工神经网络评价法计算方法

BP 人工神经网络的学习训练过程由信号的正向传播与误差的反向传播两个过程组成。正向传播时，输入样本信息从输入层输入，经各隐层逐层处理后，传向输出层。若输出层的实际输出与期望输出不符，则转入误差的反向传播阶段。误差反向传播是将输出误差以某种形式通过隐层向输入层逐层反传，并将误差分摊给各层的所有单元，从而获得各层单元的误差信号，此误差信号即为修正各单元权值的依据。这种信号正向传播与误差反向传播的各层权值调整过程，是周而复始进行的。权值不断调整的过程，也就是网络的学习训练过程。此过程一直进行到网络输出的误差可以允许的程度，或进行到预先设定的学习次数为止。

二、BP 人工神经网络评价法计算流程

（一）正向传播

设输入层 i 节点输出为 I_i（亦是 i 节点输入），输入层 i 节点和隐层 j 节点之间的连接权值为 w_{ij}，隐层 j 节点阈值为 θ_j，中间层 j 节点和输出层 k 节点之间的权值为 V_{kj}，输出节点阈值为 γ_k。正向传播的流程是：

1）网络参数初始化。首先赋予网络初始状态的各层节点之间的连接权值 w_{ij}、V_{kj} 和阈值 θ_j、γ_k 为（-1，1）之间的随机小数。

2）从网络输入层输入第 1 个样本信号。

3）隐层各节点输出，计算公式为

$$H_j = f\left(\sum_{i=1}^{M} w_{ij} I_i + \theta_j \right) \tag{8-7}$$

隐层节点通常经过 Sigmoid 激活函数作用后输出结果，激活函数一般设计为

$$f(x) = \frac{1}{1 + e^{-x}} \tag{8-8}$$

4）输出层各节点输出，计算公式为

$$O_k = f\left(\sum_{j=1}^{H} V_{jk} H_j + \gamma_k\right) \qquad (8-9)$$

输出层节点激活函数同隐层节点激活函数。

（二）反向传播

1）计算输出层节点的输出误差。用样本的期望输出 T_k 和样本经网络学习后的实际输出 O_k 之间的差值建立输出层节点的输出误差 δ_k，计算公式为

$$\delta_k = (T_k - O_k) O_k (1 - O_k) \qquad (8-10)$$

2）计算隐层节点的误差。用 δ_k、V_{kj} 及隐层输出 H_j 建立隐层节点 j 的误差 σ_j，计算公式为

$$\sigma_j = \sum_k \delta_k V_{kj} H_j (1 - H_j) \qquad (8-11)$$

3）输出层节点阈值 γ_k 和连接权值 V_{kj} 修正。用误差 δ_k 和隐层节点输出 H_j 及学习参数 α 之积来修正 V_{kj}，用误差 δ_k 和学习参数 β 之积修正 γ_k，计算公式为

$$V_{kj} = V_{kj} + \alpha \beta_k H_j \qquad (8-12)$$

$$\gamma_k = \gamma_k + \beta \delta_k \qquad (8-13)$$

4）隐层节点阈值 θ_j 和连接权值 w_{ij} 的修正。用误差 σ_j 和输入层节点的输入 I_i 及学习参数 α 的积来修正 w_{ij}，并用 σ_j 和学习参数 β 之积修正 θ_j，计算公式为

$$w_{ij} = w_{ij} + \sigma_j I_i \qquad (8-14)$$

$$\theta_j = \theta_j + \beta \sigma_j \qquad (8-15)$$

以上的学习参数 α 和 β 一般取 0.2～0.5。

取下一个样本为输入信号，重复上述过程。当全部样本学完一遍后，计算 N 个样本的均方误差为

$$E = \frac{1}{N} \sum_{l=1}^{N} (O_{lk} - T_{lk})^2 \qquad (8-16)$$

如果 $E <$ 规定精度 λ，则学习结束；否则更新学习次数。如此往复进行，直至达到指定精度要求为止。

第四节　BP 人工神经网络评价法在综合水质评价中的应用

一、水质监测数据

采用与第三章污染指数法中表 3—7 和表 3—8 相同的评价样本。

二、样本学习训练

以往的 BP 人工神经网络水质评价中，通常采用地表水环境质量标准的 5 类水质浓度限值作为学习样本的输入特征值，但是样本的覆盖范围不够大。对Ⅰ类水，样本的输入值是Ⅰ类水的浓度上限值，即Ⅰ类水区间中水质最差的情形，对水质更好的情况无法准确评价；对劣Ⅴ类水，由于样本的浓度最大值为Ⅴ类水的浓度上限。因此，对劣Ⅴ类水也无法准确评价。针对这一问题，评价中扩大了学习样本的浓度值覆盖范围，设计评价样本如表 8－1 所示。

表 8－1　　　　　　　　　　学习样本与预期输出结果

水质类别	DO	COD_{Mn}	BOD_5	$NH_3\text{-}N$	TP	预期输出结果
Ⅰ类水下限	10	0	0	0	0	1.0
Ⅰ类水上限	7.5	2	3	0.15	0.02	2.0
Ⅱ类水上限	6	4	3	0.5	0.1	3.0
Ⅲ类水上限	5	6	4	1.0	0.2	4.0
Ⅳ类水上限	3	10	6	1.5	0.3	5.0
Ⅴ类水上限	2	15	10	2.0	0.4	6.0
劣Ⅴ类、不黑臭上限	1.5	30	20	4.0	0.8	7.0

注　劣Ⅴ类、黑臭对应的水质指标浓度值的确定可参考本书第九章中有关城市河流水体黑臭判断标准的论述。

基于表 3－7 中的 7 个学习样本，建立 5 个输入节点、2 层隐含层（两层分别包括 7 个神经元、1 个神经元）和 1 个输出节点的 BP 人工神经网络模型。选取学习参数 $\alpha=\beta=0.3$，赋予初始权值和阈值为随机量，若随机量合适，经学习训练 150 多次后，均方误差 $E<0.001$，训练结束。训练好的样本输出如表 8－2 所示。

表 8－2　　　　　　　　学习样本的输出结果与预期值的比较

水质类别	预期输出结果	训练后的样本输出结果	相对误差
Ⅰ类水下限	1.0	1.006	0.6%
Ⅰ类水上限	2.0	1.949	2.55%
Ⅱ类水上限	3.0	3.000	0
Ⅲ类水上限	4.0	4.061	1.53%
Ⅳ类水上限	5.0	4.995	0.1%
Ⅴ类水上限	6.0	6.004	0.07%
劣Ⅴ类、黑臭	7.0	6.977	0.33%

三、基于 BP 人工神经网络的综合水质评价结果

利用学习训练后的人工神经网络，对表 3－7 和表 3－8 所列样本进行评价。综合水质评价结果如表 8－3 和表 8－4 所示。

表 8－3　　　基于人工神经网络的中东部典型城市中心城区景观河流
综合水质评价结果（2010 年）

| 景观河流 | 监测断面 | 水环境功能区目标 | 水质指标浓度（mg/L） | | | | | 输出结果 O_k | 综合水质类别 |
			DO	COD$_{Mn}$	BOD$_5$	NH$_3$-N	TP		
东部某市中心城区	A	V	1.25	6.92	8.66	6.24	0.50	6.07	劣V
	B	V	1.13	7.02	8.12	7.22	0.56	6.19	劣V
	C	V	1.12	9.15	15.12	7.90	0.77	6.54	劣V
	D	V	6.71	5.86	5.75	3.97	0.32	4.88	IV
中部某市中心城区	A	V	3.88	8.59	5.39	11.89	0.99	7.01	劣V
	B	V	5.06	8.26	4.82	8.53	0.56	5.85	V
	C	V	3.69	7.23	5.23	10.00	1.01	6.96	劣V
	D	V	4.92	8.24	5.30	9.16	0.69	5.61	V

表 8－4　　　基于人工神经网络的某城市多功能区河流综合水质评价结果

| 景观河流 | 监测断面 | 水环境功能区目标 | 水质指标浓度（mg/L） | | | | | 输出结果 O_k | 综合水质类别 |
			DO	COD$_{Mn}$	BOD$_5$	NH$_3$-N	TP		
2007	A	II	6.08	5.41	3.64	1.60	0.187	3.22	III
	B	III	5.25	5.77	2.58	1.69	0.320	3.02	III
	C	IV	3.07	5.11	2.50	1.97	0.310	4.76	IV
	D	IV	4.25	4.55	2.20	1.67	0.287	4.61	IV
2010	A	II	6.55	4.81	2.81	1.00	0.153	4.26	IV
	B	III	5.78	5.24	2.51	1.39	0.293	4.40	IV
	C	IV	4.19	5.33	2.71	1.78	0.313	3.92	III
	D	IV	5.22	4.95	2.42	1.48	0.304	3.17	III

第五节　本　章　总　结

人工神经网络是 20 世纪 80 年代中期兴起的前沿研究领域。本章介绍了基于 BP 人工神经网络的综合水质评价方法，也是水环境质量综合评价中应用最为广泛

的人工神经网络评价方法。其基本思想是：①网络学习训练。首先输入评价样本，通过信号正向传播与误差反向传播的各层权值调整过程，一直进行到网络输出的误差可以允许的程度，从而得到学习训练好的人工神经网络；②综合水质评价。基于学习训练好的人工神经网络，输入水质评价样本，经 BP 人工神经网络回想后，得出综合水质评价结果。BP 人工神经网络评价法的评价结果是一个"连续性的水质类别"，$a \leqslant P < a+1$，表示评价综合水质类别为 a 类。

可采用 MATLAB（Matrix Laboratory）软件，开展基于 BP 人工神经网络的综合水质评价，以期提高水质评价的效率，为此给出基于 MATLAB 语言的 BP 人工神经网络评价方法程序。

传统的 BP 人工神经网络评价方法中，所选训练样本通常为《地表水环境质量标准》（GB3838—2002）的浓度限值，虽然能够对综合水质进行连续性评价，但是当评价样本水质劣于 V 类时，评价结果具有不确定性。本研究基于作者对水体黑臭评价标准的确定，扩大了劣 V 类水质的学习训练样本，部分程度上能对劣于 V 类水情形、但不黑臭的情形作出明确的评价。但是，由于样本延伸的限制，无法对劣 V 类水、黑臭的情形进行合理的定量评价。因此，基于 BP 人工神经网络法的评价结果虽然是一个"连续性的水质类别"，但是只限于在有限浓度区间内的连续性水质评价。

使用 BP 人工神经网络开展综合水质评价还需注意：由于学习和训练过程的随机性，即使针对同一评价样本，不同的学习和训练过程仍会得出不同的评价结果。这就表明，基于 BP 人工神经网络的综合水质评价结果具有不确定性。因此，有必要通过对同一样本的多次评价，确定一个较为合理的评价结果。

目前，BP 人工神经网络法有多种改进模式，其基本思想是提高训练样本收敛的速度。在综合水质评价中，读者可以在理解基于 BP 人工神经网络评价方法原理的基础上，探讨 BP 人工神经网络评价方法的改进模式，并探讨扩大人工神经网络评价法用于劣 V 类水连续性评价的方法。

附：基于 MATLAB 语言的 BP 人工神经网络评价方法部分程序

```
P=[10 7.5 6 5 3 2 1.5;0 2 4 6 10 15 30;0 3 3 4 6 10 20;0 0.15 0.5 1 1.5 2 4;
0 0.02 0.1 0.2 0.3 0.4 0.8];
T=[1 2 3 4 5 6 7];
net=newff(minmax(P),[7,1],{'tansig','purelin'},'traingdm');
net. trainParam. show=100;
net. trainParam. lr=0.05;
net. trainParam. mc=0.5;
net. trainParam. epochs=10000;
```

```
net. trainParam. goal＝1e－3；
[net，tr]＝train(net,P,T)；
s＝[10；0；0；0；0]；
b＝sim(net,s)
s0＝[7.5；2；3；0.15；0.02]；
b0＝sim(net,s0)
s1＝[6；4；3；0.5；0.1]；
A1＝sim(net,s1)
s2＝[5；6；4；1；0.2]；
A2＝sim(net,s2)
s3＝[3；10；6；1.5；0.3]；
A3＝sim(net,s3)
s4＝[2；15；10；2；0.4]；
A4＝sim(net,s4)
s5＝[1.5；30；20；4；0.8]；
A5＝sim(net,s5)
s6＝[1.25；6.92；8.66；6.24；0.50]；
A6＝sim(net,s6)
```

参 考 文 献

[1] 杨志英.BP神经网络在水质评价中的应用 [J]. 中国农村水利水电，2001，(9)：27－29.

[2] 唐婉莹，杨宇川，黄刚.BP神经网络用于水体中N综合污染评价 [J]. 计算机与应用化学，2002，19 (4)：438－440.

[3] 李祚泳.BP网络用于水质综合评价方法的研究 [J]. 环境工程，1995，13 (2)：51－53.

[4] 王栋，曹升乐.人工神经网络在水文水资源水环境系统中的应用研究进展 [J]. 水利水电技术，1999，30 (l2)：4－7.

[5] 李祚泳，邓新民.人工神经网络在水环境质量评价中的应用 [J]. 中国环境监测，1996，12 (2)：36－39.

[6] 朱长军，李文耀，张普.人工神经网络在水环境质量评价中的应用 [J]. 工业安全与环保，2005，31 (2)：27－29.

[7] 杨国栋，王肖娟，尹向辉.人工神经网络在水环境质量评价和预测中的应用 [J]. 干旱区资源与环境，2004，18 (6)：10－14.

[8] 李兴旺，董曼玲.地面水质评价的RBF神经网络方法 [J]. 水土保持通报，2002，22 (3)：51－54.

［9］ 阮仕平，党志良，胡晓寒，等．基于 LM—BP 算法的综合水质评价研究［J］．水资源研究，2004，25（1）：12—14.

［10］ 郭笑青，项新建，等．基于神经网络模型的水质监测与评价系统［J］．重庆环境科学，2003，25（5）：8—9.

［11］ 董曼玲，黄胜伟．径向基函数神经网络在水质评价中的应用［J］．环境科学与技术，2003，26（1）：23—25.

［12］ 龙腾锐，郭劲松，霍国友．水质综合评价的 Hopfield 网络模型［J］．重庆建筑大学学报，2002，24（2）：57—60.

［13］ 张文鸽，李会安，蔡大应．水质评价的人工神经网络方法［J］．东北水利水电，2004，22（10）：42—45.

［14］ 刘勇健，沈军．自组织神经网络法综合评价水质［J］．勘察科学技术，2003，（4），22—25.

［15］ 黄胜伟，董曼玲．自适应变步长 BP 神经网络在水质评价中的应用［J］．水利学报，2002，（10），119—123.

［16］ 李祚泳，丁晶，彭荔红．环境质量评价原理与方法［M］．北京：化学工业出版社，2004.

［17］ 杨芳，原松．基于 BP 神经网络的水环境质量评价模型的研建［J］．人民长江，2008，39（23）：46—48.

［18］ 何同弟，李见为，黄鸿．基于 GA 优选参数的 RBF 神经网络水质评价［J］．计算机工程，2011，37（11）：13—15.

［19］ 甄祯，何士华，石崇喜．基于改进的 BP 神经网络的地下水水质评价研究［J］．科学技术与工程，2010，10（29）：7128—7132.

［20］ 蚩志锋，闫珍珠，黄彪．基于遗传算法与 BP 算法的水质评价模型［J］．重庆科技学院学报（自然科学版），2009，11（1）：122—124.

［21］ 闫英战，杨勇，陈爱斌．可拓神经网络在水质评价中的应用［J］．人民长江，2010，41（15）：27—30.

［22］ 金艳，李万红，王丽艳．神经网络在于桥水库水质评价中的应用［J］．海河水利，2009 supp，69—70.

第九章　水质标识指数评价法

第一节　水质标识指数法简介

　　前面的几个章节分别介绍了单因子评价法、污染指数法、模糊数学法、灰色评价法、层次分析法、物元分析法、人工神经网络法等评价方法。就综合水质评价而言，单因子评价法根据现行国家《地表水环境质量标准》(GB3838—2002)，选择水质最差的单项指标所属类别来确定河流综合水质类别，不能科学地评判河流综合水质状况。污染指数法的计算方法简单，方便易行，但评价结果是基于水环境功能区目标浓度值的一个相对数值，只能定量评价，不能说明综合水质类别。由于同一类水的水质标准有一个变化范围，取不同的标准值作为分母会得到不同的评价数据。模糊综合指数法、灰色评价法、层次分析法、物元分析法、人工神经网络法的计算原理复杂，难以为一般的技术人员所理解掌握，难以推广应用。上述评价方法还有共同的不足之处，即不能判断水体是否黑臭，不能根据评价结果直观看出综合水质是否达到功能区标准，也不能直观说明参与评价的众多水质指标中有几个水质指标不能满足功能区要求。此外，这些评价方法对部分评价样本的评价结果不尽科学合理。

　　结合长期的水环境质量评价实践，作者认为更加科学合理的水质综合评价方法应具备以下特点：

　　1）以一组主要水质指标综合评价河流综合水质。

　　2）综合水质评价结果合理。

　　3）结合国家标准评价综合水质类别。

　　4）对劣Ⅴ类水体进行水质评价，并判别河流水体是否黑臭。

　　5）对水环境功能区进行达标评价。

　　6）评价方法简单实用。

　　为达到以上目标，本书作者提出了一个全新的水质综合评价方法——水质标识指数法。水质标识指数法能够以一组数据科学合理地反映综合水质类别、水质污染程度、水环境功能区达标情况等关键性管理信息，还能够对水体黑臭直接作出评价。以下对水质标识指数评价方法作详细阐述。

第二节　单因子水质指数原理

一、单因子水质指数的概念与结构

（一）单因子水质指数概念

单因子水质指数是形成综合水质标识指数的基础。要使综合水质标识指数具备水质类别、水质污染程度、水环境功能区达标情况判定等功能，且对水体黑臭直接作出评价，就必须合理地设计每一水质指标的单因子水质指数，使其具备以下功能：

1）直接判断单项指标的水质类别。

2）对同一水质类别中水质污染程度进行比较。

3）对劣 V 类水质作出进一步评价。

4）反推原来的水质监测数据。

基于以上概念，设计出单因子水质指数的结构。

（二）单因子水质指数结构

单因子水质指数由一位整数位和一位小数位组成，表达如下：

$$P_i = X_1. X_2 \qquad (9-1)$$

式中　P_i——第 i 项评价指标的单因子水质指数；

　　X_1——第 i 项评价指标的水质类别；

　　X_2——监测数据在 X_1 类水质变化区间中所处的位置，根据公式按四舍五入的原则计算确定。

二、单因子水质指数的确定方法

（一）水质好于 V 类水上限值时，X_1 和 X_2 的确定

1. X_1 的确定

当水质介于 I 类水和 V 类水之间时，可以根据水质监测数据与国家标准的比较确定 X_1，其意义如下：

评价指标水质为 I 类，$X_1=1$；

评价指标水质为 II 类，$X_1=2$；

评价指标水质为 III 类，$X_1=3$；

评价指标水质为 IV 类，$X_1=4$；

评价指标水质为 V 类，$X_1=5$。

2. X_2 的确定

在《地表水环境质量标准》（GB3838—2002）中，除水温和 pH 外的 22 项指标中，溶解氧浓度随水质类别数的增大而减少，其余 21 项指标值随水质类别数的增大而增加。因此，X_2 按溶解氧指标和非溶解氧指标分别计算。

（1）非溶解氧指标（21 项）

非溶解氧指标 X_2 根据公式（9－2）并按四舍五入的原则取一位整数确定，式中各符号意义如图 9－1 所示。

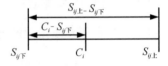

图 9－1　公式（9－2）中的符号意义示意图

$$X_2 = \frac{C_i - S_{ij下}}{S_{ij上} - S_{ij下}} \times 10 \qquad (9-2)$$

式中　C_i ——第 i 项水质指标的实测浓度，$S_{ij下} \leqslant C_i \leqslant S_{ij上}$；

　　　$S_{ij下}$ ——第 i 项指标第 j 类水区间浓度的下限值，$j = X_1$；

　　　$S_{ij上}$ ——第 i 项指标第 j 类水区间浓度的上限值，$j = X_1$。

（2）溶解氧

由于溶解氧浓度随水质类别数的增加而减小。因此，其计算分析与非溶解氧指标不同。溶解氧指标的 X_2 根据公式（9－3）并按四舍五入的原则取一位整数确定，式中各符号的意义，见图 9－2 所示。

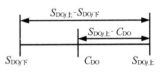

图 9－2　公式（9－3）中的符号意义示意图

$$X_2 = \frac{S_{DOj上} - C_{DO}}{S_{DOj上} - S_{DOj下}} \times 10 \qquad (9-3)$$

式中　C_{DO} ——溶解氧的实测浓度；

　　　$S_{DOj上}$ ——第 j 类水中溶解氧浓度高的区间边界值，$j = X_1$；

　　　$S_{DOj下}$ ——第 j 类水中溶解氧浓度低的区间边界值，$j = X_1$。

特别说明，当溶解氧实测数据为 I 类水质时，X_2 计算方法如下：

$$X_2 = \frac{C_{DO,f} - C_{DO}}{C_{DO,f} - S_{DOI,下}} \times 10 \qquad (9-4)$$

式中　$C_{DO,f}$ ——某一温度时的饱和溶解氧浓度；

　　　$S_{DOI,下}$ ——溶解氧 I 类水质的下限值，$S_{DOI,下} = 7.5 \, \text{mg/L}$。

（二）水质劣于或等于 V 类水上限值时，$X_1.X_2$ 的确定

1. 非溶解氧指标（21 项）

非溶解氧指标的 $X_1.X_2$ 根据公式（9－5）并按四舍五入的原则取小数点后一位确定，式中各符号如图 9－3 所示。

$$X_1.X_2 = 6 + \frac{C_i - S_{i5上}}{S_{i5上}} \qquad (9-5)$$

式中　C_i ——第 i 项水质指标实测浓度；

$S_{i5\text{上}}$——第 i 项指标 V 类水浓度上限值。

从式中可以看出，当水质浓度正好等于 V 类水上限值时，$X_1.X_2$ 的数值为 6.0。

2. 溶解氧

当溶解氧实测值小于或等于 2.0mg/L 时，溶解氧单项指标劣于或等于 V 类水。其 $X_1.X_2$ 根据公式（9-6）并按四舍五入的原则取小数点后一位确定，式中各符号意义如图 9-4 所示。

$$X_1.X_2 = 6 + \frac{S_{DO5\text{下}} - C_{DO}}{S_{DO5\text{下}}} \times m \qquad (9-6)$$

式中　C_{DO}——溶解氧实测浓度；

　　　$S_{DO5\text{下}}$——溶解氧的 V 类水浓度下限值，$S_{DO5\text{下}} = 2.0$ mg/L；

　　　m——计算公式修正系数，取 $m=4$。

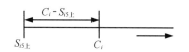 

图9-3　公式(9-5)中的符号意义示意图　　图9-4　公式(9-6)中的符号示意图

当水质很差时，会存在溶解氧检测不出的现象，此时，可以认为溶解氧为零。此时，如果在公式（9-6）中不引入修正系数 m，会出现 $X_1.X_2 = 6.0$ 的情况，这是溶解氧等于 V 类水浓度下限值时对应的水质标识指数，与实际情况不符。为了解决这个问题，采用修正系数 m，解决了溶解氧低于 2.0mg/L 时标识指数的计算问题。经过试算，取 $m=4$ 可以使溶解氧的标识指数与其他非溶解氧指标劣于 V 类水时的标识指数值大致相对应。

三、单因子水质指数的意义

（一）水质类别判定

单因子水质指数可以用来直接判别水质类别，判别标准如表 9-1 所示。

表 9-1　　　　　　　　基于单因子水质指数的水质类别判定

单 因 子 水 质 指 数	单项指标水质类别
$1.0 \leqslant X_1.X_2 \leqslant 2.0$	I
$2.0 < X_1.X_2 \leqslant 3.0$	II
$3.0 < X_1.X_2 \leqslant 4.0$	III
$4.0 < X_1.X_2 \leqslant 5.0$	IV
$5.0 < X_1.X_2 \leqslant 6.0$	V
$X_1.X_2 > 6.0$	劣 V

当 $X_1.X_2>6.0$ 时，对非溶解氧指标，数据越大，水质越差，理论上不存在上限值；对溶解氧指标，$X_1.X_2$ 介于 $6\sim10$ 之间，$X_1.X_2$ 与溶解氧浓度的对应关系如表 9－2 所示。

表 9－2　　　　溶解氧单因子水质指数与浓度对应关系 ($X_1.X_2>6.0$)

溶解氧单因子水质指数	溶解氧浓度
6～7	1.5≤DO<2.0
7～8	1.0≤DO<1.5
8～9	0.5≤DO<1.0
9～10	0≤DO<0.5

(二) 水质污染程度判定

1) 对同一评价指标，单因子水质指数（$X_1.X_2$）数值越大，水质越差；以 COD_{Mn} 为例，对污染程度进行比较，如图 9－5 所示。

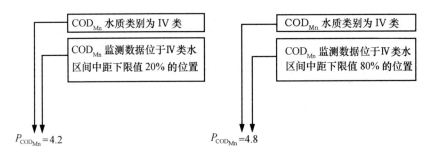

图 9－5　同一水质指标的污染程度比较

2) 对不同的评价指标，单因子水质指数（$X_1.X_2$）数值越大，该项指标污染程度越严重；以 COD_{Mn} 和 BOD_5 为例，解释如图 9－6。

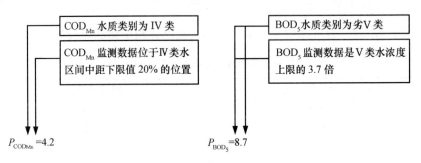

图 9－6　不同水质指标的污染程度比较

四、基于单因子水质指数的水质监测数据推算

单因子水质指数除了可以确定水质类别、比较水质污染程度外，还可以推算水质监测数据。举例如下：

（1）Ⅰ～Ⅴ类水：以 COD_{Mn} 为例，设其水质指数为 $P_{COD_{Mn}}=4.8$，其监测数据也可以根据公式（9－2）进行推算，即：

$$4+\frac{COD_{Mn}-20}{30-20}=4.8 \tag{9－7}$$

由此得：$COD_{Mn}=28$ mg/L

（2）劣Ⅴ类水：以 COD_{Mn} 为例，设其水质标识指数为 $P_{COD_{Mn}}=7.7$，监测数据可根据公式（9－5）进行推算：

$$6+\frac{COD_{Mn}-40}{40}=7.7 \tag{9－8}$$

由此得，$COD_{Mn}=108$ mg/L

五、单因子水质指数法的应用

（一）典型河流水质评价样本

采用与第三章污染指数法中表3－7和表3－8相同的评价样本，见表3－7、表3－8。单因子水质指数的计算结果如表9－3和表9－4所示。

表9－3　　基于单因子水质指数的中东部典型城市中心城区景观河流
水质评价（2010 年）

景观河流	监测断面	水环境功能区目标	水质指标浓度（mg/L）				
			DO	COD_{Mn}	BOD_5	NH_3-N	TP
东部某市中心城区	A	Ⅴ	7.5	4.2	5.7	8.1	6.3
	B	Ⅴ	7.7	4.3	5.5	8.6	6.4
	C	Ⅴ	7.8	4.8	6.5	9.0	6.9
	D	Ⅴ	2.5	3.9	4.9	7.0	5.2
中部某市中心城区	A	Ⅴ	4.6	4.6	4.7	11.0	7.5
	B	Ⅴ	3.9	4.6	4.4	9.3	6.4
	C	Ⅴ	4.7	4.3	4.6	10.0	7.5
	D	Ⅴ	4.0	4.6	4.7	9.6	6.7

表9—4　　　　基于单因子水质指数的某城市多功能区河流水质评价

监测年份	监测断面	水环境功能区目标	水质指标浓度（mg/L）				
			DO	COD_{Mn}	BOD_5	NH_3-N	TP
2007	A	Ⅱ	2.9	3.7	3.6	5.2	3.9
	B	Ⅲ	3.8	3.9	1.9	5.4	5.2
	C	Ⅳ	5.0	3.6	1.8	5.9	5.1
	D	Ⅳ	4.4	3.3	1.7	5.3	4.9
2010	A	Ⅱ	2.6	3.4	1.9	4.0	3.5
	B	Ⅲ	3.2	3.6	1.8	4.8	4.9
	C	Ⅳ	4.4	3.7	1.9	5.6	5.1
	D	Ⅳ	3.8	3.5	1.8	5.0	5.0

从表3—7和表3—8中可以知道各断面的实际监测数据。但是，一般来讲，从事水环境管理和整治的工程师更关心各断面的水质类别，以及是否达到水功能区水质要求，这些信息从表3—7和表3—8中无法得到，但是从表9—3和表9—4中可以直接读取水质类别，并通过与功能区类别的比较判断是否达到水功能区目标。对于专业人士，还可以从表9—3和表9—4中推算出各断面水质监测数据，这就是用单因子水质指数法进行水质评价的优势。

根据表9—3和表9—4所列数据，还可以知道各河流评价样本的污染指标总体污染程度排序为：

1）东部某城市中心城区景观河流：NH_3-N，DO，TP，BOD_5，COD_{Mn}；其中NH_3-N、DO、TP超标。

2）中部某城市中心城区景观河流：NH_3-N，TP，COD_{Mn}，BOD_5，DO，其中NH_3-N、TP超标。

3）某城市多功能区河流：NH_3-N，TP，DO，COD_{Mn}，BOD_5，其中NH_3-N、TP超标。

对不同水质指标的污染程度进行优劣比较，也是其鲜明的优点。

目前，我国学者已应用单因子水质指数法分析各地河流的污染成因，下面根据文献报道，列举部分应用案例。

（二）基于单因子水质指数的渭河水质污染成因识别

渭河是中国黄河的最大支流。发源于甘肃省渭源县鸟鼠山，东至陕西省渭南市，潼关县汇入黄河。渭河流域可分为东西二部：西为黄土丘陵沟壑区，东为关中平原区。

根据2004～2010年渭河甘肃境内桦林、北道桥、伯阳以及葡萄园的监测数据，计算各断面的单因子水质指数，见表9－5所示。

表9－5　　　　　渭河甘肃天水段典型断面单因子水质指数评价

监测断面	水体功能目标	年份	COD_{Mn}	COD_{Cr}	BOD_5	$NH_3\text{-}N$	TP	TN
北道桥	Ⅲ	2004	4.1	4.8	4.1	5.7	4.8	6.8
		2005	2.9	4.9	1.7	4.6	3.8	6.8
		2006	3.3	2.0	4.4	5.4	3.7	6.7
		2007	2.8	4.8	3.9	6.1	5.0	7.0
		2008	3.1	4.1	3.6	5.0	4.3	8.3
		2009	3.4	4.1	3.9	4.4	6.2	8.2
		2010	2.9	4.6	3.1	3.9	6.3	8.3
伯阳桥	Ⅱ	2004	3.7	9.9	2.0	2.9	3.8	6.8
		2005	2.3	2.0	1.6	3.2	3.8	6.8
		2006	2.8	3.2	2.0	3.9	3.7	6.7
		2007	2.6	4.2	1.8	4.1	3.9	6.9
		2008	3.0	2.0	1.9	3.6	4.2	8.2
		2009	2.9	2.0	2.0	3.2	5.2	8.2
		2010	2.5	3.5	1.8	3.5	5.2	8.2
桦林	Ⅱ	2004	3.6	3.6	2.0	3.2	2.6	6.6
		2005	2.3	3.9	1.6	3.1	2.5	5.5
		2006	2.7	3.1	1.7	2.4	2.1	5.1
		2007	2.7	2.0	1.6	2.4	2.7	6.7
		2008	2.4	3.3	1.9	3.2	3.0	7.0
		2009	2.6	3.0	1.7	3.8	4.2	8.2
		2010	2.2	2.0	1.7	3.2	5.2	8.2
葡萄园	Ⅱ	2004	3.7	1.9	5.7	2.6	2.6	6.4
		2005	2.3	1.9	1.6	3.2	2.8	5.8
		2006	2.1	5.0	1.9	3.2	2.2	4.2
		2007	2.5	3.7	1.9	3.6	2.7	6.7
		2008	2.6	1.9	1.9	3.1	4.2	8.2
		2009	2.8	2.0	1.9	3.3	5.1	8.1
		2010	2.7	3.2	1.7	3.5	5.2	8.2
总体平均值	Ⅱ		2.8	3.5	1.9	3.6	3.9	6.9

由表9-5可以看出，总氮对渭河甘肃天水段的污染是最为严重的，污染程度明显高于其他水质指标。它的主要来源是生活污水、工业废水以及农田径流污染等。

（三）基于单因子水质指数的辽河流域河流水质污染成因分析

浑河是辽河流域的骨干河流，流域面积为 1.22×10^4 km²，河长 415.4km。浑河属高度受控河流，干流上游建有大伙房水库，库容量为 21.87×10^8 m³，是下游沈阳、抚顺、鞍山等7城市的饮用水源地。根据浑河小流域的生态环境和水文状况，将其划分为3个控制单元：浑河上游单元、浑河中游单元和浑河下游单元。流域重点工业污染源分布在沈阳和抚顺市区，以制药、石化和食品行业为主。

采用单因子水质指数法，对2010年浑河流域典型断面水质指标污染程度进行比较分析，见表9-6。

表9-6　基于单因子水质指数的浑河流域典型断面水质指标污染程度评价

控制单元	断面	水体功能类别	COD_{Cr}	NH_3-N	BOD_5	COD_{Mn}	挥发酚	TP	石油类
浑河上游	阿及堡	II	1.4	1.4	1.7	2.4	1.5	2.6	1.2
浑河中游	戈布桥	IV	4.1	4.3	3.6	3.4	3.7	3.6	1.4
	七间房	IV	3.8	6.1	3.1	3.3	3.3	3.8	1.9
中游平均			4.0	5.2	3.4	3.4	3.5	3.7	1.7
浑河下游	东陵大桥	IV	1.9	6.3	4.1	3.8	1.9	4.1	4.3
	砂山	III	3.4	7.1	4.4	4.0	3.7	4.0	4.2
	七台子	V	4.2	8.1	5.2	4.3	3.3	6.5	4.3
	于家房	V	4.1	7.7	5.1	4.2	3.3	6.7	4.2
下游平均			3.4	7.3	4.7	4.1	3.1	5.3	4.3
整体平均			3.3	5.9	3.9	3.6	3.0	4.5	3.1

由表9-6得知，浑河现状 NH_3-N 污染最为严重，其次为 TP、BOD_5、COD_{Mn}、COD_{Cr}，石油类和挥发酚污染较轻。其中：

浑河上游单元除 COD_{Mn} 和 TP 为II类水质外，其余各项指标均符合水功能区目标；

浑河中游单元污染由上游至下游加重，七间房断面 NH_3-N 单因子水质指数达6.1，未达到水功能区目标；

浑河下游断面包括沈阳段的4个断面，污染由上游至下游加重，沿程4个断面 NH_3-N 均未达到功能区目标。七台子断面污染最重，NH_3-N 和 TP 的单因子水质指数达8.1和6.5。

浑河中下游单元水质特征表现为 NH_3-N 污染最为严重，与沈阳、抚顺两城市集中向浑河大量排放污水有关。

（四）基于单因子水质指数的松花江流域河流水质污染成因分析

利用单因子水质指数法，对 2009 年全年松花江流域某河流 5 个国控断面和 4 个省控断面的丰、枯、平 3 个水期平均值进行评价，评价结果见表 9－7；进一步，对基于单因子水质指数的评价结果进行分析，见表 9－8。

表 9－7　　　基于单因子水质指数的流域河流水质指标污染程度评价

断面	水期代码	功能区划	DO	COD_{Cr}	COD_{Mn}	NH_3-N	TP	TN
1	f平均值	II	1.0	4.4	4.1	2.1	2.2	3.0
	k平均值	II			3.4	2.1	3.1	3.4
	p平均值	II	1.0	4.1	3.6	2.3	2.3	3.3
2	f平均值	II	1.0	4.3	3.7	2.1	2.0	3.1
	k平均值	II			3.9	2.2	2.3	3.1
	p平均值	II	1.0	4.1	3.5	2.1	2.3	3.4
3	f平均值	II	1.0	3.3	3.8	2.1	2.0	3.3
	k平均值	II			3.6	2.2	2.2	3.4
	p平均值	II	1.0	3.5	3.5	2.2	2.3	3.3
4	f平均值	II	1.0	4.4	3.8	2.9	2.5	3.6
	k平均值	II			2.8	5.8	3.5	3.8
	p平均值	II		3.9	3.7	2.9	2.4	3.7
5	f平均值	II	2.4	4.1	4.1	2.5	2.7	3.7
	k平均值	II			3.8	3.4	2.8	3.8
	p平均值	II	1.0	3.9	3.6	2.9	2.4	3.8
6	f平均值	III	2.3	4.3	3.9	2.5	2.9	3.9
	k平均值	III			3.6	3.5	3.4	3.8
	p平均值	III	2.1	4.0	3.6	2.8	2.4	3.9
7	f平均值	III	2.3	4.1	4.4	2.9	2.9	4.5
	k平均值	III			4.1	5.6	4.6	4.2
	p平均值	III	1.0	3.9	3.9	3.4	2.8	4.4
8	f平均值	III	3.3		4.0	2.3	2.4	3.7
	k平均值	III			3.1	2.1	2.4	3.9
	p平均值	III			4.1	2.4	2.3	3.6
9	f平均值	III		5.1	4.5	2.8	2.7	3.8
	k平均值	III			3.3	2.2	2.0	3.6
	p平均值	III		4.1	3.9	2.8	3.1	3.7

注　f 代表丰水期，k 代表枯水期，p 代表平水期。

表 9－8 单因子水质指数计算结果分析表

水质指标	水期	参评断面个数	超标断面		$X_1 \geqslant 2$		$X_1 = 1$		$X_2 \geqslant 0.5$	
			个数	％	个数	％	个数	％	个数	％
DO	丰	8	0	—	0	—	0	—	0	—
	平	7	0	—	0	—	0	—	0	—
COD_{Cr}	丰	8	8	100	5	62.5	3	37.5	0	—
	平	8	7	87.5	2	25	5	62.5	1	12.5
COD_{Mn}	丰	9	8	88.9	2	22.2	6	66.7	1	11.1
	平	9	6	66.7	0	—	6	66.7	3	33.3
	枯	9	5	55.6	0	—	5	55.6	2	22.2
$NH_3\text{-}N$	丰	9	0	—	0	—	0	—	5	55.6
	平	9	0	—	0	—	0	—	4	44.4
	枯	9	3	33.3	2	22.2	1	11.1	1	11.1
TP	丰	9	0	—	0	—	0	—	5	55.6
	平	9	0	—	0	—	0	—	1	11.1
	枯	9	3	33.3	0	—	3	33.3	1	11.1
TN	丰	9	6	66.7	0	—	6	66.7	3	33.3
	平	9	6	66.7	0	—	6	66.7	3	33.3
	枯	9	6	66.7	0	—	6	66.7	3	33.3

注 $X_1 \geqslant 2$ 表示超出功能区目标 2 个以上水质类别；$X_1 = 1$ 表示超出功能区目标 1 个水质类别；$X_2 \geqslant 0.5$ 表示接近更劣的水质类别。

表 9－8 能够反映该河流水质污染的现状，看以看出该河流干流各个断面 COD_{Cr}、COD_{Mn}、TN 均超标严重，$NH_3\text{-}N$ 和 TP 在枯水期超标严重，在其他水期虽然达标，但是接近于水环境功能区的浓度限值。

第三节 综合水质标识指数法原理

一、综合水质标识指数的概念与结构

如本书第二章所述，美国河流水质评价的核心思想是功能可达性，这一点对我国河流综合水质评价具有借鉴意义。有鉴于此，综合水质评价得出的数字，除了能判定评价综合水质类别与定量的污染程度外，还应当直接表征综合水质的功能达标情况。为此，引入了综合水质标识指数（Water Quality Identification Index，WQII）的概念，基本思想是：借助一组数字，既能定性与定量地判定综合水质，又能标识综合水质的水环境功能区达标情况。

（一）综合水质标识指数概念

依据综合水质标识指数应实现的综合水质定性与定量判定、水体黑臭判定、水环境功能区达标与否判定等功能，确定综合水质标识指数的结构。根据单因子水质指数的经验，要满足综合水质定性与定量判定、水体黑臭判定等功能，必须设定$X_1.X_2$，即综合水质指数；要满足水环境功能区达标判定功能，须设定标识码。也就是说，综合水质标识指数应该是综合水质指数＋标识码的结构。

（二）综合水质标识指数结构

综合水质标识指数由整数位和小数点后三位或四位有效数字组成，表达如下

$$WQII = X_1.X_2X_3X_4 \tag{9-9}$$

式中　$X_1.X_2$称为综合水质指数，由计算获得；X_3、X_4称为标识码，可根据X_1、X_2由判断得出。

X_1——综合水质类别；

X_2——综合水质在X_1类水质变化区间
内所处位置，如图$9-7$所示，
根据计算公式按照四舍五入的
原则确定；

图$9-7$　X_2符号意义示意图

X_3——参与综合水质评价的指标中，
劣于水环境功能区目标的水质指标个数；

X_4——综合水质类别与水环境功能区类别的比较结果，视总体的综合水质污
染程度，X_4由一位或两位有效数字组成。

二、主要水质评价指标的选择

《地表水环境质量标准》（GB3838—2002）中规定了22项基本项目对应于不同水体使用功能类别的浓度限值，但是在水质监测中，限于人力、物力、财力，不可能对所有22项基本项目进行监测。为此，必须对主要水质评价指标作出规定：一方面，确定水质监测中应包含的水质指标，指导水质监测；另一方面，保证综合水质评价结果的合理性。

根据2001～2010年间的《中国环境状况公报》，我国主要河流及水系的主要污染指标见表$9-9$所示。进一步，对10年间的主要河流及水系主要污染指标进行汇总、排序，见表$9-10$所示。从表$9-10$中可以看出，目前我国河流的主要污染指标是高锰酸盐指数、5日生化需氧量、氨氮、石油类，表现为耗氧有机污染的特征。

表 9—9   2001～2010 年间我国主要河流及水系主要污染指标

(a) 2001 年

序 号	主要河流及水系	主要污染指标
1	长江水系	石油类、$NH_3\text{-}N$、COD_{Mn}
2	黄河水系	DO、COD_{Mn}、BOD_5、挥发酚、石油类
3	珠江水系	$NH_3\text{-}N$、BOD_5
4	松花江水系	$NH_3\text{-}N$、石油类、COD_{Mn}、BOD_5
5	淮河水系	COD_{Mn}、$NH_3\text{-}N$
6	海河水系	$NH_3\text{-}N$、石油类、COD_{Mn}、挥发酚
7	辽河水系	COD_{Mn}、BOD_5、$NH_3\text{-}N$
8	浙闽区河流	石油类、$NH_3\text{-}N$
9	西南诸河	
10	西北诸河	

注   空白处表示公报中无主要污染指标的统计。

(b) 2002 年

序号	主要河流及水系	主要污染指标
1	长江水系	石油类、$NH_3\text{-}N$、COD_{Mn}
2	黄河水系	石油类、COD_{Mn}、BOD_5
3	珠江水系	石油类、COD_{Mn}、BOD_5
4	松花江水系	挥发酚、COD_{Mn}、BOD_5
5	淮河水系	$NH_3\text{-}N$、BOD_5、COD_{Mn}
6	海河水系	Hg、石油类、$NH_3\text{-}N$
7	辽河水系	BOD_5、$NH_3\text{-}N$、挥发酚
8	浙闽区河流	石油类、DO
9	西南诸河	
10	西北诸河	

注   空白处表示公报中无主要污染指标的统计。

(c) 2003 年

序号	主要河流及水系	主要污染指标
1	长江水系	石油类、$NH_3\text{-}N$
2	黄河水系	石油类、$NH_3\text{-}N$、COD_{Mn}
3	珠江水系	挥发酚、$NH_3\text{-}N$、石油类
4	松花江水系	石油类、$NH_3\text{-}N$、COD_{Mn}
5	淮河水系	$NH_3\text{-}N$、石油类、BOD_5
6	海河水系	$NH_3\text{-}N$、BOD_5、石油类
7	辽河水系	BOD_5、石油类、挥发酚
8	浙闽区河流	挥发酚、石油类、$NH_3\text{-}N$
9	西南诸河	Pb、COD_{Mn}
10	西北诸河	

注   空白处表示公报中无主要污染指标的统计。

(d) 2004 年

序号	主要河流及水系	主要污染指标
1	长江水系	石油类、NH_3-N、BOD_5
2	黄河水系	石油类、NH_3-N、COD_{Mn}
3	珠江水系	石油类、BOD_5、NH_3-N
4	松花江水系	COD_{Mn}、石油类、BOD_5
5	淮河水系	石油类、BOD_5、COD_{Mn}、NH_3-N
6	海河水系	COD_{Mn}、BOD_5、石油类
7	辽河水系	BOD_5、COD_{Mn}、石油类
8	浙闽区河流	石油类
9	西南诸河	Pb、COD_{Mn}、BOD_5
10	西北诸河	

注　空白处表示公报中无主要污染指标的统计。

(e) 2005 年

序号	主要河流及水系	主要污染指标
1	长江水系	石油类、NH_3-N、BOD_5
2	黄河水系	石油类、NH_3-N、BOD_5
3	珠江水系	石油类、BOD_5、NH_3-N
4	松花江水系	COD_{Mn}、石油类、NH_3-N
5	淮河水系	COD_{Mn}、BOD_5、NH_3-N、石油类
6	海河水系	NH_3-N、石油类、BOD_5
7	辽河水系	NH_3-N、石油类、COD_{Mn}
8	浙闽区河流	
9	西南诸河	
10	西北诸河	

注　空白处表示公报中无主要污染指标的统计。

(f) 2006 年

序号	主要河流及水系	主要污染指标
1	长江水系	石油类、NH_3-N、BOD_5
2	黄河水系	石油类、NH_3-N、BOD_5
3	珠江水系	石油类、NH_3-N
4	松花江水系	COD_{Mn}、石油类、NH_3-N
5	淮河水系	COD_{Mn}、石油类、BOD_5
6	海河水系	COD_{Mn}、BOD_5、NH_3-N
7	辽河水系	石油类、NH_3-N、BOD_5
8	浙闽区河流	石油类、NH_3-N、BOD_5
9	西南诸河	COD_{Mn}、石油类、Pb
10	西北诸河	NH_3-N

（g）2007 年

序号	主要河流及水系	主要污染指标
1	长江水系	NH_3-N、石油类、BOD_5
2	黄河水系	NH_3-N、石油类、BOD_5
3	珠江水系	石油类、DO、NH_3-N
4	松花江水系	COD_{Mn}、石油类、BOD_5
5	淮河水系	COD_{Mn}、BOD_5、NH_3-N
6	海河水系	NH_3-N、COD_{Mn}、BOD_5
7	辽河水系	NH_3-N、COD_{Mn}、BOD_5
8	浙闽区河流	石油类、NH_3-N、BOD_5
9	西南诸河	Pb、COD_{Mn}、石油类
10	西北诸河	NH_3-N

（h）2008 年

序号	主要河流及水系	主要污染指标
1	长江水系	NH_3-N、石油类、BOD_5
2	黄河水系	NH_3-N、石油类、BOD_5
3	珠江水系	石油类、BOD_5、NH_3-N
4	松花江水系	COD_{Mn}、石油类、BOD_5
5	淮河水系	COD_{Mn}、BOD_5、NH_3-N
6	海河水系	NH_3-N、BOD_5、COD_{Mn}
7	辽河水系	石油类、COD_{Mn}、NH_3-N
8	浙闽区河流	石油类、NH_3-N、BOD_5
9	西南诸河	Pb
10	西北诸河	石油类、NH_3-N、BOD_5

（i）2009 年

序号	主要河流及水系	主要污染指标
1	长江水系	NH_3-N、BOD_5、石油类
2	黄河水系	石油类、NH_3-N、BOD_5
3	珠江水系	石油类、NH_3-N
4	松花江水系	COD_{Mn}、石油类、NH_3-N
5	淮河水系	COD_{Mn}、BOD_5、石油类
6	海河水系	COD_{Mn}、BOD_5、NH_3-N
7	辽河水系	BOD_5、NH_3-N、石油类
8	浙闽区河流	石油类、NH_3-N、BOD_5
9	西南诸河	Pb
10	西北诸河	石油类、NH_3-N、BOD_5

第九章 水质标识指数评价法

(j) 2010 年

序号	主要河流及水系	主要污染指标
1	长江水系	
2	黄河水系	BOD$_5$、石油类、NH$_3$-N
3	珠江水系	NH$_3$-N、石油类、DO、COD$_{Mn}$、BOD$_5$
4	松花江水系	COD$_{Mn}$、NH$_3$-N、BOD$_5$
5	淮河水系	BOD$_5$、COD$_{Mn}$、石油类
6	海河水系	COD$_{Mn}$、BOD$_5$、NH$_3$-N
7	辽河水系	NH$_3$-N、COD$_{Mn}$、石油类
8	浙闽区河流	
9	西南诸河	
10	西北诸河	

注 空白处表示公报中无主要污染指标的统计。

表 9-10 **2001~2010 年间我国主要河流及水系主要污染指标汇总排序**
(出现频次＞50％以上)

序号	主要河流及水系	主要污染指标汇总排序
1	长江水系	NH$_3$-N、石油类、BOD$_5$
2	黄河水系	石油类，NH$_3$-N、BOD$_5$
3	珠江水系	NH$_3$-N、石油类、BOD$_5$
4	松花江水系	COD$_{Mn}$，NH$_3$-N，石油类，BOD$_5$
5	淮河水系	COD$_{Mn}$、BOD$_5$、NH$_3$-N，石油类
6	海河水系	NH$_3$-N、BOD$_5$，COD$_{Mn}$
7	辽河水系	NH$_3$-N、BOD$_5$、石油类，COD$_{Mn}$

此外，本项研究工作还选择了我国中东部典型城市河流，采用单因子水质指数法，对近年来各项水质指标的污染程度进行了排序。分析数据包括 DO、COD$_{Mn}$、BOD$_5$、NH$_3$-N、TP、Cu、Zn、As、Hg、Cd、Cr^{6+}、Pb、氰化物、挥发性酚、石油类等 15 项指标，覆盖了各种类型的污染因子。监测断面包括 II～V 类水环境功能区，涉及水源保护区和非水源保护区、水质较好的河流和水体黑臭的河流，反映了城市河流不同的污染程度。主要分析这些不同区域和功能区划河流监测断面上，哪些指标是主要污染因子，不能达到水环境功能区的标准。主要污染指标和其单因子水质指数列于表 9-11 至表 9-13，从中可以看出，影响城市河流水质的主要污染指标为两类，一是有机污染指标，包括 DO、NH$_3$-N、COD$_{Mn}$、BOD$_5$；二是富营养化指标，即 TP 基本超标。

表 9-11　　　　东部某城市中心城区景观河流主要污染指标

（2001～2010 年）

年份	监测断面	功能区目标	主要污染指标 单因子水质指数							
2001	A	V	TN (12.7)	NH₃-N (12.0)	DO (9.8)	TP (9.3)	BOD₅ (7.3)	阴离子表面活性剂 (7.1)	石油类 (6.3)	
	B	V	TN (13.2)	NH₃-N (12.6)	DO (9.9)	TP (9.4)	BOD₅ (7.4)	阴离子表面活性剂 (7.2)	石油类 (6.5)	COD$_{Mn}$指数 (6.1)
	C	V	TN (13.4)	NH₃-N (12.5)	DO (9.9)	TP (9.8)	阴离子表面活性剂 (7.3)	BOD₅ (7.0)	石油类 (6.4)	COD$_{Mn}$指数 (6.1)
	D	V								
2002	A	V	TN (11.5)	NH₃-N (11.1)	TP (8.7)	DO (8.3)	阴离子表面活性剂 (8.0)	BOD₅ (6.9)		
	B	V	NH₃-N (11.1)	TN (11.0)	DO (9.4)	TP (8.9)	阴离子表面活性剂 (7.1)	BOD₅ (6.5)		
	C	V	TN (11.3)	NH₃-N (10.8)	DO (9.3)	TP (8.8)	阴离子表面活性剂 (7.7)	BOD₅ (6.8)		
	D	V								
2003	A	V	TN (11.1)	NH₃-N (10.6)	TP (8.6)	DO (8.4)	阴离子表面活性剂 (8.1)	BOD₅ (6.6)		
	B	V	NH₃-N (10.9)	TN (10.8)	TP (8.7)	DO (8.5)	阴离子表面活性剂 (8.4)	BOD₅ (6.6)		
	C	V	TN (12.2)	NH₃-N (11.8)	TP (11.0)	DO (9.4)	阴离子表面活性剂 (9.0)	BOD₅ (7.6)	石油类 (6.1)	
	D	V								
2004	A	V	TN (9.5)	NH₃-N (8.7)	DO (7.5)	TP (6.9)	BOD₅ (6.4)			
	B	V	TN (11.3)	NH₃-N (10.5)	DO (8.1)	TP (7.9)	BOD₅ (6.8)			
	C	V	TN (11.2)	NH₃-N (10.6)	TP (8.3)	DO (7.3)	BOD₅ (7.3)			
	D	V	TN (8.6)	NH₃-N (8.1)	TP (7.0)	BOD₅ (6.6)				

年份	监测断面	功能区目标	主要污染指标 单因子水质指数						
2005	A	V	TN (9.7)	NH₃-N (8.5)	DO (7.2)	TP (7.0)	BOD₅ (6.3)	阴离子表面 活性剂 (6.1)	
	B	V	TN (10.9)	NH₃-N (9.8)	TP (7.4)	DO (7.2)	BOD₅ (6.6)		
	C	V	TN (10.7)	NH₃-N (10.2)	TP (7.2)	BOD₅ (6.8)			
	D	V	TN (7.9)	NH₃-N (7.4)	BOD₅ (6.8)	TP (6.7)			
2006	A	V	TN (9.6)	NH₃-N (8.8)	TP (6.7)	DO (6.7)	BOD₅ (6.0)		
	B	V	TN (11.4)	NH₃-N (10.4)	TP (8.3)	DO (7.5)	BOD₅ (6.3)		
	C	V	TN (10.4)	NH₃-N (9.6)	TP (6.5)	DO (6.3)	BOD₅ (6.0)		
	D	V	TN (9.4)	NH₃-N (8.9)	TP (6.5)				
2007	A	V	TN (9.7)	NH₃-N (8.9)	DO (6.8)	TP (6.6)	BOD₅ (6.2)		
	B	V	TN (10.8)	NH₃-N (10.2)	DO (7.8)	TP (7.5)	BOD₅ (6.8)		
	C	V	TN (10.8)	NH₃-N (10.3)	TP (8.8)	DO (7.6)	BOD₅ (7.5)		
	D	V	TN (9.4)	NH₃-N (8.7)	TP (6.9)	BOD₅ (6.4)	DO (6.2)		
2008	A	V	TN (8.8)	NH₃-N (8.3)	BOD₅ (6.6)	TP (6.0)			
	B	V	TN (9.4)	NH₃-N (8.8)	DO (7.4)	BOD₅ (6.6)	TP (6.6)		
	C	V	TN (9.3)	NH₃-N (8.7)	BOD₅ (6.5)	DO (6.4)	TP (6.3)		
	D	V	TN (9.0)	NH₃-N (8.4)	BOD₅ (6.5)	TP (6.2)			
2009	A	V	TN (9.1)	NH₃-N (8.6)	DO (8.3)	BOD₅ (6.1)	TP (6.1)		
	B	V	TN (9.3)	NH₃-N (8.8)	DO (8.6)	BOD₅ (6.3)	TP (6.3)		
	C	V	TN (9.9)	NH₃-N (9.4)	DO (8.6)	BOD₅ (6.7)	TP (6.5)		
	D	V	TN (8.2)	NH₃-N (7.7)	TP (6.4)				

续表

年份	监测断面	功能区目标	主要污染指标 单因子水质指数							
2010	A	V	TN (9.1)	NH₃-N (8.2)	DO (7.5)	TP (6.2)				
	B	V	TN (9.4)	NH₃-N (8.6)	DO (7.8)	TP (6.4)				
	C	V	TN (10.0)	NH₃-N (9.0)	DO (7.8)	TP (6.9)	BOD₅ (6.2)			
	D	V	TN (7.7)	NH₃-N (6.9)						

注 1. 2001～2003 年 D 断面无监测数据；
2. 优于水环境功能区目标的水质指标不予列举。

表 9－12   **中部某城市中心城区景观河流出流断面
主要污染指标（2001～2010 年）**

年份	功能区目标	主要污染指标 单因子水质指数							
2001	V	TN (9.9)	NH₃-N (9.0)	TP (6.6)					
2002	V	TN (10.4)	NH₃-N (9.6)	TP (6.6)					
2003	V	TN (9.2)	NH₃-N (8.2)	TP (7.4)					
2004	V	TN (10.7)	TP (10.0)	NH₃-N (7.2)					
2005	V	TN (6.2)							
2006	V								
2007	V	TN (6.8)	NH₃-N (6.8)	TP (6.1)					
2008	V	TN (10.8)	NH₃-N (9.5)	TP (7.0)					
2009	V	TN (10.8)	NH₃-N (9.1)	TP (6.9)					
2010	V	TN (10.6)	NH₃-N (9.3)	TP (6.4)					

注 优于水功能区目标的水质指标不予列举。

— 154 —

表9-13 某城市多功能区河流主要污染指标（2001～2010年）

年份	监测断面	功能区目标	主要污染指标 单因子水质指数							
2001	A	Ⅱ	TN (6.5)	石油类 (4.1)	COD_{Mn} (3.5)	NH₃-N (3.4)	TP (3.4)			
	B	Ⅲ	TN (6.8)	DO (4.3)	NH₃-N (4.2)	TP (4.1)				
	C	Ⅳ	TN (7.6)	DO (6.2)	NH₃-N (5.9)	BOD₅ (5.7)				
	D	Ⅳ	TN (7.2)	NH₃-N (5.4)						
2002	A	Ⅱ	TN (6.4)	NH₃-N (4.7)	石油类 (4.1)	TP (3.5)	COD_{Mn} (3.5)			
	B	Ⅲ	TN (6.8)	NH₃-N (4.6)	TP (4.3)					
	C	Ⅳ	TN (7.2)	NH₃-N (6.1)	BOD₅ (5.4)					
	D	Ⅳ	TN (7.2)	NH₃-N (6.1)						
2003	A	Ⅱ	TN (6.4)	NH₃-N (4.2)	石油类 (4.1)	TP (3.9)	COD_{Mn} (3.5)			
	B	Ⅲ	TN (6.8)	TP (4.8)	NH₃-N (4.1)					
	C	Ⅳ	TN (7.2)	NH₃-N (6.2)	BOD₅ (5.1)					
	D	Ⅳ	TN (7.2)							
2004	A	Ⅱ	TN (7)	NH₃-N (5.5)	TP (4.3)	石油类 (4.1)	COD_{Mn} (3.5)			
	B	Ⅲ	TN (7.2)	NH₃-N (5.3)	TP (4.9)	DO (4.2)	石油类 (4.1)			
	C	Ⅳ	TN (6.9)	NH₃-N (6.1)	TP (5.4)					
	D	Ⅳ	TN (7)							
2005	A	Ⅱ	TN (7.3)	NH₃-N (5.1)	石油类 (4)	TP (4)	COD_{Mn} (3.5)	BOD₅ (3.5)		
	B	Ⅲ	TN (7.1)	TP (5.1)	NH₃-N (4.4)					
	C	Ⅳ	TN (7.3)	NH₃-N (5.6)	TP (5.3)					
	D	Ⅳ	TN (7.3)							

年份	监测断面	功能区目标	主要污染指标 单因子水质指数							
2006	A	Ⅱ	TN (7.3)	NH$_3$-N (5.5)	TP (4.1)	石油类 (4)	COD$_{Mn}$ (3.7)	BOD$_5$ (3.7)	DO (3.3)	挥发酚 (3.1)
	B	Ⅲ	TN (7.1)	TP (5.3)	NH$_3$-N (4.7)					
	C	Ⅳ	TN (7.5)	NH$_3$-N (5.6)	TP (5.5)					
	D	Ⅳ	TN (7.3)	NH$_3$-N (5.2)	TP (5.1)					
2007	A	Ⅱ	TN (7.2)	NH$_3$-N (5.2)	TP (3.9)	COD$_{Mn}$ (3.7)	BOD$_5$ (3.6)			
	B	Ⅲ	TN (7.3)	NH$_3$-N (5.4)	TP (5.2)					
	C	Ⅳ	TN (7.4)	NH$_3$-N (5.9)	TP (5.1)					
	D	Ⅳ	TN (7.1)	NH$_3$-N (5.3)						
2008	A	Ⅱ	TN (6.8)	NH$_3$-N (4.7)	COD$_{Mn}$ (3.7)	TP (3.7)	BOD$_5$ (3.6)	挥发酚 (3.3)		
	B	Ⅲ	TN (6.9)	NH$_3$-N (5.2)	TP (5.1)					
	C	Ⅳ	TN (7)	NH$_3$-N (6)	TP (5.3)					
	D	Ⅳ	TN (6.9)	NH$_3$-N (5.5)	TP (5.1)					
2009	A	Ⅱ	TN (6.6)	NH$_3$-N (4.4)	TP (4)	COD$_{Mn}$ (3.7)				
	B	Ⅲ	TN (6.7)	NH$_3$-N (4.9)	TP (4.8)					
	C	Ⅳ	TN (6.9)	NH$_3$-N (5.6)	TP (5.3)					
	D	Ⅳ	TN (6.8)	TP (5.2)						
2010	A	Ⅱ	TN (6.6)	NH$_3$-N (4)	TP (3.5)	COD$_{Mn}$ (3.4)				
	B	Ⅲ	TN (6.9)	TP (4.9)	NH$_3$-N (4.8)					
	C	Ⅳ	TN (7.1)	NH$_3$-N (5.6)	TP (5.1)					
	D	Ⅳ	TN (6.9)							

注 优于水功能区目标的水质指标不予列举。

三、综合水质指数计算方法的确定

确定综合水质指数计算方法要考虑两方面因素：

1）参与综合水质评价的水质指标选取，包括全部监测指标参与评价、主要水质监测指标参与评价、超标水质指标参与评价3种情况。

2）各水质指标权重的确定，包括算术平均和加权平均两种情况。

基于上述两方面因素，组合设计如下9种综合水质指数计算方案，如表9－14所示。

表9－14　　　　　　　　　　　综合水质指数计算方案

计算方案	水 质 指 标	计 算 方 法
1	四项水质指标 （DO、COD_{Mn}、BOD_5、NH_3-N）	单因子水质指数算术平均
2	五项水质指标 （DO、COD_{Mn}、BOD_5、NH_3-N、TP）	单因子水质指数算术平均
3	超 标 水 质 指 标	单因子水质指数算术平均
4	四项水质指标 （DO、COD_{Mn}、BOD_5、NH_3-N）	单因子水质指数加权平均，权重系数采用污染贡献率法（原理同第三章公式（3－18））
5	五项水质指标 （DO、COD_{Mn}、BOD_5、NH_3-N、TP）	单因子水质指数加权平均，权重系数采用污染贡献率法（原理同第三章公式（3－18））
6	超 标 水 质 指 标	单因子水质指数加权平均，权重系数采用污染贡献率法（原理同第三章公式（3－18））
7	四项水质指标 （含 DO、COD_{Mn}、BOD_5、NH_3-N 四项指标）	四项主要水质指标单因子水质指数各占一项权重，其余指标的单因子水质指数共占一项权重
8	五项水质指标 （含 DO、COD_{Mn}、BOD_5、NH_3-N、TP 五项指标）	五项主要水质指标单因子水质指数各占一项权重，其余指标的单因子水质指数共占一项权重
9	所有监测指标	超标水质指标单因子水质指数各占一项权重，其余非超标指标的单因子水质指数共占一项权重

利用上述9种不同的综合水质指数计算方案，计算同一评价样本的综合水质指数，通过对综合水质指数计算结果的比选，寻找合理的综合水质指数计算方法。

不同方案的综合水质计算结果见表9－15至表9－17所示，综合水质计算结果的对比见图9－8至图9－10所示。

表 9－15　基于不同比选方案的东部某城市中心城区景观河流
综合水质指数计算结果

项　目 方案 监测年份	（a）断面 A								
	1	2	3	4	5	6	7	8	9
2001	8.8	8.9	9.6	9.4	9.4	10.1	8.7	8.7	9.0
2002	7.8	8.0	9.3	8.4	8.5	9.6	7.8	7.9	8.6
2003	7.7	7.9	9.1	8.2	8.3	9.3	7.7	7.8	8.4
2004	6.9	6.9	7.8	7.2	7.1	8.0	6.8	6.8	7.3
2005	6.8	6.9	7.8	7.0	7.0	8.0	6.7	6.7	7.2
2006	6.6	6.6	7.9	6.9	6.8	8.1	6.3	6.3	7.3
2007	6.5	6.5	7.5	6.9	6.8	7.8	6.5	6.5	7.1
2008	6.1	6.2	7.4	6.5	6.4	7.6	6.1	6.1	6.9
2009	6.9	6.8	7.7	7.3	7.1	7.9	6.7	6.6	7.2
2010	6.4	6.4	7.7	6.8	6.7	7.9	6.3	6.3	7.1

项　目 方案 监测年份	（b）断面 B								
	1	2	3	4	5	6	7	8	9
2001	9.0	9.1	9.3	9.7	9.6	10.0	8.9	9.0	8.8
2002	8.0	8.2	9.4	8.7	8.8	9.7	7.9	8.0	8.7
2003	7.8	8.0	9.1	8.3	8.4	9.4	7.8	7.9	8.5
2004	7.7	7.7	8.9	8.1	8.1	9.2	7.6	7.6	8.3
2005	7.3	7.3	8.4	7.6	7.6	8.7	7.2	7.2	7.8
2006	7.2	7.2	8.3	7.6	7.5	8.7	7.1	7.1	7.0
2007	7.4	7.4	8.6	7.9	7.8	8.9	7.4	7.4	8.0
2008	6.7	6.7	7.7	7.1	7.0	7.9	6.6	6.6	7.2
2009	7.1	7.0	7.9	7.5	7.3	8.1	6.9	6.8	7.3
2010	6.5	6.5	8.0	7.0	6.9	8.2	6.5	6.4	7.4

项　目 方案 监测年份	（c）断面 C								
	1	2	3	4	5	6	7	8	9
2001	8.9	9.1	9.3	9.6	9.6	10.1	8.8	8.9	8.8
2002	8.0	8.2	9.4	8.6	8.6	9.7	7.9	8.0	8.7
2003	8.6	9.1	9.7	9.2	9.6	10.2	8.6	8.9	9.1
2004	7.5	7.7	8.9	8.1	8.1	9.2	7.5	7.6	8.3

续表

项　目	（c）断面 C								
方案 监测年份	1	2	3	4	5	6	7	8	9
2005	6.8	6.9	8.7	7.4	7.4	9.0	6.8	6.8	7.9
2006	7.6	7.5	8.6	8.4	8.1	9.3	7.7	7.6	8.2
2007	7.6	7.8	8.5	8.1	8.2	8.9	7.6	7.8	8.0
2008	6.4	6.4	7.7	6.8	6.7	7.6	6.3	6.3	7.1
2009	7.3	7.2	8.2	7.8	7.6	8.5	7.2	7.1	7.6
2010	7.0	7.0	8.0	7.4	7.3	8.2	6.9	6.9	7.5

项　目	（d）断面 D								
方案 监测年份	1	2	3	4	5	6	7	8	9
2001									
2002									
2003									
2004	5.5	5.8	7.6	6.3	6.4	7.7	5.6	5.8	6.9
2005	5.7	5.9	7.2	6.1	6.2	7.7	5.8	5.9	6.7
2006	5.8	5.9	8.3	6.4	6.4	8.5	5.9	6.0	7.4
2007	6.3	6.4	6.3	6.7	6.8	8.1	6.3	6.4	7.3
2008	5.2	5.4	7.2	6.0	6.1	7.3	5.2	5.4	6.5
2009	5.1	5.3	7.5	5.7	5.9	7.5	5.2	5.3	6.6
2010	4.6	4.7	7.4	5.2	5.2	7.4	4.7	4.8	6.3

注　2001～2003 年无该断面的水质监测数据。

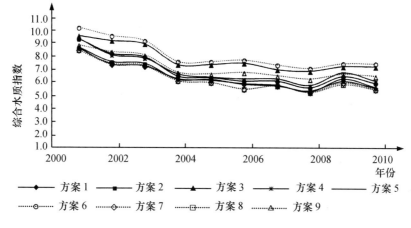

（a）断面 A

图 9－8　基于不同比选方案的东部某城市中心城区景观河流
综合水质指数比较（一）

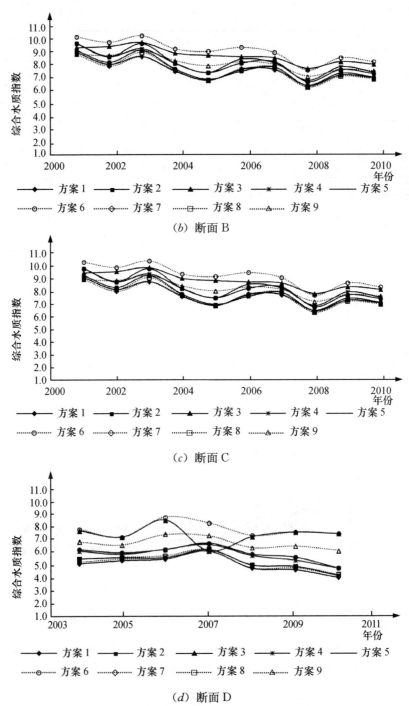

(b) 断面 B

(c) 断面 C

(d) 断面 D

图 9－8　基于不同比选方案的东部某城市中心城区景观河流
综合水质指数比较（二）

表 9－16　基于不同比选方案的中部某城市中心城区景观河流出流断面综合水质指数计算结果

监测年份 \ 方案	1	2	3	4	5	6	7	8	9
2001	5.5	5.7	8.5	6.5	6.5	8.7	5.8	5.9	7.5
2002	6.2	6.3	8.9	6.9	6.8	9.1	6.3	6.3	7.9
2003	6.0	6.3	7.6	6.3	6.6	7.9	6.0	6.1	7.1
2004	5.6	6.5	9.3	5.8	7.1	9.5	5.9	6.4	8.1
2005	5.1	5.2	6.2	5.2	5.3	6.2	5.1	5.1	5.5
2006	5.2	5.3		5.3	5.4		5.1	5.2	5.1
2007	5.8	5.8	6.5	5.9	5.9	6.6	5.7	5.7	6.1
2008	6.2	6.3	8.4	7.0	7.0	8.8	6.3	6.4	7.6
2009	6.4	6.5	8.3	6.8	6.8	8.7	6.4	6.4	7.5
2010	5.9	6.0	8.1	6.7	6.6	8.6	6.1	6.1	7.3

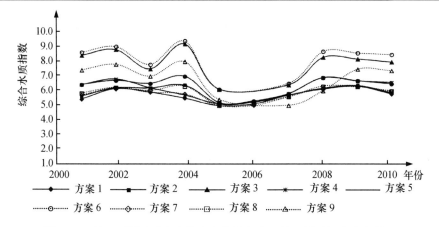

图 9－9　基于不同比选方案的中部某城市中心城区景观河流出流断面综合水质指数比较

表 9－17　基于不同比选方案的某城市多功能区河流综合水质指数计算结果

监测年份 \ 方案	\(a\) 断面 A								
	1	2	3	4	5	6	7	8	9
2001	2.4	2.6	4.2	2.9	3.0	4.5	2.7	2.9	3.7
2002	2.7	2.9	4.4	3.4	3.5	4.7	3.0	3.1	4.0
2003	2.7	2.9	4.4	3.3	3.4	4.7	2.9	3.1	4.0
2004	3.3	3.5	4.9	4.0	4.1	5.2	3.5	3.6	4.4
2005	3.3	3.4	4.9	4.0	4.0	4.9	3.5	3.6	4.1
2006	4.1	4.1	4.3	4.2	4.2	4.7	4.2	4.2	4.3
2007	3.9	3.9	4.7	4.0	4.0	5.1	3.8	3.8	4.3
2008	3.8	3.8	4.3	3.9	3.8	4.7	3.8	3.8	4.1
2009	3.2	3.4	4.7	3.5	3.6	5.0	3.3	3.4	4.2
2010	3.0	3.1	4.4	3.2	3.3	4.8	3.1	3.2	3.9

项　目	(b) 断面 B								
监测年份　方案	1	2	3	4	5	6	7	8	9
2001	3.4	3.5	4.9	3.7	3.8	5.1	3.4	3.5	4.3
2002	3.8	3.9	5.3	3.8	4.0	5.5	3.7	3.8	4.6
2003	3.1	3.5	4.9	3.4	3.8	5.5	3.4	3.6	4.6
2004	3.6	3.9	5.2	4.1	4.3	5.4	3.8	4.0	4.7
2005	3.4	3.7	5.6	3.7	4.1	5.8	3.6	3.9	4.9
2006	3.6	4.0	5.7	3.9	4.3	5.9	3.9	4.1	4.9
2007	3.8	4.0	6.0	4.2	4.4	6.1	3.8	4.0	5.2
2008	3.9	4.1	5.8	4.0	4.3	5.9	4.0	4.1	5.1
2009	3.6	3.8	5.5	3.9	4.1	5.6	3.6	3.8	4.8
2010	3.4	3.7	5.6	3.7	4.0	5.7	3.5	3.7	4.9

项　目	(c) 断面 C								
监测年份　方案	1	2	3	4	5	6	7	8	9
2001	5.5	5.4	6.4	5.6	5.5	6.5	5.4	5.4	6.0
2002	5.0	5.0	6.3	5.2	5.1	6.3	5.1	5.1	5.8
2003	5.0	5.0	6.2	5.2	5.1	6.3	4.9	4.8	5.6
2004	4.6	4.7	6.2	4.8	5.0	6.2	4.7	4.8	5.6
2005	4.4	4.6	6.1	4.5	4.7	6.2	4.4	4.5	5.5
2006	4.0	4.3	6.2	4.5	4.7	6.4	4.2	4.4	5.5
2007	4.1	4.3	6.2	4.7	4.8	6.3	4.2	4.3	5.4
2008	4.1	4.4	6.1	4.6	4.8	6.2	4.2	4.3	5.4
2009	4.0	4.2	5.9	4.5	4.7	6.0	4.0	4.1	5.2
2010	3.9	4.1	6.0	4.4	4.5	6.1	3.9	4.1	5.2

项　目	(d) 断面 D								
监测年份　方案	1	2	3	4	5	6	7	8	9
2001	4.6	4.5	6.3	4.7	4.6	5.9	4.5	4.5	5.5
2002	4.3	4.3	6.7	4.6	4.6	6.2	4.4	4.5	5.8
2003	3.4	3.6	7.2	3.7	3.8	5.7	3.7	3.8	7.2
2004	3.3	3.6	7.0	3.6	3.9	5.6	3.5	3.7	7.0
2005	3.6	3.8	7.3	3.9	4.1	5.9	3.8	4.0	7.3
2006	4.2	4.3	5.9	4.3	4.5	6.1	4.2	4.4	5.3
2007	3.7	3.9	6.2	4.2	4.4	5.9	3.8	4.0	5.3
2008	3.9	4.1	5.8	4.3	4.5	5.9	3.9	4.0	5.1
2009	3.7	4.0	6.0	4.1	4.4	5.8	3.8	3.9	5.1
2010	3.5	3.8	6.9	3.9	4.2	5.8	3.6	3.8	6.9

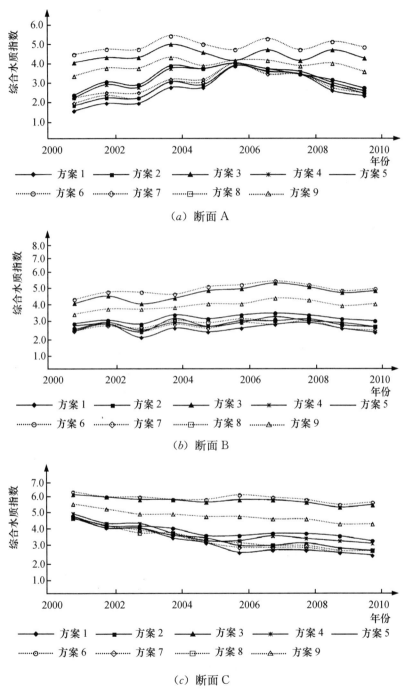

(a) 断面 A

(b) 断面 B

(c) 断面 C

图 9－10　基于不同比选方案的某城市多功能区河流
综合水质指数比较（一）

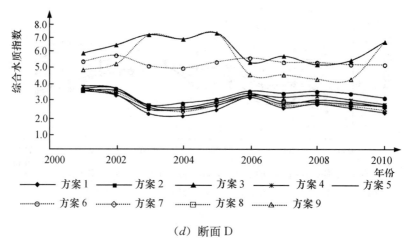

(d) 断面D

图 9-10 基于不同比选方案的某城市多功能区河流
综合水质指数比较（二）

从以上计算结果中，得出如下结论：

1) 方案 1、2、7、8 得到的综合水质指数基本接近，也能够比较好地反映综合水质状况。因此上述 4 种方案是相对较好的综合水质指数计算方法。

2) 以上 4 种方案中：方案 1、2 考虑 4 项或 5 项主要水质指标，而方案 7、8 考虑包括 4 项或 5 项主要水质指标在内的一组指标，考虑的评价指标更全面，综合水质评价的包容性更好。因此，方案 7、8 相对优于方案 1、2；相应地，综合水质指数计算公式为

1) 当 4 项主要指标参与综合水质评价时，综合水质指数计算公式为

$$X_1 . X_2 = \frac{1}{5} \left(P_{DO} + P_{COD_{Mn}} + P_{BOD_5} + P_{NH_3\text{-}N} + \frac{1}{n} \sum_{i=1}^{n} P_i \right) \qquad (9-10)$$

式中　P_{DO}——DO 的单因子水质指数；

$P_{COD_{Mn}}$——COD_{Mn} 的单因子水质指数；

P_{BOD_5}——BOD_5 的单因子水质指数；

$P_{NH_3\text{-}N}$——NH_3-N 的单因子水质指数；

$\quad i$——除 DO、COD_{Mn}、BOD_5、NH_3-N 外，其他参与综合水质评价的某项水质指标；

$\quad n$——除 DO、COD_{Mn}、BOD_5、NH_3-N 外，其他参与综合水质评价的单项水质指标总数（$n \geqslant 1$）；

$\quad P_i$——除 DO、COD_{Mn}、BOD_5、NH_3-N 外，其他参与综合水质评价的单项水质指标的单因子水质指数。

2) 当 5 项主要指标参与综合水质评价时，综合水质指数计算公式为

$$X_1.X_2 = \frac{1}{6}\left(P_{DO} + P_{COD_{Mn}} + P_{BOD_5} + P_{NH_3\text{-}N} + P_{TP} + \frac{1}{n}\sum_{i=1}^{n}P_i\right) \quad (9-11)$$

式中　P_{DO}——DO 的单因子水质指数；

　　　$P_{COD_{Mn}}$——COD_{Mn} 的单因子水质指数；

　　　P_{BOD_5}——BOD_5 的单因子水质指数；

　　　$P_{NH_3\text{-}N}$——NH_3-N 的单因子水质指数；

　　　P_{TP}——TP 的单因子水质指数；

　　　i——除 DO、COD_{Mn}、BOD_5、NH_3-N、TP 外，其他参与综合水质评价的某项水质指标；

　　　n——除 DO、COD_{Mn}、BOD_5、NH_3-N、TP 外，其他参与综合水质评价的单项水质指标总数（$n \geq 1$）；

　　　P_i——除 DO、COD_{Mn}、BOD_5、NH_3-N、TP 外，其他参与综合水质评价的单项水质指标的单因子水质指数。

四、综合水质标识指数的确定

（一）$X_1.X_2$ 的计算

如上分析，选择方案 7、8 作为 $X_1.X_2$（综合水质指数）的计算方法。当无总磷监测数据，DO、COD_{Mn}、BOD_5、NH_3-N 4 项主要水质指标参与综合水质评价时，计算公式见（9-9）；当含有总磷监测数据，DO、COD_{Mn}、BOD_5、NH_3-N、TP 5 项主要水质指标参与综合水质评价时，计算公式见（9-10）。

需要说明的是，如果除了 DO、COD_{Mn}、BOD_5、NH_3-N 4 项主要水质指标或 DO、COD_{Mn}、BOD_5、NH_3-N、TP 5 项主要水质指标外，无其他水质指标参与综合水质评价，则计算方法等同于前所述的方案 1（4 项指标算术平均）或方案 2（5 项指标算术平均）。

（二）X_3 的确定

X_3 是参与评价的水质指标中，劣于水环境功能区类别的水质指标数目，通过监测数据与功能区类别的比较确定。如果 $X_3=0$，说明所有参与评价的水质指标均达到水环境功能区目标；如果 $X_3=1$，说明参与整体水质评价的指标中有 1 项指标不能达到功能区目标，如果 $X_3=2$，说明有两项指标不能达到功能区目标，以此类推。

（三）X_4 的确定

X_4 要通过判断得出，其主要意义是判别综合水质类别是否劣于水环境功能区

类别。如果综合水质类别好于或达到功能区类别，则有

$$X_4 = 0 \qquad (9-12)$$

如果综合水质类别差于功能区类别且综合水质标识指数中 X_2 不为 0，则 X_4 按公式（9－13）确定，有

$$X_4 = X_1 - f_i \qquad (9-13)$$

式中　X_1——综合水质标识指数的整数位；

　　　f_i——水环境功能区类别。

如果综合水质类别差于功能区类别且综合水质标识指数中 X_2 为 0，则 X_4 按公式（9－14）确定，有

$$X_4 = X_1 - f_i - 1 \qquad (9-14)$$

式中　X_1——综合水质标识指数的整数位；

　　　f_i——水环境功能区类别。

如果 $X_4=1$，说明综合水质类别劣于功能区 1 个类别；如果 $X_4=2$，说明评价指标水质劣于功能区 2 个类别，依此类推。对综合水质为劣 V 类的情况，如果综合水质污染特别严重，X_4 可能超过 10，这时 X_4 由两位有效数字组成。

五、基于综合水质指数的城市河流水体黑臭判断标准

黑臭是有机污染的一种极端现象，是由于水体缺氧、有机物腐败造成的。当大量的有机污染物进入水体，在好氧微生物的生化作用下，有机物消耗了水体中大量的氧气，使水体转化成缺氧状态，致使厌氧细菌大量繁殖，有机物腐败、分解、发酵，分解为氨氮、腐殖质、硫化氢、甲烷和硫醇等，使水体变黑、变臭。

自 20 世纪 60 年代以来，国内外学者就开展了城市河道黑臭评价方法的研究，建立了一系列河道黑臭的评价方法，典型的方法总结于表 9－18。

表 9－18　　　　　　　　城市河道黑臭评价模型比较

模型名称	模型方程	评价水体	说明
黑臭单因子指数模型	$I = \dfrac{C_{NH_3\text{-}N}}{C_{DO}/C_{DO,s}+0.4}$	上海市黄浦江	20 世纪 60 年代上海市自来水公司对上海市黄浦江黑臭评价：$C_{NH_3\text{-}N}$、C_{DO} 分别表示 NH$_3$-N、CO 的实测浓度；$C_{DO,s}$ 表示对应水温的饱和溶解氧浓度；$I \geqslant 5$ 时，水体黑臭
单一指数法	$C_{DO} > 2mg/L$，$C_{COD} \leqslant 40mg/L$，DO 指数 = 0，不黑臭；$C_{DO} \leqslant 2mg/L$，$C_{COD} > 40mg/L$，DO 指数 = 1，水体黑臭	上海市苏州河	以地表水环境质量标准中规定的 V 类水 DO 浓度和 COD 浓度评价，C_{COD} 表示 COD 的实测浓度，其他符号意义同上

续表

模型名称	模　型　方　程	评价水体	说　明
水质指标比值法	$I=\dfrac{C_{BOD_5}}{C_{COD_{Mn}}}$	苏州河网	C_{BOD_5}、$C_{COD_{Mn}}$表示BOD_5、高锰酸盐指数的实测浓度；对苏州市河网，$I \geqslant 1.3$时认为水体黑臭
多元线性回归模型	$I=0.624C_{COL}+0.376C_{TO}$， $C_{TO}=4.3066+1.0171C_{COD}+0.2496C_{BOD_5}$ $+0.9017C_{NH_3-N}-2.3407C_{DO}+1.7602C_{H_2S}$ $C_{COL}=8.314C_{Fe}+3.433C_{Mn}-2.30$	汾河太原城区段	C_{COL}表示色度，C_{TO}表示臭度，C_{H_2S}表示硫化氢浓度，C_{Fe}、C_{Mn}分别表示铁、锰浓度；对于汾河太原城区段，认为$I=30\sim42$，水体黑臭
	$I=2.339-0.748C_{DO}+0.261t+0.372C_{COD}$	无锡市运河	t为水温。对于无锡市运河，认为$\dfrac{12.41-0.261t}{0.372} \leqslant 22$时，水体黑臭
	$I=0.05026C_{COD}+0.25756C_{NH_3-N}-2.3049C_{DO}$ $+1.239385C_{Fe}+2.770025C_{Mn}+14.40787$	南宁市竹排冲	对于南宁市竹排冲河道，认为$24<I \leqslant 30$时，水体黑臭
有机污染指数模型	$WQI=\dfrac{C_{BOD_5}}{S_{o,BOD_5}}+\dfrac{C_{COD}}{S_{o,COD}}+\dfrac{C_{NH_3-N}}{S_{o,NH_3-N}}-\dfrac{C_{DO}}{S_{o,DO}}$	上海市黄浦江、常州市运河支流	$S_{o,BOD}$、$S_{o,COD}$、S_{o,NH_3-N}、$S_{o,DO}$分别表示BOD、COD、NH_3-N、DO的评价标准值。20世纪80年代，针对上海市黄浦江，认为$WQI=3\sim4$时，水体开始出现黑臭
黑臭多因子加权指数模型	$I=\dfrac{0.2C_{COD_{Mn}}+0.1C_{NH_3-N}}{C_{DO}/C_{DO,s}+0.3}\times1.085^{(t-10)}$	上海市苏州河	符号意义同上。当$I \geqslant 15$时认为水体出现黑臭

可以看出，表9-18所列黑臭评价模型，与河道综合水质评价不相互关联；没有统一的评价标准，也不具有通用性，只是增加了河道黑臭评价的工作量和难度。因此，如何基于综合水质评价方法，对劣Ⅴ类水质定量评价，并评价水体黑臭与否及黑臭程度，是需要解决的问题。

为了解决这个问题，应该全面地对上海市中心城区200余条段河流综合水质进行评价。对已经消除黑臭的河流，将综合水质标识指数的评价结果与河流消除黑臭前后的实际情况进行对照，从而确定了通过综合水质标识指数判别河流水体黑臭的临界点。

对上海市苏州河水环境综合整治效果进行综合评价，是用来确定河流水体黑臭临界点的典型案例。苏州河，又名吴淞江，是上海市重要的自然地表水体，全长

125km，在上海市境内长度为 53.1km，市区段 23.8km。苏州河原本水质清澈，1911～1914 年曾在恒丰路桥附近建闸北自来水厂。第一次世界大战期间（1914～1918 年），因上海人口增多，工业化进程加快，大量生活污水和工业废水肆意排入苏州河，水质逐渐遭到污染。1920 年，苏州河部分河段出现了黑臭；到 1949 年建国前夕，从外白渡桥到曹家渡河段已终年黑臭；到 1978 年，苏州河市区河段变得终年黑臭。苏州河的严重污染与将上海建成国际经济、贸易、金融中心的现代化都市的环境要求极其不相称。1988 年，为削减苏州河市区段的污染源，上海开始建设合流污水治理一期工程，时任上海市委书记的江泽民同志在工程开工之日欣然题词："决心把苏州河治理好"。1993 年 12 月，合流污水一期主体工程建成通水，从1994 年起，苏州河干流污染逐步降低。但是，由于没有同步解决支流的污染和苏州河干流往复流动等问题，苏州河黑臭并没有消除。1998 年苏州河环境综合整治一期工程启动，重点是对六条主要的支流进行截污，将苏州河干流由潮汐往复流变为由西向东的单向流动河流，从而促使水质逐渐好转，1999 年苏州河干流基本消除黑臭，2001 年，主要指标基本达到Ⅴ类水的标准。对图 9－11 进行对照分析，可以看出水体黑臭的临界标识指数为 $X_1. X_2 = 7.0$。

在实施苏州河水环境综合整治工程的基础上，上海市进一步开展全市河道水环境综合治理，全面消除中心城区河道黑臭。图 9－12 列出了一些典型中心城区河流整治前后的综合水质变化：2001～2003 年期间，这些河流基本消除了黑臭，同样可以得出水体黑臭的临界标识指数为 $X_1. X_2 = 7.0$。

由于篇幅限制，对上海市其他河流的分析结果不一一列出。基本结论是可以通过综合水质标识指数判断河流是否黑臭，判断标准为：

$6.0 < X_1. X_2 \leqslant 7.0$，　水质劣于Ⅴ类，但不黑臭；

$X_1. X_2 > 7.0$　水质劣于Ⅴ类，并且黑臭。

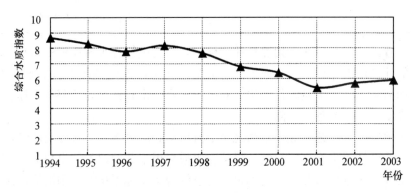

（a）北新泾断面

图 9－11　苏州河水环境综合整治工程实施前后的综合水质变化

（1994～2003 年）（一）

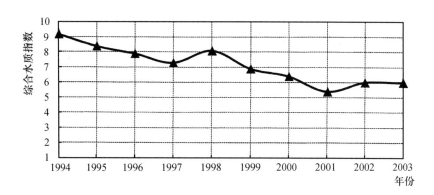

（b）武宁路桥断面

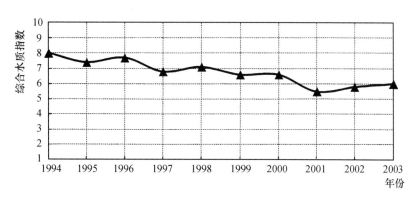

（c）浙江路桥断面

图 9-11 苏州河水环境综合整治工程实施前后的综合水质变化
（1994～2003 年）（二）

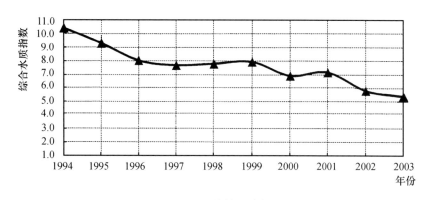

（a）虹口港外虹路桥

图 9-12 上海市中心城区典型河流整治前后的综合水质变化（一）

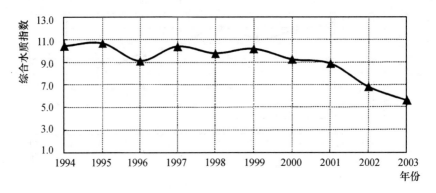

（b）虹口港辽宁路桥

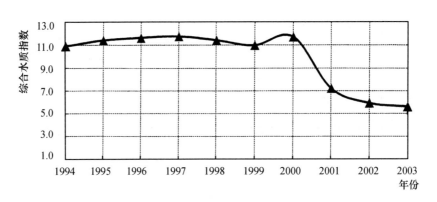

（c）杨树浦港控江路桥

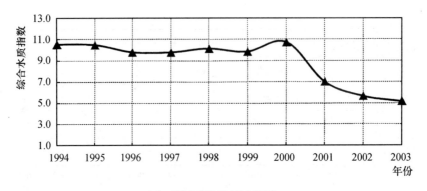

（d）杨树浦港杨树浦路桥

图 9－12　上海市中心城区典型河流整治前后的综合水质变化（二）

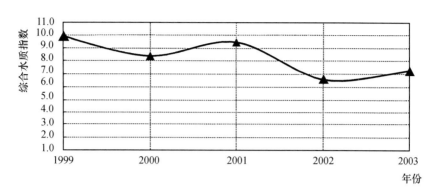

（e）沙泾港大连西路桥

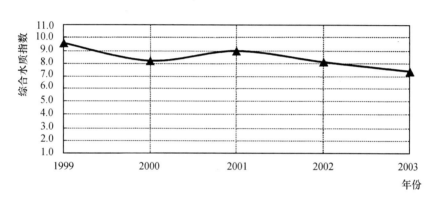

（f）沙泾港车站北路桥

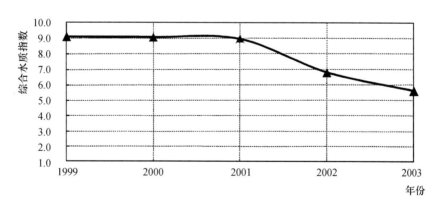

（g）俞泾浦嘉兴路桥

图 9—12　上海市中心城区典型河流整治前后的综合水质变化（三）

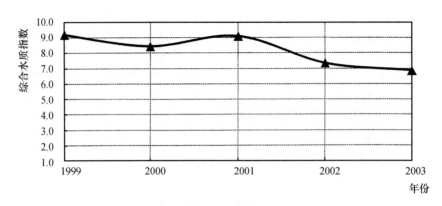

（h）俞泾浦汶水东路桥

图9-12 上海市中心城区典型河流整治前后的综合水质变化（四）

六、综合水质标识指数的意义

（一）综合水质标识指数计算流程

综合水质标识指数的计算包括两个关键步骤：

1）针对《地表水环境质量标准》（GB3838—2002）中的基本项目，形成评价单项指标水质类别及同一水质类别不同污染程度的单因子水质指数。

2）选定一组水质指标，以一组指标的单因子水质指数形成综合水质指数，并添加标识码，最终形成综合水质标识指数。

综合水质标识指数的计算流程如图9-13所示。

（二）综合水质类别判定

城市水环境质量评价中，通过综合水质标识指数 $WQII$ 的整数位和小数点后第一位 $X_1 . X_2$（即综合水质指数），可以判定综合水质类别，判断关系见表9-19所示。

表9-19　　　　　　　　基于综合水质指数的综合水质类别判定

综合水质指数	综合水质类别
$1.0 \leqslant X_1 . X_2 \leqslant 2.0$	I
$2.0 < X_1 . X_2 \leqslant 3.0$	II
$3.0 < X_1 . X_2 \leqslant 4.0$	III
$4.0 < X_1 . X_2 \leqslant 5.0$	IV
$5.0 < X_1 . X_2 \leqslant 6.0$	V
$6.0 < X_1 . X_2 \leqslant 7.0$	劣V，不黑臭
$X_1 . X_2 > 7.0$	劣V，黑臭

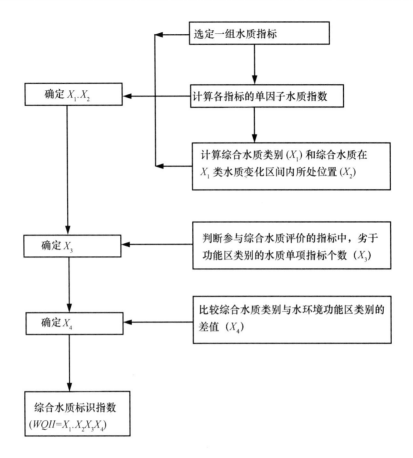

图 9-13 综合水质标识指数的计算流程

（三）综合水质污染程度判定

综合水质标识指数中的综合水质指数部分，即 $X_1.X_2$，既反映了综合水质类别，又反映了同一水质类别中综合水质的连续性和综合水质污染程度。$X_1.X_2$ 数值越大，综合水质越差。

（四）综合水质达标判定

根据综合水质标识指数中的 X_4，评价综合水质是否达到水环境功能区目标。当综合水质标识指数中 X_4 为 0 时，综合水质达到了水环境功能区目标；当综合水质标识指数中的 X_4 不为 0（大于 0）时，综合水质达不到水环境功能区目标，X_4 表示综合水质类别与水体功能区类别的差值。

（五）综合水质变化程度分析

通过对不同评价时段或不同空间断面 $X_1.X_2$ 的比较，评价综合水质变化程度。其评价公式为

$$V = \frac{|(X_1.X_2)_1 - (X_1.X_2)_2|}{(X_1.X_2)_1} \qquad (9-15)$$

式中　　　V——综合水质变化率；

　　$(X_1.X_2)_1$——比较分析时间间隔内起始时刻或空间间隔内起始断面的综合水质指数；

　　$(X_1.X_2)_2$——比较分析时间间隔内终止时刻或空间间隔内末端断面的综合水质指数。

（六）综合水质标识指数的解释

分两种情况对综合水质标识指数进行解释：

1）综合水质为Ⅰ～Ⅴ类水，例如 $WQII = 4.821$，综合水质标识指数符号意义的解释如图 9-14 所示。

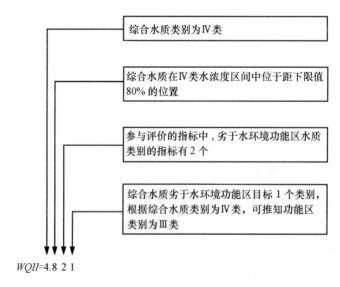

图 9-14　在 $WQII = 4.821$ 时综合水质标识指数符号意义解释

2）综合水质劣于Ⅴ类水，例如 $WQII = 8.733$，综合水质标识指数符号意义的解释如图 9-15 所示。

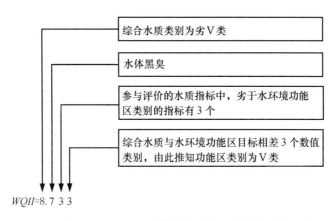

图 9－15　在 $WQII$＝8.733 时综合水质标识指数符号意义解释

第四节　水质标识指数法在综合水质评价中的应用

一、基于水质标识指数法的综合水质评价

在单因子水质标识指数法基础上，采用综合水质标识指数法对评价断面的综合水质进行评价，如表 9－20 和表 9－21 所示。可以看出，综合水质标识指数可以完整表达河流总体的综合水质信息，既能定性评价、也能定量评价；既不会因个别水质指标较差就否定综合水质，又能对河流综合水质做出合理的评价；既可以用于一条河流不同断面水质的客观比较，又可以用于不同河流水质的评价比较；既可以在同一类别中比较水质的优劣，也可以对劣 V 类水比较污染的严重程度。

表 9－20　基于综合水质标识指数的中东部典型城市中心城区景观河流
综合水质评价结果（2010 年）

景观河流	监测断面	水质指标浓度（mg/L）					综合水质标识指数	综合水质类别
		DO	COD_{Mn}	BOD_5	NH_3-N	TP		
东部某市中心城区	A	1.25	6.92	8.66	6.24	0.50	6.431	劣 V
	B	1.13	7.02	8.12	7.22	0.56	6.531	劣 V
	C	1.12	9.15	15.12	7.90	0.77	7.041	劣 V
	D	6.71	5.86	5.75	3.97	0.32	4.710	IV
中部某市中心城区	A	3.88	8.59	5.39	11.89	0.99	6.521	劣 V
	B	5.06	8.26	4.82	8.53	0.56	5.720	V
	C	3.69	7.23	5.23	10.00	1.01	6.221	劣 V
	D	4.92	8.24	5.30	9.16	0.69	5.920	V

表9-21 基于综合水质标识指数的某城市多功能区河流
综合水质评价结果

年　份	监测断面	水质指标浓度（mg/L）					综合水质标识指数	综合水质类别
		DO	COD_{Mn}	BOD_5	NH_3-N	TP		
2007	A	6.08	5.41	3.64	1.60	0.187	3.441	Ⅲ
	B	5.25	5.77	2.58	1.69	0.320	3.720	Ⅲ
	C	3.07	5.11	2.50	1.97	0.310	4.620	Ⅳ
	D	4.25	4.55	2.20	1.67	0.287	3.800	Ⅲ
2010	A	6.55	4.81	2.81	1.00	0.153	3.941	Ⅲ
	B	5.78	5.24	2.51	1.39	0.293	4.020	Ⅲ
	C	4.19	5.33	2.71	1.78	0.313	4.320	Ⅳ
	D	5.22	4.95	2.42	1.48	0.304	3.900	Ⅲ

二、城市河流水环境综合整治效果评价

依据上海市苏州河 6 个监测断面 1994～2005 年 5 项主要水质指标（DO、COD_{Mn}、BOD_5、NH_3-N、TP）的监测数据，计算得到各断面的综合水质标识指数，如表9-22所示。进一步，对综合水质变化趋势和水环境综合整治效果，以及同一进行评价，如表9-23和图9-16所示。对同一年份不同断面的综合水质污染程度进行排序，如表9-24和图9-17所示。

可以看出：如果分析一堆水质监测数据，很难直观判断各断面水质的年际变化情况，也很难比较不同断面水质的优劣。而利用综合水质标识指数法，则可以容易地做到这一点。

表9-22 上海市苏州河 1994～2005 年间综合水质标识指数

监测断面	年　份											
	1994	1995	1996	1997	1998	1999	2000	2001	2002	2003	2004	2005
白鹤	4.510	5.211	5.121	4.910	5.020	5.121	5.010	4.810	5.231	5.421	5.821	5.621
黄渡	4.710	5.510	5.210	5.010	5.210	5.010	4.810	4.810	5.210	5.420	5.820	5.620
华槽	5.910	6.621	7.232	6.221	6.221	5.820	5.520	5.210	5.720	5.620	5.920	5.720
北新泾	8.753	8.353	7.842	8.253	7.732	6.841	6.431	5.410	5.720	5.920	6.331	5.920
武宁路桥	9.254	8.453	7.942	7.332	8.143	6.941	6.421	5.410	5.920	6.131	6.431	6.131
浙江路桥	8.052	7.453	7.742	6.941	7.142	6.731	6.741	5.520	5.820	6.131	6.231	6.030

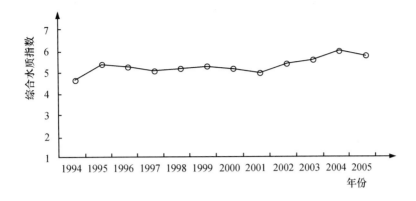

（a）白鹤

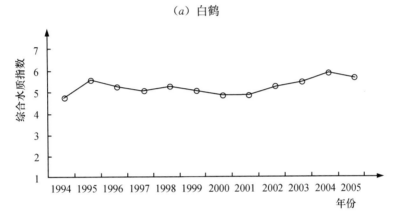

（b）黄渡

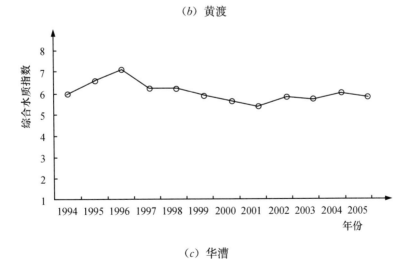

（c）华漕

图 9—16　1994～2005 年上海市苏州河综合水质变化趋势（一）

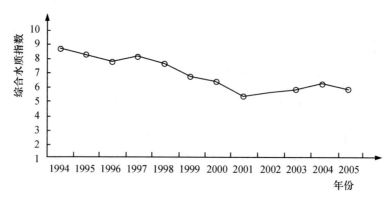

（d）北新泾桥

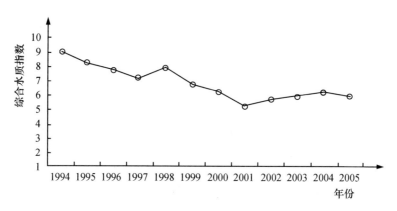

（e）武宁路桥

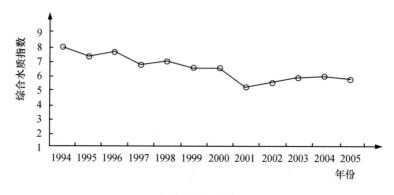

（f）浙江路桥

图 9—16　1994～2005 年上海市苏州河综合水质变化趋势（二）

表 9－23　　　　　上海市苏州河 1994～2005 年综合水质变化评价

断　面	综　合　水　质　变　化	水环境功能区达标评价
白鹤	总体上为Ⅴ类水质（个别年份为Ⅳ类水）	1994 年、1997 年、1998 年、2000 年、2001 年达标
黄渡	总体上为Ⅴ类水质（个别年份为Ⅳ类水）	所有年份均达标
华漕	1995～1998 年为劣Ⅴ类水质，其余年份为Ⅴ类水质	除 1995～1998 年外的其余年份达标
北新泾桥	1994～1998 年，黑臭；1999～2000 年，黑臭消失，劣Ⅴ类水；2001～2005 年，总体上维持Ⅴ类水，但水质不稳定	2001～2003 年以及 2005 年达标
武宁路桥	1994～1998 年，黑臭；1999～2000 年，黑臭消失，劣Ⅴ类水；2001～2005 年，总体上维持Ⅴ类水，但水质不稳定	2001 年、2002 年达标
浙江路桥	1994～1998 年，黑臭；1999～2000 年，黑臭消失，劣Ⅴ类水；2001～2005 年，总体上维持Ⅴ类水，但水质不稳定	2001 年、2002 年、2005 年达标

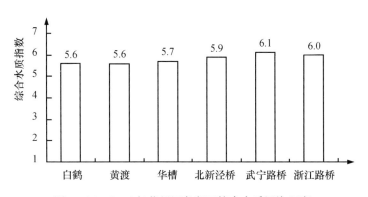

图 9－17　2005 年苏州河各断面综合水质污染程度

表 9－24　　　　2005 年苏州河各监测断面综合水质污染程度排序

断面（按污染程度由小到大排序）	综合水质标识指数	综合水质级别	综合水质达标情况
白鹤	5.621	Ⅴ类	不达标
黄渡	5.620	Ⅴ类	达标
华槽	5.720	Ⅴ类	达标
北新泾桥	5.920	Ⅴ类	达标
浙江路桥	6.030	Ⅴ类	达标
武宁路桥	6.131	劣Ⅴ类	不达标

三、城市水环境综合整治效果的整体评价

我国某东部城市位于平原河网地区，是我国经济最发达、人口最稠密的城市之一，境内河港密布、沟渠纵横、水网交织。长期以来，由于污染物排放总量超出河道水环境容量，河道黑臭现象严重。自20世纪90年代以来，该城市大力推进污水截污工程建设，滚动实施环保3年行动计划，目前中心城区污水收集率达到90%以上，河道水质稳中趋好。

采用综合水质标识指数评价方法，对2003～2005年间的城市河道考核断面水质改善效果进行评估，阐述如下。

（一）中心城区河道综合水质变化分析

1. 总体水质变化趋势分析

中心城区河道共有150多个考核断面，其中：

1）2003年下半年154个监测断面有数据，综合水质指数在1.6～12.5之间，106个监测断面综合水质指数＜7.0，占总监测断面的68.8%。

2）2005年上半年152个监测断面有数据，综合水质指数在1.8～12.4之间，110个监测断面综合水质指数＜7.0，占总监测断面的72.4%。

3）2005年上半年较2003年下半年综合水质指数下降的断面共84个，其中下降幅度大于1.0的断面有34个，其中下降幅度在0.5～1.0之间的断面有21个。

4）2003年下半年以来消除黑臭的断面共17个（即水质改善至综合水质指数≤7.0）。

2. 中心城区典型河道综合水质变化分析

共选取中心城区的11条典型河道，分析综合水质变化，如图9—18至图9—19所示。

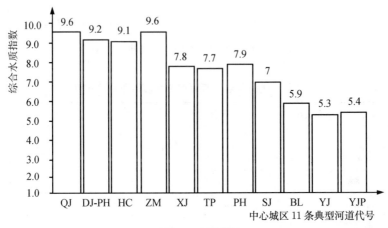

（a）2003年下半年

图9—18　中心城区典型河道综合水质指数（一）

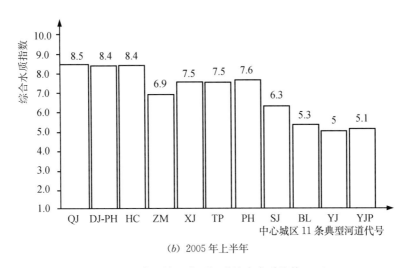

(b) 2005 年上半年

图 9—18　中心城区典型河道综合水质指数（二）

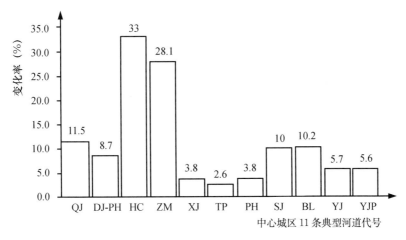

图 9—19　中心城区典型河道综合水质变化（改善为正、转劣为负）

由图可以看出，2005 年上半年与 2003 年下半年比较，中心城区典型河道水质均呈现不同程度的改善，其中两条河流显著改善。

3. 中心城区各行政区综合水质变化分析

共对比分析 9 个中心城区行政区域。2003 年下半年和 2005 年上半年各行政区域河道整体的综合水质指数如图 9—20 所示；2005 年上半年较 2003 年下半年的整体综合水质变化情况如图 9—21 所示。

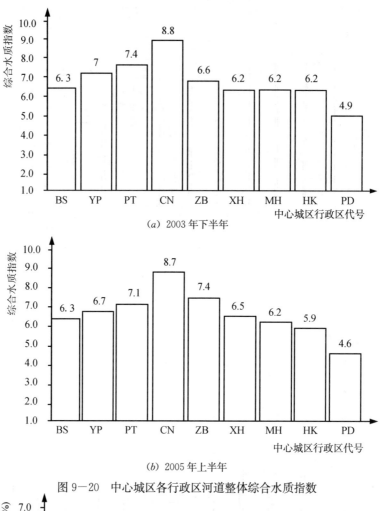

(a) 2003 年下半年

(b) 2005 年上半年

图 9—20 中心城区各行政区河道整体综合水质指数

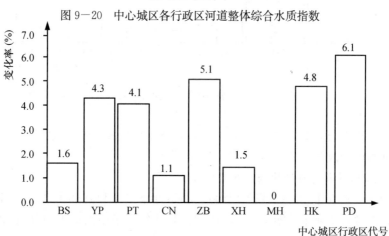

图 9—21 中心城区各行政区河道整体综合水质变化（改善为正、转劣为负）

由图 9—21 可见，2005 年上半年与 2003 年下半年比较，中心城区各行政区水质均有不同程度的改善。

(二) 郊区城区河道综合水质变化分析

1. 总体水质变化趋势分析

郊区河道共有 80 多个考核断面，其中：

1) 2003 年下半年 87 个监测断面有数据，综合水质指数在 1.8～9.9 之间，80 个监测断面综合水质指数＜7.0，占总监测断面的 92.0%。

2) 2005 年上半年 88 个监测断面有数据，综合水质指数在 2.0～9.4 之间，83 个监测断面综合水质指数＜7.0，占总监测断面的 94.3%。

3) 2005 年上半年较 2003 年下半年综合水质指数下降的断面共 34 个，其中下降幅度大于 1.0 的断面有 3 个，其中下降幅度在 0.5～1.0 之间的断面有 12 个。

4) 2003 年下半年以来消除黑臭的断面共 3 个（即水质改善至综合水质指数≤7.0）。

2. 郊区典型河道综合水质变化分析

共选取郊区的 13 条典型河道分析综合水质变化，综合水质指数如图 9—22 和图 9—23 所示。

由图 9—23 可以看出，2005 年上半年与 2003 年下半年比较，郊区典型河道水质呈现出有升有降的趋势。

3. 郊区各行政区综合水质变化分析

共计对比 7 个郊区行政区域。2003 年下半年和 2005 年上半年各行政区域河道整体的综合水质指数如图 9—24 所示；2005 年上半年较 2003 年下半年的整体综合水质变化情况如图 9—25 所示。

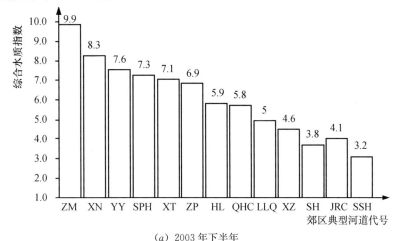

(a) 2003 年下半年

图 9—22　郊区典型河道综合水质指数 (一)

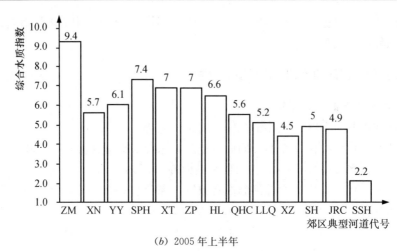

(b) 2005 年上半年

图 9－22　郊区典型河道综合水质指数（二）

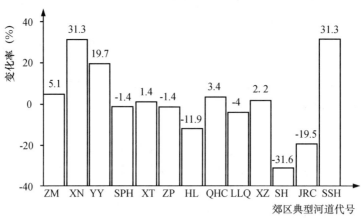

图 9－23　郊区典型河道综合水质变化（改善为正、转劣为负）

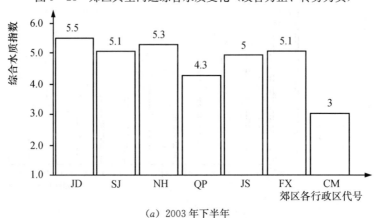

(a) 2003 年下半年

图 9－24　郊区各行政区河道整体综合水质指数（一）

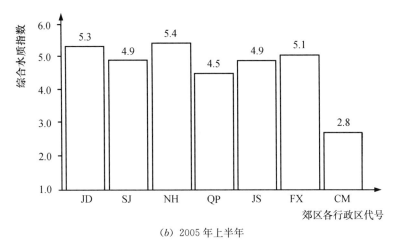

(b) 2005 年上半年

图 9－24　郊区各行政区河道整体综合水质指数（二）

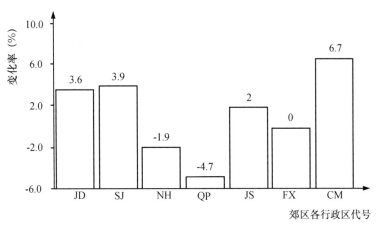

图 9－25　郊区各行政区河道整体综合水质变化（改善为正、转劣为负）

（三）中心城区和郊区河道综合水质变化的整体分析

1）2003 年下半年 241 个监测断面有数据，综合水质指数在 1.6～12.5 之间，其中 186 个监测断面综合水质指数＜7.0，占总监测断面的 77.2%。

2）2005 年上半年 240 个监测断面有数据，综合水质指数在 1.8～12.4 之间，其中 193 个监测断面综合水质指数＜7.0，占总监测断面的 80.4%。

3）2005 年上半年较 2003 年下半年综合水质指数下降的断面共 118 个，其中下降幅度大于 1.0 的断面有 37 个，下降幅度在 0.5～1.0 之间的断面有 33 个。

4）2003 年下半年以来消除黑臭的断面共 20 个（即水质改善至综合水质指数≤7.0）。

四、我国典型流域河流综合水质评价

（一）太湖流域河流综合水质评价

在对江苏省太湖流域河流的水质评价中，借鉴本研究提出的水质标识指数评价方法，并综合考虑单因子评价，提出了水质指数评价方法，其表达式为

$$WQI = X_1. X_2(X_3) \tag{9-16}$$

式中 X_1——水质类别；

     X_2——水质在该类别变化区间所处位置；

     X_3——首要污染因子。

水质指数的计算公式为

$$WQI = \max(X_1. X_{2pH}, X_1. X_{2DO}, X_1. X_{2COD_{Mn}}, X_1. X_{2NH_3-N}, \cdots) \tag{9-17}$$

其中 $X_1. X_{2pH}$，$X_1. X_{2DO}$，$X_1. X_{2COD_{Mn}}$，$X_1. X_{2NH_3-N}$——pH、DO、COD_{Mn}、NH_3-N 以及其他参与评价指标的单因子水质指数，max 指所有参加评价指标的单因子水质指数的最大值。

以太湖流域 2007 年 15 条主要入湖河流监测数据为例，采用综合水质表示指数法评价这些河流的综合水质，并基于式（9-16）、式（9-17）筛选最差水质指标，如表 9-25 所示。可以看出，这些结果一目了然地表示了各条河流综合水质类别和首要污染因子，水质类别和国家规定的地表水类别评价一致，并可比较同类水质类别的污染程度。从首要污染因子中可以看出，15 条河流中，12 条河流首要污染因子为 NH_3-N，3 条为 TP，反映了氨氮是影响太湖流域入湖河流水质的主要因子。

表 9-25   2007 年太湖流域入湖河流水质评价结果

河流代号	单因子水质评价	综合水质标识指数	水质指数评价方法
1	劣 V	4.833	6.6 (NH_3-N)
2	劣 V	4.933	6.2 (TP)
3	劣 V	5.011	7.5 (NH_3-N)
4	劣 V	5.622	7.4 (NH_3-N)
5	IV	3.621	4.1 (TP)
6	III	2.800	3.2 (TP)
7	IV	3.921	4.7 (NH_3-N)
8	V	4.611	5.7 (NH_3-N)
9	V	4.122	5.2 (NH_3-N)
10	劣 V	4.812	6.1 (NH_3-N)
11	IV	4.111	4.9 (NH_3-N)

河流代号	单因子水质评价	综合水质标识指数	水质指数评价方法
12	劣V	5.122	6.4 (NH₃-N)
13	劣V	4.843	6.1 (NH₃-N)
14	劣V	4.712	6.0 (NH₃-N)
15	劣V	3.912	6.1 (NH₃-N)

（二）辽河流域河流综合水质评价

我国学者在对辽河流域水质评价中，采用综合水质标识指数法评价 2001～2010 年的 10 年间辽河流域的浑河子流域水质变化趋势，为流域水环境综合整治提供了依据。

辽河流域浑河子流域划分为 3 个控制单元：浑河上游单元、浑河中游单元、浑河下游单元。

大伙房水库以上为浑河上游单元，上游支流主要接纳抚顺清原县、新宾县生活污水和工业废水；大伙房水库以下至抚顺出市为浑河中游单元，中游支流主要接纳抚顺市区的废水；沈阳入市断面至与太子河汇合前的河段为浑河下游单元，主要接纳沈阳市区的废水。

2001～2010 年浑河典型断面年度综合水质评价结果如表 9－26 和图 9－26 所示。对同一年份不同断面的综合水质污染程度进行排序，如表 9－27 和图 9－27 所示。

表 9－26　　　　2001～2010 年浑河典型断面年度综合水质标识指数

控制单元	断　面	年　　　份									
		2001	2002	2003	2004	2005	2006	2007	2008	2009	2010
浑河上游	阿及堡	1.700	3.800	2.100	2.100	2.900	2.000	1.800	1.500	1.600	1.700
浑河中游	戈布桥	4.920	6.722	4.410	4.110	5.331	3.910	3.300	3.400	3.100	3.400
	七间房	4.610	7.723	4.620	5.231	5.641	4.520	4.410	4.000	4.010	3.610
中游平均		4.770	7.223	4.520	4.670	5.491	4.220	3.860	3.700	3.560	3.510
浑河下游	东陵大桥	3.700	8.724	3.200	4.320	5.031	4.920	4.210	3.910	3.410	3.810
	砂山	5.942	7.644	5.052	6.043	5.652	5.952	4.931	5.752	4.821	4.451
	七台子	10.165	6.251	8.133	8.143	6.421	6.721	6.011	5.510	5.510	5.120
	于家房	7.642	7.242	7.642	7.332	6.321	6.011	5.710	5.210	5.110	5.020
下游平均		6.861	7.462	6.011	6.461	5.860	5.900	5.220	5.100	4.710	4.600
整体平均		5.520	6.871	5.020	5.330	5.330	4.860	4.340	4.180	3.940	3.800

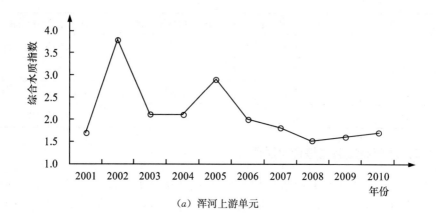

（a）浑河上游单元

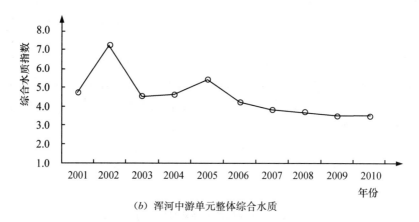

（b）浑河中游单元整体综合水质

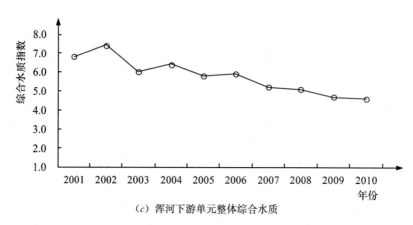

（c）浑河下游单元整体综合水质

图 9－26　2001～2010 年浑河综合水质变化

表 9－27　　　　　　**2010 年浑河各监测断面综合水质污染程度排序**

控制单元	断面名称	水体功能类别	综合水质指数	达标与否
浑河上游	阿及堡	Ⅱ	1.7	达标
浑河中游	戈布桥	Ⅳ	3.4	达标
	七间房	Ⅳ	3.6	达标
浑河下游	东陵大桥	Ⅳ	3.8	达标
	砂山	Ⅲ	4.4	超标
	于家房	Ⅴ	5.0	达标
	七台子	Ⅴ	5.1	达标

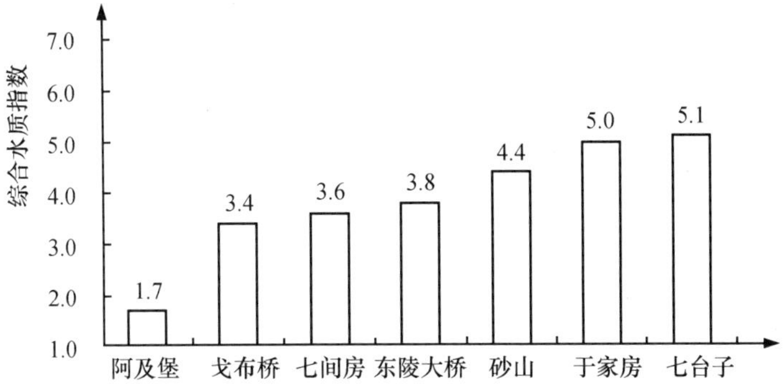

图 9－27　2010 年浑河各断面综合水质污染程度比较

第五节　水质标识指数评价法计算程序开发

为了便于在实际工作中应用水质标识指数评价方法，作者专门组织设计开发了"河流水质标识指数评价方法计算程序"。借助该程序，可以准确、迅速地求得大量监测数据的水质标识指数和综合水质标识指数，并能对不同评价项目的水质污染程度进行排序，利用查询、编辑等功能管理水质监测数据及水质标识指数结果，从而大大提高了评价工作的效率及评价结果的准确度。

一、技术要点

（一）概要

软件运用面向对象的编程语言 Visual Basic 6.0 为开发工具，将 OLE 对象数据与全新的水质标识指数评价方法有机地结合起来，通过读取水质监测数据表格，基于水质标识指数法准确、迅速地求得大量监测数据的单因子水质指数和综合水质标识指数，大大提高了评价工作的效率及评价结果的准确度。

（二）计算流程图

河流水质标识指数评价方法计算程序的流程，如图 9－28 所示。

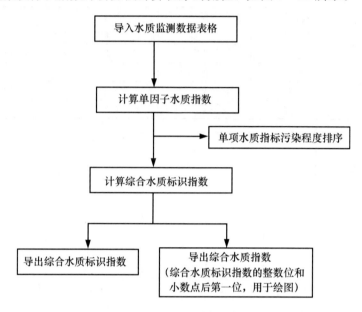

图 9－28　水质标识指数计算流程图

（三）使用功能

本应用软件主要由以下功能组成：导入水质监测数据、计算水质标识指数（包括单因子水质指数和综合水质标识指数）、评价指标污染程度排序、数据浏览与编辑、水质标识指数和水质指数计算结果导出。

（1）导入水质监测数据。将外部水质监测数据库导入软件中，完成计算水质标识指数的前期准备工作。

（2）计算水质标识指数。软件的核心功能模块，借助该功能，自动、迅速、准确求得大量监测数据的单因子水质指数，并在此基础上求得反映河流综合水质的综合水质标识指数，从而节省大量人力、物力。

（3）评价指标污染程度排序。基于水质标识指数，对不同评价指标的污染程度进行排序，识别优先控制的水质指标。

（4）数据浏览与编辑。对用户关心的某一具体水质监测数据系列进行管理，实现了水质监测数据库和水质评价结果数据库的管理功能。

水质标识指数和水质指数计算结果导出：导出水质标识指数，用于对河流水质进行文字性描述；导出水质标识指数的整数位和小数点后第一位（$X_1. X_2$），或称之水质指数，用于河流水质的时间和空间系列分布表征。

二、应用案例

（一）水质监测数据导入

为了规范水质监测数据的填写，保证计算软件的通用性，我们设计了水质监测数据样表，用户需要严格按照水质监测数据样表规定的数据系列才能顺利填写数据，如图 9－29 所示。

每一组监测数据包含 26 条信息，即：河流名称、河流监测断面、监测断面水环境功能区目标、监测时段、《地表水环境质量标准》（GB3838—2002）中 22 项基本水质指标的监测数据。

对每一组监测数据，河流名称、河流监测断面、监测断面水环境功能区目标、监测年份等 4 条信息必须填写；对其余 22 条水质监测数据信息，某项水质指标如果没有予以监测，其监测数据以空白表示。

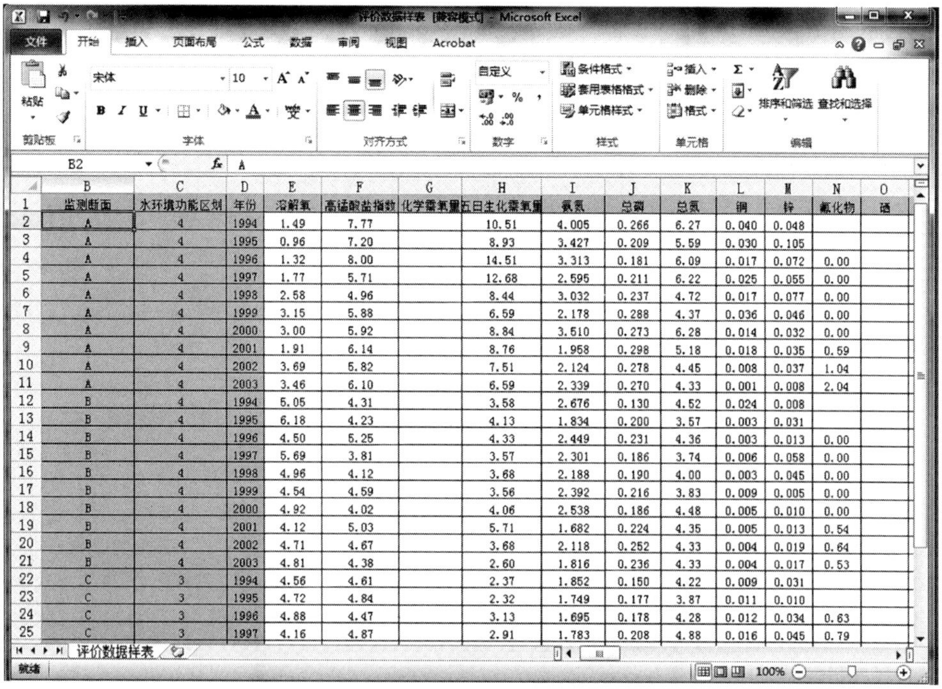

	B	C	D	E	F	G	H	I	J	K	L	M	N	O
1	监测断面	水环境功能区划	年份	溶解氧	高锰酸盐指数	化学需氧量	五日生化需氧量	氨氮	总磷	总氮	铜	锌	氟化物	硒
2	A	4	1994	1.49	7.77		10.51	4.005	0.266	6.27	0.040	0.048		
3	A	4	1995	0.96	7.20		8.93	3.427	0.209	5.59	0.030	0.105		
4	A	4	1996	1.32	8.00		14.51	3.313	0.181	6.09	0.017	0.072	0.00	
5	A	4	1997	1.77	5.71		12.68	2.595	0.211	6.22	0.025	0.055	0.00	
6	A	4	1998	2.58	4.96		8.44	3.032	0.237	4.72	0.017	0.077	0.00	
7	A	4	1999	3.15	5.88		6.59	2.178	0.288	4.37	0.036	0.046	0.00	
8	A	4	2000	3.00	5.92		8.84	3.510	0.273	6.28	0.014	0.032	0.00	
9	A	4	2001	1.91	6.14		8.76	1.958	0.298	5.18	0.018	0.035	0.59	
10	A	4	2002	3.69	5.82		7.51	2.124	0.278	4.45	0.008	0.037	1.04	
11	A	4	2003	3.46	6.10		6.59	2.339	0.270	4.33	0.001	0.008	2.04	
12	B	4	1994	5.05	4.31		3.58	2.676	0.130	4.52	0.024	0.008		
13	B	4	1995	6.18	4.23		4.13	1.834	0.200	3.57	0.003	0.031		
14	B	4	1996	4.50	5.25		4.33	2.449	0.231	4.36	0.003	0.013	0.00	
15	B	4	1997	5.69	3.81		3.57	2.301	0.186	3.74	0.006	0.058	0.00	
16	B	4	1998	4.96	4.12		3.68	2.188	0.190	4.00	0.003	0.045	0.00	
17	B	4	1999	4.54	4.59		3.56	2.392	0.216	3.83	0.009	0.005	0.00	
18	B	4	2000	4.92	4.02		4.06	2.538	0.186	4.48	0.005	0.010	0.00	
19	B	4	2001	4.12	5.03		5.71	1.682	0.224	4.35	0.005	0.013	0.54	
20	B	4	2002	4.71	4.67		3.68	2.118	0.252	4.33	0.004	0.019	0.64	
21	B	4	2003	4.81	4.38		2.60	1.816	0.236	4.33	0.004	0.017	0.53	
22	C	3	1994	4.56	4.61		2.37	1.852	0.150	4.22	0.009	0.031		
23	C	3	1995	4.72	4.84		2.32	1.749	0.177	3.87	0.011	0.010		
24	C	3	1996	4.88	4.47		3.13	1.695	0.178	4.28	0.012	0.034	0.63	
25	C	3	1997	4.16	4.87		2.91	1.783	0.208	4.88	0.016	0.045	0.79	

图 9－29　水质监测数据样表

在按规范要求填写好计算表格后，将 EXCEL 表格中的水质监测数据导入水质标识指数计算软件的数据表格中，如图 9－30 所示。

河流水质监测数据

河流	监测断面	水境功能区	年份	溶解氧	高锰酸盐指数	化学需氧量	五日生化需氧量	氨氮	总磷	总氮	铜	锌	氟化物	硒
XX河	A	4	1994	1.4900	7.7700		10.5100	4.0050	0.2660	6.2700	0.0400	0.0480		
XX河	A	4	1995	0.9600	7.2000		8.9300	3.4270	0.2090	5.5900	0.0300	0.1050		
XX河	A	4	1996	1.3200	8.0000		14.5100	3.3130	0.1810	6.0900	0.0170	0.0720	0.0000	
XX河	A	4	1997	1.7700	5.7100		12.6800	2.5950	0.2110	6.2200	0.0250	0.0550	0.0000	
XX河	A	4	1998	2.5800	4.9600		8.4400	3.0320	0.2370	4.7200	0.0170	0.0770	0.0000	
XX河	A	4	1999	3.1500	5.8800		6.5900	2.1780	0.2880	4.3700	0.0360	0.0460	0.0000	
XX河	A	4	2000	3.0000	5.9200		8.8400	3.5100	0.2730	6.2800	0.0140	0.0320	0.0000	
XX河	A	4	2001	1.9100	6.1400		8.7600	1.9580	0.2980	5.1800	0.0180	0.0350	0.5900	
XX河	A	4	2002	3.6900	5.8200		7.5100	2.1240	0.2780	4.4500	0.0080	0.0370	1.0400	
XX河	A	4	2003	3.4600	6.1000		6.5900	2.3390	0.2700	4.3300	0.0010	0.0080	2.0400	
XX河	B	4	1994	5.0500	4.3100		3.5800	2.6760	0.1300	4.5200	0.0240	0.0080		
XX河	B	4	1995	6.1800	4.2300		4.1300	1.8340	0.2000	3.5700	0.0030	0.0310		
XX河	B	4	1996	4.5000	5.2500		4.3300	2.4490	0.2310	4.3600	0.0030	0.0130	0.0000	
XX河	B	4	1997	5.6900	3.8100		3.5700	2.3010	0.1860	3.7400	0.0060	0.0580	0.0000	
XX河	B	4	1998	9.9600	4.1200		3.6800	2.1860	0.1900	4.0000	0.0030	0.0450	0.0000	
XX河	B	4	1999	5.4400	4.5900		3.5600	2.3920	0.2160	3.8300	0.0090	0.0050	0.0000	
XX河	B	4	2000	4.9200	4.0200		4.0600	2.5380	0.1860	4.4800	0.0050	0.0100	0.0000	
XX河	B	4	2001	4.1200	5.0300		5.1100	1.6820	0.2240	4.3500	0.0050	0.0130	0.5400	
XX河	B	4	2002	4.7100	4.6700		3.6800	2.1180	0.2520	4.3300	0.0040	0.0190	0.6400	
XX河	B	4	2003	4.8100	4.3800		2.6000	1.8160	0.2360	4.3300	0.0040	0.0170	0.5300	
XX河	C	3	1994	4.5600	6.1000		2.3700	1.5000	0.1500	4.2200	0.0090	0.0310		
XX河	C	3	1995	4.7200	4.8400		2.3200	1.7490	0.1770	3.8700	0.0110	0.0100		
XX河	C	3	1996	4.8800	4.4700		3.1300	1.6950	0.1780	4.2800	0.0120	0.0340	0.6300	
XX河	C	3	1997	4.1800	4.8700		2.9100	1.7830	0.2080	4.8800	0.0180	0.0450	0.7900	
XX河	C	3	1998	4.6900	3.9800		2.6900	1.4850	0.3330	3.5200	0.0400	0.0400	0.6800	
XX河	C	3	1999	5.3400	3.5600		2.5900	1.3520	0.2190	3.7700	0.0080	0.0440	0.5400	
XX河	C	3	2000	4.5600	4.6000		3.3400	2.2790	0.1920	5.0400	0.0080	0.0150	0.6900	
XX河	C	3	2001	4.5000	4.4400		2.0500	1.2110	0.2110	3.5800	0.0070	0.0190	0.5200	
XX河	C	3	2002	5.3000	4.6000		3.6200	1.3020	0.2300	3.6000	0.0090	0.0140	0.5200	
XX河	C	3	2003	5.6900	4.5200		2.4800	1.0520	0.2770	3.5800	0.0140	0.0300	0.6800	

图 9-30 水质监测数据导入功能

（二）数据浏览与编辑

借助软件中的数据浏览功能，用户可以查看任一组水质监测数据的信息，还可以根据需要进行修改，如图 9-31 所示。

图 9-31 水质监测数据浏览功能

（三）水质指数计算

计算各单个评价指标的单因子水质指数，并在此基础上求得反映河流综合水质状况的综合水质标识指数，如图 9—32 所示。

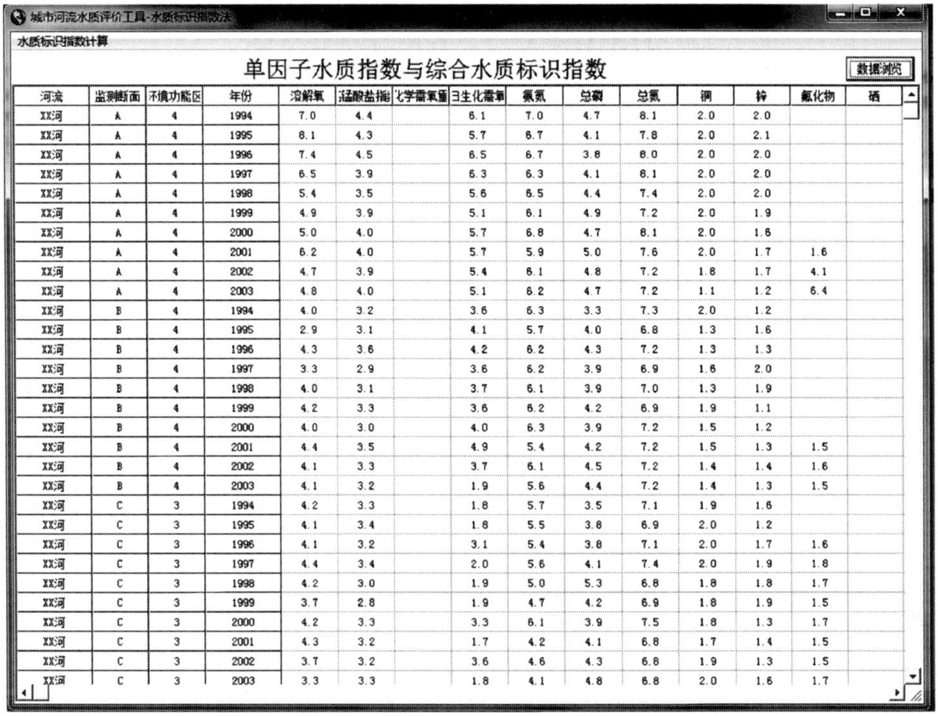

河流	监测断面	环境功能区	年份	溶解氧	高锰酸盐指	化学需氧量	生化需氧量	氨氮	总磷	总氮	铜	锌	氟化物	硒
XX河	A	4	1994	7.0	4.4		6.1	7.0	4.7	8.1	2.0	2.0		
XX河	A	4	1995	8.1	4.3		5.7	8.7	4.1	7.8	2.0	2.1		
XX河	A	4	1996	7.4	4.5		6.5	6.7	3.8	8.0	2.0	2.0		
XX河	A	4	1997	6.5	3.9		6.3	6.3	4.1	8.1	2.0	2.0		
XX河	A	4	1998	5.4	3.5		5.6	6.5	4.4	7.4	2.0	2.0		
XX河	A	4	1999	4.9	3.9		5.1	6.1	4.9	7.2	2.0	1.9		
XX河	A	4	2000	5.0	4.0		5.7	6.8	4.7	8.1	2.0	1.6		
XX河	A	4	2001	6.2	4.0		5.7	5.9	5.0	7.6	2.0	1.7	1.6	
XX河	A	4	2002	4.7	3.9		5.4	6.1	4.8	7.2	1.8	1.7	4.1	
XX河	A	4	2003	4.8	4.0		5.1	6.2	4.7	7.2	1.1	1.2	6.4	
XX河	B	4	1994	4.0	3.2		3.6	6.3	3.3	7.3	2.0	1.2		
XX河	B	4	1995	2.9	3.1		4.1	5.7	4.0	6.8	1.3	1.6		
XX河	B	4	1996	4.3	3.6		4.2	6.2	4.3	7.2	1.3	1.3		
XX河	B	4	1997	3.3	2.9		3.6	6.2	3.9	6.9	1.6	2.0		
XX河	B	4	1998	4.0	3.1		3.7	6.1	3.9	7.0	1.3	1.9		
XX河	B	4	1999	4.2	3.3		3.6	6.2	4.2	6.9	1.9	1.1		
XX河	B	4	2000	4.0	3.0		4.0	6.3	3.9	7.2	1.5	1.2		
XX河	B	4	2001	4.4	3.5		4.9	5.4	4.2	7.2	1.5	1.3	1.5	
XX河	B	4	2002	4.1	3.3		3.7	6.1	4.5	7.2	1.4	1.4	1.6	
XX河	B	4	2003	4.1	3.2		1.9	5.6	4.4	7.2	1.4	1.3	1.5	
XX河	C	3	1994	4.2	3.3		1.8	5.7	3.5	7.1	1.9	1.6		
XX河	C	3	1995	4.1	3.4		1.8	5.5	3.8	6.9	2.0	1.2		
XX河	C	3	1996	4.1	3.2		3.1	5.4	3.8	7.1	2.0	1.7	1.6	
XX河	C	3	1997	4.4	3.4		2.0	5.6	4.1	7.4	2.0	1.9	1.8	
XX河	C	3	1998	4.2	3.0		1.9	5.0	5.3	6.8	1.8	1.8	1.7	
XX河	C	3	1999	3.7	2.8		1.9	4.7	4.2	6.9	1.8	1.9	1.5	
XX河	C	3	2000	4.2	3.3		3.3	6.1	3.9	7.5	1.8	1.3	1.7	
XX河	C	3	2001	4.3	3.2		1.7	4.2	4.1	6.8	1.7	1.4	1.5	
XX河	C	3	2002	3.7	3.2		3.6	4.6	4.3	6.8	1.9	1.3	1.5	
XX河	C	3	2003	3.3	3.3		1.8	4.1	4.8	6.8	2.0	1.6	1.7	

图 9—32　水质标识指数计算功能

（四）评价水质指标污染程度比较

对河流不同评价指标的污染程度进行比较，识别主要污染控制指标，如图 9—33 所示。

（五）综合水质标识指数/综合水质指数导出

导出单因子水质指数和综合水质标识指数，如图 9—34 所示，用于综合水质类别评价、综合水质达标评价、综合水质定性评价等（详见第 11 章）。

如前所述，综合水质标识指数的整数位和小数点后第一位表示综合水质的污染程度，具有定量的意义；而小数点后第二位和第三位表示标识码，不具有连续的定量意义。在综合水质随时间和空间变化的评价中，仅需要导出综合水质标识指数的整数位和小数点后第一位（$X_1.X_2$）即可，称之为综合水质指数。为此，专门设计了综合水质指数的导出功能，如图9—35所示，将导出结果用于综合水质时间和空间系列分布表征、综合水质随时间和空间变化的评价等。

水质指标污染程度排序

退出	导出数据

河流	监测断面	环境功能区	年份	污染排序									
XX河	A	4	1994	总氮	溶解氧	氨氮	3生化需氧	石油类	挥发酚	总磷	汞	硫酸盐指	六价铬
				8.1	7.0	7.0	6.1	6.0	5.0	4.7	4.7	4.4	2.7
XX河	A	4	1995	溶解氧	总氮	氨氮	3生化需氧	石油类	挥发酚	硫酸盐指	汞	总磷	铅
				8.1	7.8	6.7	5.7	5.4	4.8	4.3	4.2	4.1	3.1
XX河	A	4	1996	总氮	溶解氧	氨氮	3生化需氧	石油类	挥发酚	硫酸盐指	汞	总磷	六价铬
				8.0	7.4	6.7	6.5	5.5	5.0	4.5	4.2	4.2	2.1
XX河	A	4	1997	总氮	溶解氧	氨氮	3生化需氧	石油类	离子洗涤	总磷	硫酸盐指	汞	挥发酚
				8.1	6.5	6.3	6.3	4.8	4.7	4.1	3.9	3.8	3.3
XX河	A	4	1998	总氮	离子洗涤	氨氮	3生化需氧	溶解氧	挥发酚	石油类	总磷	硫酸盐指	锌
				7.4	6.6	6.5	5.6	5.0	4.8	4.6	4.4	3.5	2.0
XX河	A	4	1999	总氮	氨氮	3生化需氧	石油类	溶解氧	总磷	挥发酚	离子洗涤	硫酸盐指	铜
				7.2	6.1	5.1	4.9	4.9	4.6	4.6	4.1	3.9	2.0
XX河	A	4	2000	总氮	氨氮	3生化需氧	溶解氧	总磷	挥发酚	石油类	硫酸盐指	铜	汞
				8.1	6.8	5.7	5.0	4.6	4.6	4.0	2.0	2.0	2.0
XX河	A	4	2001	总氮	溶解氧	氨氮	3生化需氧	挥发酚	总磷	石油类	硫酸盐指	铜	汞
				7.6	6.2	5.9	5.7	5.0	5.0	4.0	2.0	2.0	2.0
XX河	A	4	2002	总氮	氨氮	3生化需氧	挥发酚	总磷	溶解氧	石油类	氟化物	硫酸盐指	汞
				7.5	6.1	5.4	5.0	4.8	4.7	4.1	3.9	2.0	2.0
XX河	A	4	2003	总氮	氟化物	氨氮	3生化需氧	溶解氧	总磷	硫酸盐指	挥发酚	汞	离子洗涤
				7.2	6.4	6.2	5.1	4.8	4.7	3.7	2.0	1.7	
XX河	B	4	1994	总氮	氨氮	石油类	溶解氧	3生化需氧	汞	挥发酚	总磷	硫酸盐指	铜
				7.3	6.3	5.4	4.0	3.6	3.4	3.3	3.3	2.0	2.0

图9—33　单项水质指标污染程度比较

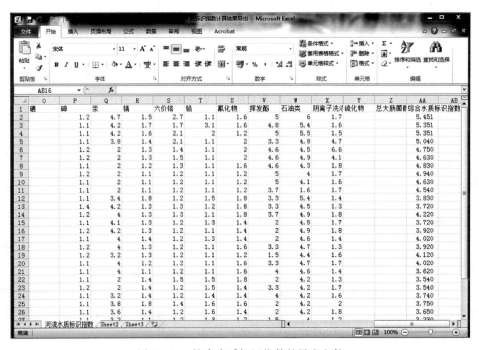

图9—34　综合水质标识指数的导出文件

— 194 —

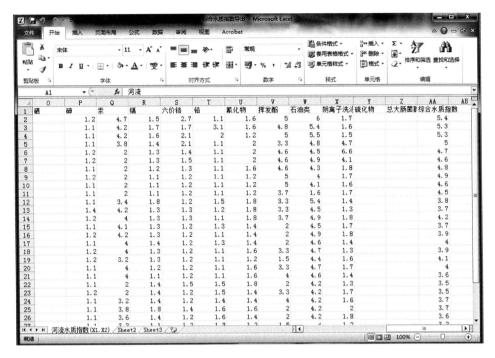

图 9－35　综合水质指数的导出文件

三、应用软件

为了便于广大读者利用水质标识指数法开展综合水质评价，以及推广应用水质标识指数法的需要，本书提供了水质标识指数评价方法软件光盘。

第六节　本　章　总　结

本章介绍了作者开发的一种全新河流综合水质评价方法——水质标识指数法，总结如下：

1）在总结典型综合水质评价方法特点和不足的基础上，围绕着科学合理、简单易用的定性、定量评价综合水质、实现水体黑臭判别的目标，并借鉴美国功能可达性评价方法的理念，提出了一种全新的综合水质评价方法——水质标识指数法。综合水质标识指数由整数位和三位或四位小数位组成，表示形式为 $WQII = X_1.X_2X_3X_4$，以一组数据科学合理地涵盖了综合水质类别、综合水质定量污染程度、水体黑臭与否、水环境功能区达标情况等关键性信息。

2）综合水质标识指数的计算包括两个关键步骤：①针对《地表水环境质量标准》（GB3838—2002）中的基本项目，形成评价单项指标水质类别及同一水质类别不同污染程度的单因子水质指数，表示形式为 $P_i = X_1 . X_2$；②选定一组水质指标，以一组指标的单因子水质指数形成综合水质指数，并添加标识码，最终形成综合水质标识指数。

3）综合水质标识指数的特点是既能定性评价、也能定量评价；既不会因个别水质指标较差就否定综合水质，又能对河流综合水质做出合理的评价；既可以用于一条河流不同断面水质的客观比较，又可以用于不同河流水质的评价分析；既可以在同一类别中比较水质的优劣，也可以对劣Ⅴ类的水比较污染的严重程度。这些问题都是现行评价方法存在的种种不足之处。与之相比，综合水质标识指数对河流综合水质的评价结果更合理、更科学、更客观。通过在上海河流水质评价中的实际应用，还确定了河流水体黑臭的判别准则，这是一直困扰我国城市河流水质评价的难题。

4）为了便于在水质评价的实际工作中应用水质标识指数评价方法，作者专门开发了"河流水质标识指数评价方法应用软件"。其特点是：①便于操作，用户只需填写监测数据表格，大量的计算工作由软件自动完成；②快速、准确求取水质标识指数，借助该软件，可以准确、迅速地求得大量监测数据的单因子水质指数和综合水质标识指数，并能对不同评价指标的水质污染程度进行排序，利用查询、编辑等功能管理水质监测数据及水质标识指数结果，从而节省了大量人力、物力，大大提高了评价工作的效率及评价结果的准确度。

参 考 文 献

[1] 刘硕，朱建平，蒋火华．对几种环境质量综合指数评价方法的探讨［J］．中国环境监测，2003，15（5）：33—37.

[2] 郭劲松，王红，龙腾锐．水资源水质评价方法分析与进展［J］．重庆环境科学，1999，21（6）：1—3.

[3] 郭劲松，龙腾锐，霍国友，等．四种水质综合评价方法的比较［J］．重庆建筑大学学报，2000，22（4）：6—12.

[4] 朱静平．几种水环境质量综合评价方法的探讨［J］．西南科技大学学报，2002，17（4）：62—67.

[5] 兰文辉，安海燕．环境水质评价方法的分析探讨［J］．干旱环境监测，2002，16（3）：167—169.

[6] 蒋火华，朱建平，梁德华，等．综合污染指数与水质类别判定的关系［J］．中国环境监测，1999，15（6）：46—48.

[7] 劳期团．城市总体环境质量的模糊综合评价［J］．中国环境科学，1990，10（2）：93—98.

[8] 徐祖信．我国河流单因子水质标识指数评价方法研究［J］．同济大学学报，2005，33（3）：321—325.

[9] 徐祖信. 我国河流综合水质标识指数评价方法研究 [J]. 同济大学学报，2005，33（4）：482－488.

[10] 胡成，苏丹. 综合水质标识指数法在浑河水质评价中的应用 [J]. 生态环境学报，2011，20（1）：186－192.

[11] 冉延平，何万生，夏鸿鸣，等. 渭河水质的综合标识指数法评价研究 [J]. 徐州工程学院学报（自然科学版），2011，26（2）：49－53.

[12] 徐卫军，张涛. 几种河流水质评价方法的比较分析 [J]. 环境科学与管理，2009，34（6）：174－176.

[13] 许剑辉，解新路，张菲菲. 结合熵权的综合水质标识指数法在水质评价中的应用 [J]. 广东水利水电，2011，（3）：35－37.

[14] 李国锋，刘宪斌，刘占广，等. 基于主成分分析和水质标识指数的天津地区主要河流水质评价 [J]. 生态与农村环境学报，2011，27（4）：27－31.

[15] 张璇，王启山，于淼，等. 基于聚类分析和水质标识指数的水质评价方法 [J]. 环境工程学报，2010，4（2）：476－480.

[16] 张涛，张宁红，司蔚. 河流水质评价方法研究——以太湖流域为例 [J]. 三峡环境与生态，2010，3（3）：5－7.

[17] 徐明德，卢建军，李春生. 汾河太原城区段支流水质评价 [J]. 中国给水排水，2010，26（2）：105－108.

[18] 孙伟光，邢佳，马云，等. 单因子水质标识指数评价方法在某流域水质评价中的应用 [J]. 环境科学与管理，2010，35（11）：181－184，194.

[19] 唐立新，王文微. 单因子水质标识指数法在布尔哈通河水质评价中的应用 [J]. 吉林水利，2010，（12）：38－40.

[20] 安乐生，赵全升，刘贯群，等. 代表性水质评价方法的比较研究. 中国环境监测，2010，26（5）：47－51.

[21] 刘成，胡湛波，郝晓明，等. 城市河道黑臭评价模型研究进展 [J]. 华东师范大学学报（自然科学版），2011，（1）：43－54.

[22] 徐明德，彭静，师莉红. 汾河太原城区段水体黑臭评价 [J]. 科技情报开发与经济，2008，18（31）：128－129.

[23] 李鹏章，黄勇，李大鹏，等. 水体黑臭及表观污染表征方法的研究进展 [J]. 四川环境，2011，30（3）：90－93.

[24] 程江，吴阿娜，车越，等. 平原河网地区水体黑臭预测评价关键指标研究 [J]. 中国给水排水，2006，22（9）：18－22.

[25] 高强. 珠三角感潮河网水体黑臭评价方法初探 [J]. 生态与环境工程，2011（16）：200－202.

[26] 阮仁良，黄长缨. 苏州河水质黑臭评价方法和标准的探讨 [J]. 上海水务，2002，18（3）：32－36.

[27] 郝晓明，胡湛波，刘成，等. 南宁市竹排冲河道水体黑臭评价模型建立研究 [J]. 华东师范大学学报（自然科学版），2011，（1）：163－171.

第十章 城市河流综合水质评价方法的比较分析

第一节 研 究 背 景

本书第二章至第九章详细介绍了用于城市河流综合水质评价的各种典型综合水质评价方法原理、计算方法与流程、应用实例。这些典型的评价方法包括：单因子评价法、污染指数评价法、模糊数学评价法、灰色系统评价法、层次分析评价法、物元分析评价法、人工神经网络评价法、水质标识指数评价法。在理解了每一种评价方法的特点和应用方法的基础上，读者会关心这样一个问题：

1）哪些评价方法的评价结论是合理的？

2）相比而言，哪些方法是更加科学合理的、具有全面推广应用前景的综合水质评价方法？

以上问题也是多年来我国广大水环境工作者一直关心的问题。要回答这一问题，需要开展各种典型综合水质评价方法的比较分析研究。

要进行各种典型综合水质评价方法的比较分析，就必须针对相同的样本进行综合水质评价。本书前面部分已经针对相同的评价样本，介绍各种综合水质评价方法的应用，为本章研究奠定了良好的基础。

第二节 典型综合水质评价方法概述

一、单因子评价法

基于单因子的综合水质评价方法，也即一票否决制综合水质评价方法，其基本思想是：在所有参与综合水质评价的水质指标中，选择水质最差的单项指标所属类别来确定所属水域综合水质类别；或者说，在所有参与评价的水质指标中，若有某一单项水质指标超标，则所属水域的使用功能便丧失。

二、污染指数法

污染指数法的基本思想是：

1）针对单项水质指标，将其实测值与对应的水环境功能区类别水质标准相比，形成单项污染指数。

2）对所有参与综合水质评价的单项水质指标，将各指标的单项污染指数通过算术平均、加权平均、连乘及指数等各种数学方法得到一个综合指数，用以评价综合水质。

三、模糊数学评价法

模糊数学评价法中，最为典型的是模糊综合评判法，其基本思想是：

1）构造水质指标对各水质类别的隶属函数。

2）根据隶属度函数，计算水质指标实测值对各水质类别的隶属度，构造模糊关系矩阵。

3）计算各水质指标的权重，构造权重向量。

4）将权重向量和模糊关系矩阵相乘，得到综合水质对各水质类别的隶属度，最终判断出评价样本的综合水质类别。

除了模糊综合评判法外，其他的模糊数学评价方法还包括模糊模式识别法等。模糊模式识别法是指将环境质量标准作为已知模式，评价样本作为未知待识别模式，分别求出各水质指标对应水质类别标准值的隶属函数值、各水质指标监测值的隶属函数值，然后运用模糊贴近度、模糊度等概念和隶属度最大原则评判环境质量评价样本应属的类别。常用的模糊模式识别法包括贴近度综合评价法和 Hamming/Euclid 贴近度评价法。

四、灰色系统评价法

应用于综合水质评价的灰色系统理论方法，包括灰色聚类法、灰色关联分析法、灰色统计法、灰色局势决策法等。

灰色聚类法的基本思想是：

1）将评价样本标准化。

2）将水环境质量类别对应的浓度值标准化，形成对应的水环境质量灰类；基于水质灰度，构造白化函数。

3）根据白化函数，计算出各评价指标对于各灰类的白化系数。

4）依据各评价指标的权重，求得综合水质对于各灰类的聚类系数，最终判断出评价样本的综合水质类别。

灰色关联分析法的关键点是：将标准化处理后的评价样本与标准化后的地表水环境质量类别值进行比较，计算各评价指标对各水质类别的关联系数，并计算综合水质对各水质类别的关联度。

灰色统计法的评价对象是多个评价样本，其关键点是：在评价样本标准化和构建白化系数的基础上，求各评价指标对于各水质类别的灰色统计数、灰色权和最大权。

灰色局势决策法的关键点是：构造评价样本与水质类别的二元组合局势，并构造白化函数，求得各评价指标对各灰类的白化系数；进一步构造各评价指标（目标）的决策矩阵，汇总求得所有评价指标的综合决策矩阵，最终选择最佳矩阵，判断综合水质。

五、层次分析评价法

基于层次分析法的综合水质评价基本思想是：

1）建立递阶层次结构模型。

2）构造判断矩阵，求最大特征根和特征向量。

3）进行判断矩阵的一致性检验。

4）进行层次单排序。

5）进行层次总排序，给出综合水质评价结果。

六、物元分析评价法

基于物元分析理论的综合水质评价基本思想是：

1）建立物元模型，包括各水质类别的经典域物元矩阵、各评价指标最大值的节域物元矩阵、评价样本的待评物元矩阵。

2）计算各水质指标对各水质类别的关联度。

3）确定各水质指标对各水质类别的权重，计算综合水质对各水质类别的关联度。

4）选择最大关联度对应的水质类别作为综合水质类别。

七、人工神经网络评价法

在水质评价领域，最典型的方法是基于 BP 网络的水质评价，其基本思想是：

1）选定样本，通过不断的正向和反向反馈，对 BP 神经网络进行训练，直至得出满意的、与样本预期输出相符合的计算结果。

2）基于训练好的 BP 网络，对评价样本进行综合水质评价。

八、水质标识指数评价法

水质标识指数评价法的基本思想是：

1）对参与综合水质评价的单项水质指标，根据《地表水环境质量标准（GB3838—2002）》的水域功能类别浓度标准，计算反映单项水质指标类别和水质污染程度的单因子水质指数。

2）将各单因子水质指数通过算术平均或加权平均的方式，得到反映综合水质类别和综合水质污染程度的综合水质指数；通过判断水体功能达标情况，得到综合水质标识码，最终形成综合水质标识指数。

综合水质标识指数能够以一组数据反映综合水质类别、水质污染程度、水环境功能区达标情况等关键性管理信息，特别是能够对水体黑臭直接作出评价。

第三节 城市河流综合水质评价方法的比较分析

一、评价样本

本书第二章至第九章针对相同的评价样本，介绍了各种综合水质评价方法的应用。这些评价样本包括：

1）针对我国中东部典型城市中心城区景观河流（对应 V 类水环境功能区）2010 年度的水质监测数据年均值，开展综合水质评价。主要的水质监测指标包括 DO、COD_{Mn}、BOD_5、$NH_3\text{-}N$、TP 等 5 项。

2）针对涵盖不同水环境功能区的某城市主要河流，开展综合水质评价。水质评价样本如表 3−8 所示，主要的水质监测指标包括 DO、COD_{Mn}、BOD_5、$NH_3\text{-}N$、TP 等 5 项。

综合水质评价样本如表 10−1 和表 10−2 所示。

表 10−1　　　中东部典型城市中心城区景观河流综合水质评价数据样本

（2010 年）

景观河流	监测断面	水环境功能区目标	水质指标浓度（mg/L）				
			DO	COD_{Mn}	BOD_5	$NH_3\text{-}N$	TP
东部某市中心城区	A	V	1.25	6.92	8.66	6.24	0.50
	B	V	1.13	7.02	8.12	7.22	0.56
	C	V	1.12	9.15	15.12	7.90	0.77
	D	V	6.71	5.86	5.75	3.97	0.32
中部某市中心城区	A	V	3.88	8.59	5.39	11.89	0.99
	B	V	5.06	8.26	4.82	8.53	0.56
	C	V	3.69	7.23	5.23	10.00	1.01
	D	V	4.92	8.24	5.30	9.16	0.69

表 10−2　　　某城市多功能区河流综合水质评价数据样本

年份	监测断面	水环境功能区目标	水质指标浓度（mg/L）				
			DO	COD_{Mn}	BOD_5	$NH_3\text{-}N$	TP
2007	A	II	6.08	5.41	3.64	1.60	0.187
	B	III	5.25	5.77	2.58	1.69	0.320
	C	IV	3.07	5.11	2.50	1.97	0.310
	D	IV	4.25	4.55	2.20	1.67	0.287
2010	A	II	6.55	4.81	2.81	1.00	0.153
	B	III	5.78	5.24	2.51	1.39	0.293
	C	IV	4.19	5.33	2.71	1.78	0.313
	D	IV	5.22	4.95	2.42	1.48	0.304

二、基于各种综合水质评价方法的评价结果比较

针对上述评价样本，将本书第二章至第九章中各种评价方法的评价结果归纳总结，见表10－3至表10－6所示。

表10－3　　　　**基于各种综合水质评价方法的评价结果比较**

——东部典型城市中心城区景观河流（2010 年）

综合水质评价方法		监 测 断 面	
		A	B
单因子评价法		劣 V（NH_3-N）	劣 V（NH_3-N）
污染指数法	等权重污染指数	1.36	1.48
		不达标	不达标
	加权叠加污染指数	1.98	2.31
		不达标	不达标
	内梅罗指数	2.49	2.87
		不达标	不达标
模糊数学评价法	模糊综合评判法	(0，0，0.048，0.052，0.890)	(0，0，0.043，0.059，0.898)
		V	V
	贴近度综合评价法	(0.107，0.190，0.312，0.434，0.525)	(0.096，0.172，0.283，0.396，0.471)
		V	V
	Hamming 贴近度评价法	(0.546，0.599，0.665，0.725，0.755)	(0.499，0.552，0.618，0.679，0.701)
		V	V
	Euclid 贴近度评价法	(0.407，0.454，0.514，0.574，0.616)	(0.322，0.368，0.428，0.487，0.530)
		V	V
灰色系统评价法	灰色聚类法	(0，0，0.136，0.115，0.677)	(0，0，0.131，0.146，0.646)
		V	V
	灰色关联分析法	(0.649，0.657，0.662，0.676，0.680)	(0.635，0.642，0.645，0.656，0.655)
		V	IV
	灰色局势决策法	(0，0，0.154，0.113，0.733)	(0，0，0.149，0.145，0.706)
		V	V
层次分析评价法		(0.124，0.140，0.185，0.215，0.336)	(0.135，0.150，0.191，0.225，0.299)
		V	V
物元分析评价法		(−0.831，−0.901，−1.094，−1.029，−0.499)	(−0.815，−0.911，−1.200，−1.135，−0.553)
		劣 V	劣 V
BP 神经网络评价法		6.07	6.19
		劣 V	劣 V
水质标识指数评价法		6.431	6.531
		劣 V	劣 V

续表

综合水质评价方法		监 测 断 面	
		C	D
单因子评价法		劣V(NH₃-N)	劣V(NH₃-N)
污染指数法	等权重污染指数	1.83	0.82
		不达标	达标
	加权叠加污染指数	2.55	1.26
		不达标	不达标
	内梅罗指数	3.18	1.58
		不达标	不达标
模糊数学评价法	模糊综合评判法	(0,0.0.013,0.049,0.938)	(0.041,0.053,0.109,0.277,0.520)
		V	V
	贴近度综合评价法	(0.077,0.138,0.226,0.340,0.434)	(0.282,0.385,0.522,0.584,0.521)
		V	Ⅳ
	Hamming 贴近度评价法	(0.366,0.419,0.485,0.569,0.620)	(0.744,0.785,0.832,0.844,0.786)
		V	Ⅳ
	Euclid 贴近度评价法	(0.208,0.255,0.318,0.386,0.451)	(0.637,0.679,0.733,0.769,0.763)
		V	V
灰色系统评价法	灰色聚类法	(0,0,0.037,0.175,0.755)	(0.281,0.211,0.185,0.360,0.333)
		V	Ⅳ
	灰色关联分析法	(0.665,0.674,0.678,0.691,0.688)	(0.590,0.608,0.631,0.683,0.634)
		Ⅳ	Ⅳ
	灰色局势决策法	(0,0,0.043,0.158,0.800)	(0.095,0.119,0.211,0.335,0.240)
		V	Ⅳ
层次分析评价法		(0.144,0.155,0.176,0.240,0.285)	(0.120,0.136,0.221,0.343,0.180)
		V	Ⅳ
物元分析评价法		(−1.300,−1.424,−1.648,−1.667,−1.217)	(−0.394,−0.262,−0.417,−0.366,−0.457)
		劣V	Ⅱ
BP 神经网络评价法		6.54	4.88
		劣V	Ⅳ
水质标识指数评价法		7.041	4.710
		劣V	Ⅳ

— 203 —

表 10-4 　　　　　基于各种综合水质评价方法的评价结果比较
——中部典型城市中心城区景观河流(2010 年)

综合水质评价方法		监　测　断　面	
		A	B
单因子评价法		劣 V(NH₃-N)	劣 V(NH₃-N)
污染指数法	等权重污染指数	2.05	1.46
		不达标	不达标
	加权叠加污染指数	4.15	2.89
		不达标	不达标
	内梅罗指数	4.68	3.35
		不达标	不达标
模糊数学评价法	模糊综合评判法	(0,0,0.063,0.109,0.828)	(0,0.004,0.136,0.072,0.788)
		V	V
	贴近度综合评价法	(0.095,0.147,0.222,0.292,0.308)	(0.148,0.221,0.325,0.384,0.397)
		V	V
	Hamming 贴近度评价法	(0.269,0.322,0.388,0.441,0.414)	(0.500,0.553,0.618,0.640,0.613)
		Ⅳ	Ⅳ
	Euclid 贴近度评价法	(-0.110,-0.066,-0.008,0.048,0.096)	(0.229,0.271,0.327,0.377,0.413)
		V	V
灰色系统评价法	灰色聚类法	(0,0,0.215,0.335,0.471)	(0,0.023,0.393,0.204,0.471)
		V	V
	灰色关联分析法	(0.660,0.672,0.680,0.701,0.706)	(0.638,0.650,0.659,0.699,0.668)
		V	Ⅳ
	灰色局势决策法	(0,0,0.220,0.381,0.400)	(0,0.012,0.393,0.195,0.400)
		V	V
层次分析评价法		(0.162,0.175,0.205,0.248,0.209)	(0.146,0.160,0.263,0.215,0.217)
		Ⅳ	Ⅲ
物元分析评价法		(-0.606,-0.801,-1.526,-0.951, -1.148)	(-0.473,-0.569,-0.985,-0.554, -0.840)
		劣 V	劣 V
BP 神经网络评价法		7.01	5.85
		劣 V	V
水质标识指数评价法		6.521	5.720
		劣 V	V

综合水质评价方法		监 测 断 面	
		C	D
单因子评价法		劣Ⅴ(NH₃-N)	劣Ⅴ(NH₃-N)
污染指数法	等权重污染指数	1.86	1.60
		不达标	不达标
	加权叠加污染指数	3.49	3.12
		不达标	不达标
	内梅罗指数	3.97	3.60
		不达标	不达标
模糊数学评价法	模糊综合评判法	(0,0,0.084,0.098,0.818)	(0,0,0.115,0.086,0.799)
		Ⅴ	Ⅴ
	贴近度综合评价法	(0.103,0.161,0.244,0.309,0.325)	(0.134,0.200,0.296,0.360,0.374)
		Ⅴ	Ⅴ
	Hamming贴近度评价法	(0.346,0.398,0.464,0.504,0.477)	(0.445,0.498,0.564,0.595,0.568)
		Ⅳ	Ⅳ
	Euclid贴近度评价法	(0.035,0.081,0.141,0.198,0.245)	(0.159,0.202,0.259,0.312,0.353)
		Ⅴ	Ⅴ
灰色系统评价法	灰色聚类法	(0,0,0.266,0.254,0.471)	(0,0,0.358,0.252,0.471)
		Ⅴ	Ⅴ
	灰色关联分析法	(0.680,0.793,0.701,0.723,0.728)	(0.655,0.669,0.678,0.713,0.690)
		Ⅴ	Ⅳ
	灰色局势决策法	(0,0,0.285,0.316,0.400)	(0,0,0.350,0.250,0.400)
		Ⅴ	Ⅴ
层次分析评价法		(0.120,0.136,0.221,0.343,0.180)	(0.149,0.164,0.252,0.227,0.208)
		Ⅳ	Ⅲ
物元分析评价法		(−0.557,−0.707,−1.269,−0.758,−1.023)	(−0.511,−0.626,−1.101,−0.641,−0.887)
		劣Ⅴ	劣Ⅴ
BP神经网络评价法		6.96	5.61
		劣Ⅴ	Ⅴ
水质标识指数评价法		6.221	5.920
		劣Ⅴ	Ⅴ

表 10－5 **基于各种综合水质评价方法的评价结果比较**

——某城市多功能区河流（2007 年）

综合水质评价方法		监 测 断 面	
		A	B
单因子评价法		V (NH$_3$-N)	V (NH$_3$-N)
污染指数法	等权重污染指数	1.72	1.17
		不达标	不达标
	加权叠加污染指数	2.09	1.31
		不达标	不达标
	内梅罗指数	2.63	1.48
		不达标	不达标
模糊数学评价法	模糊综合评判法	(0.009,0.282,0.377,0.266,0.066)	(0.092,0.058,0.253,0.422,0.174)
		Ⅲ	Ⅳ
	贴近度综合评价法	(0.434,0.648,0.811,0.651,0.473)	(0.346,0.536,0.726,0.709,0.548)
		Ⅲ	Ⅲ
	Hamming 贴近度评价法	(0.876,0.927,0.959,0.905,0.807)	(0.839,0.891,0.935,0.920,0.838)
		Ⅲ	Ⅲ
	Euclid 贴近度评价法	(0.846,0.895,0.943,0.897,0.797)	(0.802,0.856,0.916,0.909,0.814)
		Ⅲ	Ⅲ
灰色系统评价法	灰色聚类法	(0.031,0.487,0.417,0.192,0.047)	(0.215,0.113,0.330,0.343,0.137)
		Ⅱ	Ⅳ
	灰色关联分析法	(0.638,0.745,0.845,0.683,0.507)	(0.609,0.711,0.794,0.728,0.572)
		Ⅲ	Ⅲ
	灰色局势决策法	(0.011,0.346,0.443,0.160,0.040)	(0.200,0.073,0.327,0.284,0.116)
		Ⅲ	Ⅲ
层次分析评价法		(0.083,0.212,0.350,0.277,0.079)	(0.092,0.132,0.307,0.331,0.139)
		Ⅲ	Ⅳ
物元分析评价法		(−0.274,−0.154,0.139,−0.139,−0.406)	(−0.176,−0.096,−0.014,−0.141,−0.433)
		Ⅲ	Ⅲ
BP 神经网络评价法		3.22	3.02
		Ⅲ	Ⅲ
水质标识指数评价法		3.441	3.720
		Ⅲ	Ⅲ

续表

综合水质评价方法		监　测　断　面	
		C	D
单因子评价法		V（NH_3-N）	V（NH_3-N）
污染指数法	等权重污染指数	0.85	0.74
		达标	不达标
	加权叠加污染指数	0.99	0.85
		达标	不达标
	内梅罗指数	1.13	0.97
		不达标	不达标
模糊数学评价法	模糊综合评判法	(0.078,0.050,0.071,0.482,0.318)	(0.082,0.086,0.202,0.524,0.107)
		Ⅳ	Ⅳ
	贴近度综合评价法	(0.262,0.444,0.621,0.719,0.591)	(0.317,0.517,0.686,0.698,0.513)
		Ⅳ	Ⅳ
	Hamming 贴近度评价法	(0.814,0.867,0.908,0.926,0.861)	(0.841,0.894,0.929,0.922,0.829)
		Ⅳ	Ⅲ
	Euclid 贴近度评价法	(0.777,0.832,0.893,0.906,0.819)	(0.810,0.864,0.921,0.903,0.802)
		Ⅳ	Ⅲ
灰色系统评价法	灰色聚类法	(0.215,0.071,0.106,0.334,0.244)	(0.215,0.116,0.221,0.409,0.080)
		Ⅳ	Ⅳ
	灰色关联分析法	(0.564,0.645,0.693,0.778,0.649)	(0.584,0.692,0.748,0.736,0.546)
		Ⅳ	Ⅲ
	灰色局势决策法	(0.200,0.089,0.118,0.385,0.208)	(0.200,0.145,0.206,0.381,0.068)
		Ⅳ	Ⅳ
层次分析评价法		(0.067,0.099,0.097,0.424,0.314)	(0.096,0.177,0.192,0.401,0.134)
		Ⅳ	Ⅳ
物元分析评价法		(−0.260,−0.195,−0.100,−0.204, −0.453)	(−0.154,−0.057,−0.075,−0.148, −0.515)
		Ⅲ	Ⅱ
BP 神经网络评价法		4.76	4.61
		Ⅳ	Ⅳ
水质标识指数评价法		4.620	3.800
		Ⅳ	Ⅲ

表 10－6 　　　　　　基于各种综合水质评价方法的评价结果比较
——某城市多功能区河流(2010 年)

综合水质评价方法		监　测　断　面	
		A	B
单因子评价法		Ⅲ(NH₃-N)	Ⅳ(TP)
污染指数法	等权重污染指数	1.30	1.03
		不达标	不达标
	加权叠加污染指数	1.44	1.14
		不达标	不达标
	内梅罗指数	1.71	1.29
		不达标	不达标
模糊数学评价法	模糊综合评判法	(0.221,0.329,0.450,0,0)	(0.101,0.189,0.212,0.499,0)
		Ⅲ	Ⅳ
	贴近度综合评价法	(0.539,0.768,0.807,0.520,0.361)	(0.393,0.604,0.752,0.693,0.485)
		Ⅲ	Ⅲ
	Hamming 贴近度评价法	(0.916,0.960,0.962,0.869,0.764)	(0.862,0.915,0.944,0.918,0.813)
		Ⅲ	Ⅲ
	Euclid 贴近度评价法	(0.898,0.949,0.956,0.868,0.761)	(0.831,0.884,0.939,0.901,0.798)
		Ⅲ	Ⅲ
灰色系统评价法	灰色聚类法	(0.433,0.404,0.396,0,0)	(0.215,0.356,0.222,0.412,0)
		Ⅰ	Ⅳ
	灰色关联分析法	(0.681,0.803,0.827,0.550,0.407)	(0.640,0.760,0.794,0.736,0.517)
		Ⅲ	Ⅲ
	灰色局势决策法	(0.272,0.342,0.386,0,0)	(0.200,0.232,0.226,0.342,0)
		Ⅲ	Ⅳ
层次分析评价法		(0.152,0.282,0.481,0.053,0.032)	(0.100,0.228,0.188,0.424,0.060)
		Ⅲ	Ⅳ
物元分析评价法		(−0.156,0.045,0.135,−0.250,−0.520)	(−0.139,−0.035,0.125,−0.175,−0.494)
		Ⅲ	Ⅲ
BP 神经网络评价法		4.26	4.40
		Ⅳ	Ⅳ
水质标识指数评价法		3.941	4.020
		Ⅲ	Ⅲ

综合水质评价方法		监 测 断 面	
		C	D
单因子评价法		V(NH₃-N)	Ⅳ(NH₃-N、TP)
污染指数法	等权重污染指数	0.80	0.71
		达标	达标
	加权叠加污染指数	0.90	0.80
		达标	达标
	内梅罗指数	1.03	0.89
		不达标	达标
模糊数学评价法	模糊综合评判法	(0.093,0.043,0.204.0.453,0.208)	(0.094,0.111,0.217,0.566,0.012)
		Ⅳ	Ⅳ
	贴近度综合评价法	(0.313,0.502,0.691,0.722,0.564)	(0.362,0.567,0.739,0.713,0.501)
		Ⅳ	Ⅲ
	Hamming 贴近度评价法	(0.831,0.884,0.927,0.926,0.847)	(0.853,0.906,0.941,0.925,0.821)
		Ⅲ	Ⅲ
	Euclid 贴近度评价法	(0.795,0.850,0.911,0.913,0.819)	(0.821,0.875,0.931,0.904,0.802)
		Ⅳ	Ⅲ
灰色系统评价法	灰色聚类法	(0.215,0.054,0.255,0.359,0.162)	(0.215,0.168,0.273,0.463,0.009)
		Ⅳ	Ⅳ
	灰色关联分析法	(0.572,0.670,0.747,0.727,0.569)	(0.576,0.698,0.770,0.713,0.490)
		Ⅲ	Ⅲ
	灰色局势决策法	(0.200,0.067,0.252,0.343,0.138)	(0.200,0.149,0.259,0.384,0.008)
		Ⅳ	Ⅳ
层次分析评价法		(0.105,0.148,0.210,0.351,0.186)	(0.080,0.143,0.204,0.536,0.037)
		Ⅳ	Ⅳ
物元分析评价法		(−0.240,−0.165,−0.031,−0.067,−0.438)	(−0.145,−0.046,0.149,−0.189,−0.503)
		Ⅲ	Ⅲ
BP 神经网络评价法		3.92	3.17
		Ⅲ	Ⅲ
水质标识指数评价法		4.320	3.900
		Ⅳ	Ⅲ

三、综合水质评价方法的比较

如本书第九章所述，我们认为科学合理的综合水质评价方法应该具有以下特征：

1）以一组主要水质指标综合评价河流综合水质。

2）综合水质评价结果合理。

3）结合国家标准评价综合水质类别。

4）对劣Ⅴ类水体进行水质评价，并判别河流水体是否黑臭。

5）对水环境功能区进行达标评价。

6）评价方法简单实用。

针对以上原则，对各种综合水质评价方法比较分析如下：

（1）综合水质评价结果合理性分析。在表10－3至表10－6中，8个大类15种评价方法得出的评价结果，总结为表10－7和表10－8。其中，综合污染指数法只评价功能区达标与否，不评价综合水质类别。因此，是不参与统计。但是综合污染指数法的评价结果，作为衡量其他评价方法得出的评价结果是否是合理的依据。

表 10－7　　　　　基于各种评价方法的综合水质评价类别次数

——中东部典型城市中心城区景观河流综合水质评价

景观河流	监测断面	综 合 水 质 类 别					
		Ⅰ类	Ⅱ类	Ⅲ类	Ⅳ类	Ⅴ类	劣Ⅴ类
东部某市中心城区	A					8	4
	B				1（GR）	7	4
	C				1（GR）	7	4
	D		1（ME）		9	1（FC）	1（SF）
中部某市中心城区	A				2（AH，FH）	6	4
	B			1（AH）	2（GR，FH）	7	2（SF，ME）
	C				2（AH，FH）	6	4
	D			1（AH）	2（FH，GR）	7	2（ME，SF）

注　AH代表层次分析法；FC代表模糊综合评价法；FH代表 Hamming 贴近度综合评价法；GR代表灰色关联分析法；ME代表物元分析法；SF代表单因子指数法。

基于各种评价方法的综合水质类别评价次数
——某城市多功能区河流综合水质评价

年　份	监测断面	综　合　水　质　类　别					
		Ⅰ类	Ⅱ类	Ⅲ类	Ⅳ类	Ⅴ类	劣Ⅴ类
2007	A		1（GC）	10		1（SF）	
	B			8	3	1（SF）	
	C			1（ME）	10	1（SF）	
	D		1（ME）	4	6	1（SF）	
2010	A	1（GC）		10	1（AN）		
	B			6	6		
	C			4	7	1（SF）	
	D			7	5		

　　注　AN 代表人工神经网络法；GC 代表灰色聚类法；ME 代表物元分析法；SF 代表单因子指数法。

　　表 10−7 和表 10−8 中给出了基于各种评价方法的综合水质类别评价次数，并给出了与异常评价（出现次数 ≤ 2）对应的评价方法。可能导致异常评价的评价方法包括了单因子评价法、模糊评价法、灰色系统评价法、层次分析法、物元分析法和人工神经网络法。其中，单因子评价法强调污染最严重的单项指标对综合水质的决定性作用，评价结果难以科学合理评判水环境整治的效果和综合水质变化状况，尤其是在综合水质相对较好的情况下。其他的评价方法包括模糊评价法、灰色系统评价法、层次分析法、物元分析法和人工神经网络法等，其评价结果总体上是可信的，但是具有不确定性，导致某些情况下评价结果不合理，与评价指标权重的选取、矩阵层次关系设计、样本学习训练不确定性等因素相关。可见，尽管这些评价方法采用的数学理论较为复杂，但是评价结果仍具有不确定性。相比之下，水质标识指数评价方法的结论则相对最为合理。

　　（2）综合水质类别评价。污染指数法的评价结果是相对于水体功能类别的达标程度，不能够反映综合水质类别，但能够对同一水域功能类别不同样本的污染程度进行判断（对不同水域功能类别的样本，则不能比较污染程度）。对模糊评价法、灰色评价法、层次分析法、物元分析法等 4 种方法，其评价结果是各水质类别的隶属程度矩阵，能够判断综合水质类别，但无法判断不同样本综合水质污染程度的大小。对人工神经网络法和综合水质标识指数法，其核心部分 $X_1 \cdot X_2$ 既能够判断综合水质类别，又能够对相同或不同水域功能类别的样本进行污染程度的比较。

　　（3）水环境功能区达标评价。污染指数法评价结果是相对于水体功能类别的相对值：数值小于（等于）1，表示综合水质达标；数值大于 1，表示综合水质超标。水质标识指数法评价结果的小数点后最后一位为标识码，标识码等于 0，表示综合水质达标；标识码大于0，表示综合水质超标。因而，综合污染指数法和水质标识指数法能够进行水环境功能区达标评价。其他的评价方法结果则不能直接识别水环境功能区达标情况。

（4）劣V类水质评价和水体黑臭判断。如何确定水体黑臭的判断标准一直是困扰我国水环境质量评价的技术难题。对污染指数法，有学者据此对水体黑臭的判断标准作了探讨，因为水体黑臭的判断标准与综合水质类别间不具有关联性，所以无法看出水体黑臭是劣V类水质中的一种特殊形式；对模糊评价法、灰色评价法、层次分析法、物元分析法、人工神经网络法等5种方法，其评价结果是对I～V类水的隶属程度，当水质劣于V类时，表达结果为：对V类水的隶属度为1，即表达为V类水浓度上限值。因此，这些方法不能对劣于V类水的情形作出进一步评价，相应地，不能评价水体黑臭。对水质标识指数法，在对I～V类水作出合理评价的基础上，能够对劣于V类水的情形作出进一步评价：当$X_1.X_2=6.0$时，综合水质为V类的浓度上限值；$X_1.X_2>6.0$时，综合水质劣于V类，数值越大，综合水质越差；通过对典型城市河流水环境综合整治前后的水质变化趋势进行分析后发现，$X_1.X_2>7.0$时，水体黑臭。这既反映了综合水质变化的连续性变化，又能够对水体黑臭进行判断。

（5）评价方法简单易用性。污染指数法虽然比较简单，但其存在诸多不足，如不能判断综合水质类别；模糊数学法、灰色评价法、层次分析法、物元分析法、人工神经网络法的评价结果合理，也能够判断综合水质类别，但评价过程涉及到复杂的矩阵、函数、迭代等运算，对大多数不具有高等数学知识背景的水质评价工作者而言，这些方法难以理解掌握。相比之下，水质标识指数法通过简单的代数运算就可以科学合理地判定综合水质类别、综合水质污染程度和水环境功能区达标等水环境治理所关心的问题，评价方法简单易用，便于推广。

以上所述的各种综合水质评价方法特性比较，概括于表10－9。

表10－9　　　　　　　　各种综合水质评价方法的特征比较

评价方法＼综合水质评价功能	水质评价结果合理性	综合水质类别判断	综合水质污染程度判断	劣V类水质比较和黑臭判断	水环境功能区达标判断	评价方法的简单易用性
单因子评价法	×	√	×	×	×	√
污染指数法	√	×	×	×	√	√
模糊数学法	√	√	×	×	×	×
灰色评价法	√	√	×	×	×	×
层次分析法	√	√	×	×	×	×
物元分析法	√	√	×	×	×	×
人工神经网络法	√	√	×	×	×	×
水质标识指数法	√	√	√	√	√	√

　　注　表中"√"表示满足对应的综合水质评价功能；"×"表示不满足对应的综合水质评价功能。

第四节　本 章 总 结

本文针对同一评价样本，对典型的 8 种综合水质评价方法，包括单因子评价法、污染指数法、模糊评价法、灰色评价法、层次分析法、物元分析法、人工神经网络法、水质标识指数法等进行了比较研究。总结如下：

一、单因子评价法

突出污染最重水质指标的影响，以景观水体为例，即使某一个指标如 NH_3-N 略超过 Ⅴ 类标准，其他水质指标都达标甚至优于功能区目标，水质评价结果也为劣 Ⅴ 类。因此，单因子评价法用于确定主要污染指标比较合适，对于综合水质评价则显得比较保守。

二、污染指数法

计算方法虽简单易用，但是无法直观判断水质类别；对不同功能区的水体，综合污染指数不具有可比性。此外，内梅罗指数考虑最大污染因子的影响，评价结果保守。

三、模糊数学评价法

基本原理是考虑各水质指标实测数据在不同水质类别之间的隶属度。计算方法复杂，计算结果具有一定程度的不确定性。此外，综合水质对各水质类别的隶属度，不能够直观比较不同评价样本的综合水质污染程度大小，也不能对劣 Ⅴ 类水进一步定量评价和判断黑臭。

四、灰色系统评价法

将评价样本和标准归一化处理，计算归一化样本在不同水质类别之间的聚类系数，或者计算各评价指标对各水质类别的关联系数，确定综合水质对各水质类别的关联度。计算方法复杂，计算结果受水质指标权重选取的影响，具有一定程度的不确定性。此外，基于灰色系统理论的评价结果是综合水质对各灰类（水质类别）的聚类系数，不能够直观比较不同评价样本的综合水质污染程度大小，也不能对劣 Ⅴ 类水进一步定量评价和判断黑臭。

五、层次分析法

通过建立水质指标和水质类别的递阶层次结构模型，并构造判断矩阵，进行层次排序，给出综合水质评价结果。但是判断矩阵的建立具有一定的人为性，导致评价结果的不确定性。此外，基于层次分析模型的评价结果是对各水质类别的关联程度，不能够直观比较不同评价样本的综合水质污染程度大小，也不能对劣Ⅴ类水进一步定量评价和判断黑臭。

六、物元分析法

建立物元模型，计算各水质指标对各水质类别的关联度，形成综合关联度，判断综合水质类别。受权重值相对固定的影响，计算结果具有一定程度的不确定性。此外，评价结果是综合水质对各水质类别的关联程度，与模糊数学法、灰色系统评价法、层次分析法等方法相类似，不能够直观比较不同评价样本的综合水质污染程度大小，也不能对劣Ⅴ类水进一步定量评价和判断黑臭。

七、人工神经网络法

将水质评价标准作为测试范例，形成训练好的人工神经网络，进一步输入水质评价样本，经 BP 人工神经网络回想，得出综合水质评价结果。由于学习和训练过程的随机性，计算结果具有一定程度的不确定性。

人工神经网络评价法的评价结果是一个"连续性的水质类别"，因而能够定性、定量比较不同评价样本的综合水质污染程度，但是由于样本延伸的限制，无法对劣Ⅴ类水、黑臭的情形进行合理的定量评价。因此，基于 BP 人工神经网络法的评价结果虽然是一个"连续性的水质类别"，但是只限在有限浓度区间内的连续性水质评价。

八、水质标识指数法

综合水质标识指数法以单因子水质指数为基础，评价结果较其他方法更接近水质的真实情况。

综合水质标识指数由 4 位有效数字组成，能够直观反映综合水质类别、水质判断为该类别的隶属程度、水体功能达标情况以及超过水体功能的污染指标个数。

综合水质标识指数法进一步将劣Ⅴ类水进行细化，指数在（6，7）之间确定为不黑臭的劣Ⅴ类水，指数大于 7.0 定义为黑臭的劣Ⅴ类水。

综合水质标识指数法相对于模糊评价法、灰色评价法、层次分析法、物元分析法、人工神经网络法等方法计算简单，易于操作。该方法既延续了国家标准规定的水质类别评价方法，又采用了定量的表示方法来比较水质污染程度，评价结果合理，直观明了，信息丰富。因此，建议在河流水质评价中推广应用。

参 考 文 献

［1］徐祖信.我国河流单因子水质标识指数评价方法研究［J］.同济大学学报，2005，33（3）：321—325.

［2］徐祖信.我国河流综合水质标识指数评价方法研究［J］.同济大学学报，2005，33（4）：482—488.

［3］郭劲松，王红，龙腾锐.水资源水质评价方法分析与进展［J］.重庆环境科学，1999，21（6）：1—3.

［4］郭劲松，龙腾锐，霍国友，等.四种水质综合评价方法的比较［J］.重庆建筑大学学报，2000，22（4）：6—12.

［5］朱静平.几种水环境质量综合评价方法的探讨［J］.西南科技大学学报，2002，17（4）：62—67.

［6］兰文辉，安海燕.环境水质评价方法的分析探讨［J］.干旱环境监测，2002，16（3）：167—169.

［7］夏青，陈艳卿，刘宪兵.水质基准与水质标准［M］.北京：中国标准出版社，2004.

［8］刘硕，朱建平，蒋火华.对几种环境质量综合指数评价方法的探讨［J］.中国环境监测，2003，15（5）：33—37.

［9］尹海龙，徐祖信.河流综合水质评价方法比较研究［J］.长江流域资源与环境，2008，17（5）：729—733.

［10］徐卫军，张涛.几种河流水质评价方法的比较分析［J］.环境科学与管理，2009，34（6）：174—176.

［11］张涛，张宁红，司蔚.河流水质评价方法研究——以太湖流域为例［J］.三峡环境与生态，2010，3（3）：5—7.

［12］安乐生，赵全升，刘贯群，等.代表性水质评价方法的比较研究［J］.中国环境监测，2010，26（5）：47—51.

第十一章　城市河流水质评价技术规范

第一节　研　究　背　景

　　我国于 1983 年首次发布《地面水环境质量标准》（GB3838—83），此后历经 3 次修订，2002 年发布了最新的《地表水环境质量标准》（GB3838—2002）。自颁布地表（地面）水质标准至今，虽对水质评价的一些技术问题作出了暂行规定（如《中国环境监测总站关于地表水环境质量评价有关问题的暂行技术规定》），但一直没有能颁布专门的水环境质量评价技术规范。其主要原因在于：

　　（1）没有解决水体综合水质的科学合理性评价问题。2002 年发布的《地表水环境质量标准》（GB3838—2002）指出："地表水环境质量评价应根据应实现的水域功能类别，选取相应类别标准，进行单因子评价"。但以最差的单项指标水质来决定水体综合水质的评价方法，不能科学合理地评断综合水质情况，在全国各地尤其是南方地区的应用实践中遇到了不少问题。

　　（2）没有提出科学合理的河流、水系综合水质的比较方法。目前综合水质的比较方法采用污染指数法，但是该方法以功能区水质作为定量评价的基准，不同水环境功能区的定量评价结果不具可比性；而河流、水系通常分为若干个不同功能区，这样无法对河流、水系综合水质进行定量比较。

　　（3）没有明确界定水质类别评价（包括黑臭评价）、水环境功能区达标评价、水质定性评价、水质随时间变化评价、水质随空间变化评价等的方法。

　　以上技术问题是当前我国水质评价工作中非常关注的问题。本书第九章对作者开发的河流水质标识指数评价方法做了详细的介绍；在第十章中，通过综合水质评价方法的比较研究，进一步证明了水质标识指数评价方法的科学性和合理性。以水质标识指数法为基础，进一步研究了河流及水系水质评价中的一系列技术问题，包括水质评价项目、水质类别评价（包括黑臭评价）、水环境功能区达标评价、水质定性评价、水质随时间变化评价、水质随空间变化评价等，形成了《城市河流及水系水质常规评价技术规范》（建议稿）（以下称为本技术规范）。

　　下面对技术规范的内容进行阐述，并介绍该规范在河流水系水质综合评价与水环境整治考核效果评估中的应用案例。

第二节　评价对象与主要内容

一、参与综合水质评价项目

水质评价项目的差别，往往造成评价结果缺乏可比性。通过对城市河流污染状况进行分析，确定并规范主要水质评价项目，有助于增强评价结果的可比性。

本书第九章分析了我国主要河流及水系的主要污染指标。选择了我国中东部典型城市河流，采用单因子水质指数法，对近年来各项水质指标的污染程度进行了排序。分析数据包括 DO、COD_{Mn}、BOD_5、NH_3-N、TP、Cu、Zn、As、Hg、Cd、Cr^{6+}、Pb、挥发性酚、石油类等 15 项指标，覆盖了各种类型的污染因子。监测断面包括 Ⅱ～Ⅴ类水环境功能区，涉及水源保护区和非水源保护区、水质较好的河流和水体黑臭的河流，反映了城市河流不同的污染程度。主要分析在这些不同区域和功能区划河流监测断面上，哪些指标是主要污染因子，不能达到水环境功能区的标准。分析结果显示，影响当前城市河流水质的主要污染指标为两类，一是有机污染指标，包括 DO、NH_3-N、COD_{Mn}、BOD_5；二是富营养化指标，主要是 TP 基本超标，其结果与现阶段河流水质状况基本一致。基于以上分析，本技术规范规定："考虑现阶段城市内陆河流有机污染严重的特点，必须参与综合水质评价的项目包括 DO、COD_{Mn}、BOD_5、NH_3-N 4 项；开展 TP 监测以后，TP 的监测数据必须参与综合评价"。

二、综合水质类别评价

由于长期受到严重的耗氧有机污染，我国许多城市河流终年黑臭。在我国现行的地表水环境质量标准中，将地表水按使用功能，划分为 5 个功能区类别，相应地表水质分为 Ⅰ、Ⅱ、Ⅲ、Ⅳ、Ⅴ、劣Ⅴ类 6 个类别。但在城市河流水环境综合治理中，通常首先消除河流黑臭，在此基础上使水质进一步改善，恢复到Ⅴ类水甚至更好的水平。这就是说污染严重河流治理通常经历劣Ⅴ类且黑臭→劣Ⅴ类但不黑臭→Ⅴ类水的过程。为此对劣Ⅴ类水，还需要进一步解决水体黑臭的判断标准问题。对这个问题，无论是现行国家标准还是目前讨论较多的其他典型方法都无法作出回答。

（一）水体黑臭判断

为了解决水体黑臭的判断标准问题，研究将综合水质标识指数用于评价东部典型城市 200 余条段河流在实施水环境综合整治前后的综合水质变化过程，将评价结果与实际情况进行对照，确定了通过综合水质标识指数判别河流水体黑臭的临界点。结论是，可以通过综合水质标识指数判断河流是否黑臭，判断标准为：

6.0 < $X_1.X_2$ ≤ 7.0 水质劣于V类，但不黑臭；

$X_1.X_2$ > 7.0 水质劣于V类，且水体黑臭。

（二）综合水质类别评价标准

确定了黑臭判断标准后，本技术规范延伸了综合水质的评价类别，确定了相应综合水质类别的判断标准，如表11—1所示。

表 11—1　　　　　　　　　综合水质类别评价标准

判　断　依　据	综合水质类别
1.0 ≤ $X_1.X_2$ ≤ 2.0	Ⅰ类
2.0 < $X_1.X_2$ ≤ 3.0	Ⅱ类
3.0 < $X_1.X_2$ ≤ 4.0	Ⅲ类
4.0 < $X_1.X_2$ ≤ 5.0	Ⅳ类
5.0 < $X_1.X_2$ ≤ 6.0	Ⅴ类
6.0 < $X_1.X_2$ ≤ 7.0	劣Ⅴ类但不黑臭
$X_1.X_2$ > 7.0	劣Ⅴ类并黑臭

注　$X_1.X_2$ 为综合水质指数。

对流域、区域水环境综合治理而言，河流、水系整体的水质状况如河流（水系）整体水质类别是水质评价关注的问题。在断面水质类别评价的基础上，本技术规范对河流（水系）整体的综合水质类别评价方法作了规定：首先计算河流及水系各监测断面综合指数的算术平均值（见公式11—1），然后根据表11—1评价河流及水系的综合水质类别。

$$(X_1.X_2)_z = \frac{1}{n}\sum_{k=1}^{l}(X_1.X_2)_k \qquad (11-1)$$

式中　　$(X_1.X_2)_z$ ——河流或水系的综合水质指数；

k ——河流或水系水质监测断面编号；

l ——河流或水系水质监测断面总数；

$(X_1.X_2)_k$ ——河流或水系第 k 个监测断面上的综合水质指数。

从公式（11—1）可以看出：基于综合水质指数的河流（水系）整体的综合水质评价，无论是对相同的水环境功能区还是不同的水环境功能区，都能够进行河流（水系）水质的优劣比较，从而解决了河流（水系）综合水质的比较问题。

三、水环境功能区达标评价

（一）断面水环境功能区达标评价

水质达标评价采用达标率来衡量，基本思想是：评价时段内断面（河流、水系）参与评价的单项水质指标或综合水质评价数据达到水环境功能区目标的个数占评价数据总数的百分比。对综合水质达标评价，首先计算断面的综合水质标识指数；如果综合水质标识指数中的 X_4 为 0，则断面综合水质达到水环境功能区目标；如果综合水质标识指数中的 X_4 大于 0，则断面综合水质达不到水环境功能区目标。断面综合水质达标率的计算方法见公式（11－2）：

$$q_k = \frac{b_k}{t_k} \qquad (11-2)$$

式中　q_k ——第 k 个监测断面综合水质达标率；

$\quad\quad$ b_k ——评价时间内达到水环境功能区目标的综合水质标识指数个数；

$\quad\quad$ t_k ——评价时间内综合水质标识指数的总个数。

（二）河流（水系）水环境功能区达标评价

河流、水系整体的水环境功能区达标情况也是流域、区域水环境管理关注的问题。在断面水质达标评价的基础上，评价公式如下：

$$q_z = \frac{\sum\limits_{k=1}^{l} q_k}{l} \qquad (11-3)$$

式中　q_z ——河流或水系综合水质达标率。

四、综合水质定性评价

综合水质定性评价有助于公众对水质的直观理解。对水质如何定性评价，目前有关地表水环境质量评价暂行技术规定中的方法是：以某一类水质（通常为Ⅲ类水质）为基准，通过比较水体水质类别与基准水质类别的优劣，给出水质定性评价结论：优、良好、轻度污染、中度污染、重度污染。不同的水体具有不同的使用功能，对水质的要求是不一样的：对国家自然保护区，需达到Ⅰ类水质；而对景观水域，达到Ⅴ类水质即可以满足要求。《地表水环境质量标准》（GB3838—2002）中提出地表水环境质量评价应根据应实现的水域功能类别进行评价，但是该定性评价方法是基于所有水体的水质目标是Ⅲ类水质而不是应实现的水域功能类别，这不但偏离了按水体功能类别治理水环境的基本思想，而且在各地的水环境治理实践中也不可能做到。基于按水体功能类别进行水质定性评价的思想，作者等人提出的水质定性评价方法为：以水环境功能区类别为基准，通过比较水体水质类别与功能区类别的优劣，给出水质定性评价结论。

基于综合水质类别与水环境功能区类别的比较，确定了综合水质定性评价的判断标准，如表 11－2 示，表中 X_1 或 X_1-1 为综合水质类别。

表 11－2　　　　　　　　　　水质定性评价依据

判　断　标　准		定性评价结论
X_2 不为 0	X_2 为 0	
$f-X_1=1$	$f-X_1-1\geqslant1$	优
$X_1=f$	$X_1-1=f$	良好
$X_1-f=1$	$X_1-f-1=1$	轻度污染
$X_1-f=2$	$X_1-f-1=2$	中度污染
$X_1-f\geqslant3$	$X_1-f-1\geqslant3$	重度污染

注　1. X_1 为综合水质标识指数的整数位；

2. X_2 为综合水质标识指数的小数点后第一位；

3. f 为水体功能区类别。

五、综合水质随时间和空间变化评价

断面（河流、水系）综合水质随时间和空间变化是水环境质量状况评估与考核工作中非常关心的问题。水质随时间和空间变化，不仅体现在水质类别的定性变化，更体现为同一水质类别和不同水质类别间水质的连续定量变化，而连续的定量变化程度则会反映水质类别的定性变化。基于此分析，通过描述综合水质指数（$X_1.X_2$）的定量变化幅度，对综合水质随时间和空间变化作出评价。

本技术规范中将水质随时间（空间）的变化表达为：基本不变、轻微变化、显著变化。通过对大量评估数据的分析，确定对应的定量评价标准，叙述如下。

（一）综合水质随时间变化评价

（1）基本不变。在比较分析的时间间隔内，综合水质没有发生改善（恶化）或略有改善（恶化），有

$$\frac{\left|(X_1.X_2)_{t_1}-(X_1.X_2)_{t_2}\right|}{(X_1.X_2)_{t_1}}\leqslant10\% \qquad (11-4)$$

式中　$(X_1.X_2)_{t_1}$——比较分析时间间隔内起始时刻的综合水质指数；

$(X_1.X_2)_{t_2}$——比较分析时间间隔内终止时刻的综合水质指数。

（2）轻微变化。在比较分析的时间间隔内，综合水质没有发生显著的改善（恶

化），有

$$10\% < \frac{\left|(X_1.X_2)_{t_1} - (X_1.X_2)_{t_2}\right|}{(X_1.X_2)_{t_1}} \leqslant 20\% \qquad (11-5)$$

（3）显著变化。在比较分析的时间间隔内，综合水质发生了显著的改善（恶化），有

$$\frac{\left|(X_1.X_2)_{t_1} - (X_1.X_2)_{t_2}\right|}{(X_1.X_2)_{t_1}} > 20\% \qquad (11-6)$$

（二）综合水质随空间变化评价

（1）基本不变。在比较分析的空间间隔内，综合水质没有发生改善（恶化）或略有改善（恶化），有

$$\frac{\left|(X_1.X_2)_{S_1} - (X_1.X_2)_{S_2}\right|}{(X_1.X_2)_{S_1}} \leqslant 10\% \qquad (11-7)$$

式中　$(X_1.X_2)_{S_1}$ ——比较分析空间间隔内起始时刻的综合水质指数；

　　　$(X_1.X_2)_{S_2}$ ——比较分析空间间隔内终止时刻的综合水质指数。

（2）轻微变化。在比较分析的空间间隔内，综合水质没有发生显著的改善（恶化），有

$$10\% < \frac{\left|(X_1.X_2)_{S_1} - (X_1.X_2)_{S_2}\right|}{(X_1.X_2)_{S_1}} \leqslant 20\% \qquad (11-8)$$

（3）显著变化。在比较分析的空间间隔内，综合水质发生了显著的改善（恶化），有

$$\frac{\left|(X_1.X_2)_{t_1} - (X_1.X_2)_{t_2}\right|}{(X_1.X_2)_{t_1}} > 20\% \qquad (11-9)$$

第三节　城市河流水质评价技术规范的应用

一、上海市苏州河水环境综合整治评价

（一）综合水质标识指数

采用综合水质标识指数，评价上海市苏州河 1996～2005 年的 10 年间综合水质，如表 11-3 所示。

表 11-3　　　　　　上海市苏州河 1996～2005 年综合水质标识指数

断　面	年　　份									
	1996	1997	1998	1999	2000	2001	2002	2003	2004	2005
白鹤	5.121	4.910	5.020	5.121	5.010	4.810	5.231	5.421	5.821	5.621
黄渡	5.210	5.010	5.210	5.010	4.810	4.810	5.210	5.420	5.820	5.620
华槽	7.232	6.221	6.221	5.820	5.520	5.210	5.720	5.620	5.920	5.720
北新泾	7.842	8.253	7.732	6.841	6.431	5.410	5.720	5.920	6.331	5.920
武宁路桥	7.942	7.332	8.143	6.941	6.421	5.410	5.920	6.130	6.431	6.131
浙江路桥	7.742	6.941	7.142	6.731	6.741	5.520	5.820	6.131	6.231	6.030

（二）综合水质类别评价

根据表 11-3 中的综合水质标识指数，各断面综合水质类别评价结论见表 11-4 所示。

表 11-4　　　　　　　苏州河综合水质类别评价结果

断　面	年　　份									
	1996	1997	1998	1999	2000	2001	2002	2003	2004	2005
白鹤	V	IV	IV	V	IV	IV	V	V	V	V
黄渡	V	IV	V	IV	IV	IV	V	V	V	V
华槽	劣V类且黑臭	劣V类不黑臭	劣V类不黑臭	V	V	V	V	V	V	V
北新泾	劣V类且黑臭	劣V类且黑臭	劣V类且黑臭	劣V类不黑臭	劣V类不黑臭	V	V	V	劣V类不黑臭	V
武宁路桥	劣V类且黑臭	劣V类且黑臭	劣V类且黑臭	劣V类不黑臭	劣V类不黑臭	V	V	劣V类不黑臭	劣V类不黑臭	劣V类不黑臭
浙江路桥	劣V类且黑臭	劣V类且黑臭	劣V类且黑臭	劣V类不黑臭	劣V类不黑臭	V	V	劣V类不黑臭	劣V类不黑臭	V

（三）水环境功能区达标评价

根据各断面的水体功能类别及表 11-3，得出水环境功能区达标评价结论如表 11-5 所示。

（四）综合水质定性评价

根据各断面的水体功能类别及表 11-3，综合水质定性评价结论如表 11-6 所示。

表 11－5 　　　　　　　苏州河水环境功能区达标评价

断　　面	水体功能类别	达标次数	不达标次数	达标率
白鹤	Ⅳ	4	6	40%
黄渡	Ⅴ	10	0	100%
华槽	Ⅴ	7	3	70%
北新泾	Ⅴ	4	6	40%
武宁路桥	Ⅴ	2	8	20%
浙江路桥	Ⅴ	3	7	30%

表 11－6 　　　　　　　苏州河 2001 年综合水质定性评价

断　　面	水体功能区类别	综合水质指数	综合水质定性评价
白鹤	Ⅳ	5.2	良
黄渡	Ⅴ	5.2	优
华槽	Ⅴ	5.7	良
北新泾	Ⅴ	5.7	良
武宁路桥	Ⅴ	6.0	良
浙江路桥	Ⅴ	5.8	良

（五）综合水质随时间变化评价

对 1996～2005 年武宁路桥断面综合水质随时间变化进行评价，如图 11－1 所示。

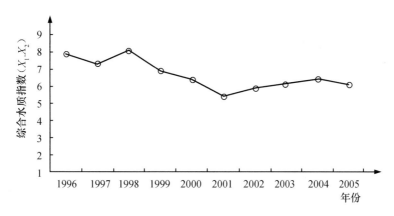

图 11－1　1996～2005 年苏州河武宁路桥断面综合水质

评价时间段内，1996～1998 年武宁路桥断面综合水质类别为劣Ⅴ类且黑臭；1999 年水体黑臭消除，综合水质类别改善为劣Ⅴ类但不黑臭；2001 年综合水质类别进一步改善为Ⅴ类；2001～2002年水质维持为Ⅴ类；2003～2005年水质有所反弹，为劣Ⅴ类但不黑臭。因此选择4个时间段进行评价：①1996～1999年水质变化，1999年较1996年综合水质改善了13%，为轻微改善；②1999～2001年水质变化，2001年较1999年综合水质改善了22%，为显著改善；③2001～2002年水质变化，2002年较2001年水质恶化了11%，为轻微恶化；④2002～2005年水质变化，2005年较2002年水质基本不变。

（六）综合水质随空间变化评价

以1998年、2001年两个年份为例，进行综合水质随空间变化评价。

（1）1998年。白鹤—黄渡断面间水质基本不变；黄渡—华槽断面间水质恶化了19%，轻微恶化；华槽—北新泾桥断面间水质恶化了24%，为显著恶化；北新泾桥—武宁路桥断面间水质基本不变；武宁路桥—浙江路桥断面间水质改善了12%，属轻微改善。水质最差的武宁路桥断面同水质最好的白鹤断面相比，水质恶化了62%，属显著恶化。

（2）2001年。白鹤—黄渡断面间水质基本不变；黄渡—华槽断面间水质基本不变；华槽—北新泾桥断面间水质基本不变；北新泾桥—武宁路桥断面间水质基本不变；武宁路桥—浙江路桥断面间水质基本不变。水质最差的武宁路桥断面同水质最好的白鹤断面相比，水质恶化了13%，为轻微恶化。

二、辽河流域浑河子流域综合水质评价

近年来，我国学者基于本技术规范，对辽河流域浑河子流域2001～2010年间的综合水质进行了评价。

（一）综合水质标识指数

如前所述，浑河是辽河流域的骨干河流，流域面积为1.22×10^4 km²，河长415.4km。浑河属高度受控河流，干流上游建有大伙房水库，库容量为21.87×10^8 m³，是下游沈阳、抚顺、鞍山等7城市的饮用水源地。根据浑河小流域的生态环境和水文状况，将其划分为3个控制单元：浑河上游单元、浑河中游单元和浑河下游单元。

大伙房水库以上为浑河上游单元，上游支流主要接纳抚顺清原县、新宾县生活污水和工业废水。大伙房水库以下至抚顺出市为浑河中游单元，中游支流主要接纳抚顺市区的废水。沈阳入市断面至与太子河汇合前的河段为浑河下游单元，主要接纳沈阳市区的废水。

2001～2010年浑河流域典型断面的综合水质标识指数见表11—7。

表 11－7   2001～2010 年浑河流域典型断面年度综合水质标识指数

控制单元	断 面	年 份									
		2001	2002	2003	2004	2005	2006	2007	2008	2009	2010
浑河上游	阿及堡	1.700	3.800	2.100	2.100	2.900	2.000	1.800	1.500	1.600	1.700
浑河中游	戈布桥	4.920	6.722	4.410	4.110	5.331	3.910	3.300	3.400	3.100	3.400
	七间房	4.610	7.723	4.620	5.231	5.641	4.520	4.410	4.000	4.010	3.610
中游平均		4.770	7.223	4.520	4.670	5.491	4.220	3.860	3.700	3.560	3.510
浑河下游	东陵大桥	3.700	8.724	3.200	4.320	5.031	4.920	4.210	3.910	3.410	3.810
	砂山	5.942	7.644	5.052	6.043	5.652	5.952	4.931	5.752	4.821	4.451
	七台子	10.165	6.251	8.133	8.143	6.421	6.721	6.011	5.510	5.510	5.120
	于家房	7.642	7.242	7.642	7.332	6.321	6.011	5.710	5.210	5.110	5.020
下游平均		6.861	7.462	6.011	6.461	5.860	5.900	5.220	5.100	4.710	4.600
整体平均		5.520	6.871	5.020	5.330	5.330	4.860	4.340	4.180	3.940	3.800

（二）综合水质类别评价

2001～2010 年间的浑河典型断面综合水质类别评价结果如表 11－8 所示。

表 11－8   2001～2010 年浑河流域典型断面年度综合水质类别

控制单元	断 面	年 份									
		2001	2002	2003	2004	2005	2006	2007	2008	2009	2010
浑河上游	阿及堡	I	III	II	II	II	II	I	I	I	I
浑河中游	戈布桥	IV	劣V不黑臭	IV	IV	V	III	III	III	III	III
	七间房	IV	劣V并黑臭	IV	V	V	IV	IV	IV	IV	III
中游平均		IV	劣V并黑臭	IV	IV	V	IV	III	III	III	III
浑河下游	东陵大桥	III	劣V并黑臭	III	IV	IV	IV	IV	III	III	III
	砂山	V	劣V并黑臭	V	劣V不黑臭	V	V	V	V	IV	IV
	七台子	劣V并黑臭	劣V并黑臭	劣V并黑臭	劣V并黑臭	劣V不黑臭	劣V不黑臭	劣V不黑臭	V	V	V
	于家房	劣V并黑臭	劣V并黑臭	劣V并黑臭	劣V并黑臭	劣V不黑臭	劣V不黑臭	V	V	V	V
下游平均		劣V并黑臭	劣V并黑臭	V	V	V	V	V	V	IV	IV
整体平均		V	劣V并黑臭	V	V	V	IV	IV	IV	III	III

（三）水环境功能区达标评价

根据各断面的水体功能类别及表11－7，得出2001～2010年的年度水环境功能区达标评价结论，如表11－9所示。

表11－9　　　　　2001～2010年浑河水环境功能区达标评价结果

控制单元	断面名称	水体功能类别	达标次数	不达标次数	达标率/%
浑河上游	阿及堡	Ⅱ	9	1	90
浑河中游	戈布桥	Ⅳ	8	2	80
	七间房	Ⅳ	7	3	70
	河段		8	2	80
浑河下游	东陵大桥	Ⅳ	8	2	80
	砂山	Ⅲ	0	10	0
	七台子	Ⅴ	3	7	30
	于家房	Ⅴ	4	6	40
	河段		6	4	60
浑河整体			5	5	50

（四）综合水质定性评价

根据各断面的水体功能类别及表11－7，得出2010年浑河的综合水质定性评价，如表11－10所示。

表11－10　　　　　2010年浑河典型断面综合水质定性评价

控制单元	断面名称	水体功能类别	综合水质指数	综合水质定性评价
浑河上游	阿及堡	Ⅱ	1.7	优
浑河中游	戈布桥	Ⅳ	3.4	优
	七间房	Ⅳ	3.6	优
	河段		3.5	优
浑河下游	东陵大桥	Ⅳ	3.8	优
	砂山	Ⅲ	4.4	轻度污染
	七台子	Ⅴ	5.1	轻度污染
	于家房	Ⅴ	5.0	轻度污染
	河段		4.6	轻度污染
浑河整体			3.8	良好

（五）综合水质随时间变化评价

对 2001～2010 年浑河各单元综合水质随时间变化进行评价：

浑河上游单元：选择 3 个时间段进行评价。2002 年较 2001 年水质恶化了132.2％，为显著恶化；2003 年较水质最差的 2002 年改善了 44.7％，为显著改善；2004～2010 年水质变化幅度为 19.0％，水质基本不变。

浑河中游单元：选择 4 个时间段进行评价。2002 年较 2001 年水质恶化了53.2％，为显著恶化；2003 年较水质最差的 2002 年改善了 37.5％，为显著改善；2004～2010 年综合水质改善了 0.8％，基本不变。

浑河下游单元：选择 4 个时间段进行评价。2002 年较 2001 年水质恶化了8.8％；2003 年较 2002 年水质改善了 18.9％；2004～2010 年综合水质改善了28.1％，为显著改善。

（六）综合水质随空间变化评价

选择 2010 年进行综合水质随空间变化评价：

浑河上游与中游单元之间，阿及堡—戈布桥恶化了 99％，为严重恶化；浑河中游与下游单元之间，七间房—东陵大桥综合水质变化了 5.6％，基本不变。

第四节　本 章 总 结

以综合水质标识指数法为基础，开展了城市河流及水系水质常规评价技术规范研究。本技术规范的特点总结如下：

（1）综合水质类别评价。确定了城市河流水体黑臭的判断标准，对综合水质类别作出了更为全面的评价。

（2）综合水质定性评价。以水环境功能区类别为基准，通过比较水体水质类别与功能区类别的优劣，确定了综合水质定性评价的判断标准（优、良好、轻度污染、中度污染、重度污染）。

（3）水环境功能区达标评价。基于达标率的概念确定了水环境功能区达标评价方法。

（4）河流（水系）整体的综合水质比较。在各断面的综合水质指数的基础上，确定河流（水系）整体的综合水质指数，并进一步确定河流（水系）整体的综合水质类别和水环境功能区达标情况。这样无论是对相同的水环境功能区还是不同的水环境功能区，都能够进行河流（水系）水质的优劣比较，从而解决了河流（水系）综合水质的比较问题。

（5）水质随时间和空间变化评价。确定了水质随时间及空间变化的定量计算方法及对应的描述方法（基本不变、轻微变化、显著变化），从而提供了考核水环境质量变化的有效方法。

水质标识指数评价法及其城市河流及水系水质评价技术规范（建议稿）自提出以来，已受到我国广大水质评价工作者和水环境管理工作者的广泛关注。该方法已应用于太湖流域、辽河流域等流域河流水系水质评价，以及上海、天津、广东、浙江、江苏、山西、河北等各地城市的河流水质评价与水环境综合整治考核。一些学者还将该方法与其他理论相结合，以对该方法进行进一步完善，如结合熵权的综合水质标识指数法、结合主成分分析的水质标识指数法、基于聚类分析的水质标识指数水质评价方法等。我们相信，该方法及本技术规范的推广应用，为直观准确、科学合理地开展河流水质评价与考核工作，推动流域、区域水环境综合治理将起到有益的作用。

参 考 文 献

[1] 徐祖信. 我国河流单因子水质标识指数评价方法研究 [J]. 同济大学学报，2005，33（3）：321—325.

[2] 徐祖信. 我国河流综合水质标识指数评价方法研究 [J]. 同济大学学报，2005，33（4）：482—488.

[3] 徐祖信，尹海龙. 城市河流水质常规评价技术研究 [J]. 环境污染与防治，2005，27（7）：515—518.

[4] 胡成，苏丹. 综合水质标识指数法在浑河水质评价中的应用 [J]. 生态环境学报，2011，20（1）：186—192.

[5] 冉延平，何万生，夏鸿鸣，等. 渭河水质的综合标识指数法评价研究 [J]. 徐州工程学院学报（自然科学版），2011，26（2）：49—53.

[6] 徐卫军，张涛. 几种河流水质评价方法的比较分析 [J]. 环境科学与管理，2009，34（6）：174—176.

[7] 许剑辉，解新路，张菲菲. 结合熵权的综合水质标识指数法在水质评价中的应用 [J]. 广东水利水电，2011，（3）：35—37.

[8] 李国锋，刘宪斌，刘占广，等. 基于主成分分析和水质标识指数的天津地区主要河流水质评价 [J]. 生态与农村环境学报，2011，27（4）：27—31.

[9] 张璇，王启山，于淼，等. 基于聚类分析和水质标识指数的水质评价方法 [J]. 环境工程学报，2010，4（2）：476—480.

[10] 张涛，张宁红，司蔚. 河流水质评价方法研究—以太湖流域为例 [J]. 三峡环境与生态，2010，3（3）：5—7.

［11］徐明德，卢建军，李春生．汾河太原城区段支流水质评价［J］．中国给水排水，2010，26
　　　（2）：105－108.

［12］孙伟光，邢佳，马云，等．单因子水质标识指数评价方法在某流域水质评价中的应用［J］.
　　　环境科学与管理，2010，35（11）：181－184，194.

［13］唐立新，王文微．单因子水质标识指数法在布尔哈通河水质评价中的应用［J］．吉林水利，
　　　2010，（12）：38－40.

附录　城市河流及水系水质常规评价技术规范（建议稿）

一、范围

本规范适用于城市内陆河流及水系水质的常规评价工作。

二、术语和定义

1. 常规评价

在确定的评价时段内，依据国家地表水环境质量标准，对水体清洁或污染程度、水质类别、水环境功能区达标情况、水质随空间（时间）变化等作出的判断或描述称为常规评价。

2. 水质类别评价

主要依据国家地表水环境质量标准的分类，对水质进行的级别界定称为水质类别评价。单项指标水质分为Ⅰ类、Ⅱ类、Ⅲ类、Ⅳ类、Ⅴ类、劣Ⅴ类6个类别；总体综合水质分为Ⅰ类、Ⅱ类、Ⅲ类、Ⅳ类、Ⅴ类、劣Ⅴ类但不黑臭、劣Ⅴ类且黑臭7个类别。

3. 水环境功能区达标评价

对水质是否达到水环境功能区目标值进行的评价称为水环境功能区达标评价，用达标率衡量。

4. 达标率

评价时段内断面（河流、水系）参与评价的单项水质指标或综合水质评价数据达到水环境功能区目标的个数占评价数据总数的百分比称为达标率。

5. 水质定性评价

对照水体功能区类别，对水体的清洁或污染程度进行的评价称为水质定性评价，分为5个级别：优、良好、轻度污染、中度污染、重度污染。

6. 水质随时间变化评价

对断面（河流、水系）在一定时间间隔内水质变化进行的评价称为水质随时间变化评价，分为3类：基本不变、轻微变化、显著变化。

7. 水质随空间变化评价

对断面（河流、水系）在一定空间间隔内水质变化进行的评价称为水质随空间变化评价，分为3类：基本不变、轻微变化、显著变化。

三、水质评价方法

水质评价可以对断面（河流、水系）单项水质指标和总体的综合水质分别进行评价。单项水质指标评价依据国家地表水环境质量标准；综合水质评价依据综合水质标识指数，综合水质标识指数由综合水质指数和标识码两部分组成，表示为

$$WQI = X_1.X_2X_3X_4 \tag{附1}$$

式中 $X_1.X_2$——综合水质指数；

X_3、X_4——标识码。

四、水质评价时段

水质常规评价按水质发布的周期确定评价时段，一般分为旬、月、水期、季度、年度评价。

1. 旬和月评价

可采用1次监测数据进行评价，如果采用多次监测数据的平均值进行评价，参与评价数据的采样间隔在评价时段内应基本均匀分布。

2. 季度评价和水期评价

至少应采用2次（含）以上监测数据的平均值进行评价，参与评价数据的采样间隔在评价时段内应基本均匀分布。

3. 年度评价

至少应采用6次（含）以上监测数据的平均值进行评价，参与评价数据的采样间隔在评价时段内应基本均匀分布。

五、水质评价项目

考虑现阶段城市内陆河流有机污染严重的特点，必须参与综合水质评价的项目包括溶解氧、高锰酸盐指数、五日生化需氧量、氨氮4项；开展总磷监测以后，总磷的监测数据必须参与综合评价。

六、水质类别评价

（一）断面水质类别评价

1. 单项指标水质类别评价

依据地表水环境质量标准，将实测值与地表水环境质量标准基本项目标准限值比较，作出单项指标的水质类别（Ⅰ类、Ⅱ类、Ⅲ类、Ⅳ类、Ⅴ类、劣Ⅴ类）评价。

2. 综合水质类别评价

综合水质标识级别评价的判断标准见附表1。

附表 1　　　　　　　　　　综合水质类别评价

判　断　依　据	综合水质类别
$1.0 \leqslant X_1 \cdot X_2 \leqslant 2.0$	Ⅰ类
$2.0 < X_1 \cdot X_2 \leqslant 3.0$	Ⅱ类
$3.0 < X_1 \cdot X_2 \leqslant 4.0$	Ⅲ类
$4.0 < X_1 \cdot X_2 \leqslant 5.0$	Ⅳ类
$5.0 < X_1 \cdot X_2 \leqslant 6.0$	Ⅴ类
$6.0 < X_1 \cdot X_2 \leqslant 7.0$	劣Ⅴ类但不黑臭
$X_1 \cdot X_2 > 7.0$	劣Ⅴ类并黑臭

注　$X_1 \cdot X_2$ 为综合水质指数。

（二）河流及水系水质类别评价

1. 单项指标水质类别评价

首先计算河流及水系各监测断面单项水质指标的评价数据算术平均值，计算公式如下：

$$C_z = \frac{1}{l} \sum_{k=1}^{l} C_k \qquad （附2）$$

式中　C_z——河流或水系各监测断面某单项指标评价数据的算术平均值；

　　　k——河流或水系的水质监测断面编号；

　　　l——河流或水系监测断面总数；

　　　C_k——河流或水系第 k 个监测断面上某单项水质指标的实测数据。

根据计算结果，评价河流及水系的单项指标水质类别。

2. 综合水质类别评价

河流及水系综合水质的级别判断方法是：首先依据公式（附3）计算河流或水系的综合水质指数，再依据附表1评价河流及水系的综合水质类别。

$$(X_1 \cdot X_2)_z = \frac{1}{n} \sum_{k=1}^{l} (X_1 \cdot X_2)_k \qquad （附3）$$

式中　$(X_1 \cdot X_2)_z$——河流或水系的综合水质指数；

　　　k——河流或水系水质监测断面编号；

　　　l——河流或水系水质监测断面总数；

　　　$(X_1 \cdot X_2)_k$——河流或水系第 k 个监测断面上的综合水质指数。

七、水环境功能区达标评价

（一）断面水质达标评价

1. 单项指标达标评价

单项水质指标达标评价用达标率衡量，达标率的计算方法见公式（附4）：

$$r_k = \frac{a_k}{s_k} \qquad\qquad (\text{附 } 4)$$

式中　r_k——第 k 个监测断面单项水质指标的达标率；

　　　a_k——评价时间内达到水环境功能区目标的单项指标评价数据个数；

　　　s_k——评价时间内单项指标的评价数据总个数。

2. 综合水质达标评价

综合水质达标评价用综合水质达标率衡量。首先计算断面的综合水质标识指数，如果综合水质标识指数中的 X_4 为 0，则断面综合水质达到水环境功能区目标；如果综合水质标识指数中的 X_4 大于 0，则断面综合水质达不到水环境功能区目标。断面综合水质达标率的计算方法见公式（附 5）：

$$q_k = \frac{b_k}{t_k} \qquad\qquad (\text{附 } 5)$$

式中　q_k——第 k 个监测断面综合水质达标率；

　　　b_k——评价时间内达到水环境功能区目标的综合水质标识指数个数；

　　　t_k——评价时间内综合水质标识指数的总个数。

（二）河流及水系水质达标评价

1. 单项指标达标评价

河流及水系单项水质指标达标评价用河流及水系各断面单项指标达标率的算术平均值衡量，见公式（附 6）：

$$r_z = \frac{\sum_{k=1}^{l} r_k}{l} \qquad\qquad (\text{附 } 6)$$

式中　r_z——河流或水系单项水质指标的达标率；

　　　l——河流或水系水质监测断面总数。

2. 综合水质达标率评价

河流及水系综合水质达标评价用河流及水系各断面综合水质达标率的算术平均值衡量，见公式（附 7）：

$$q_z = \frac{\sum_{k=1}^{l} q_k}{l} \qquad\qquad (\text{附 } 7)$$

式中　q_z——河流或水系综合水质达标率；

　　　q_k——第 k 个监测断面综合水质达标率。

八、水质定性评价

综合水质定性评价标准如附表 2 所示。

附表 2 水质定性评价依据

判 断 标 准		定性评价结论
X_2不为 0	X_2为 0	
$f-X_1\geqslant 1$	$f-X_1-1\geqslant 1$	优
$X_1=f$	$X_1-1=f$	良好
$X_1-f=1$	$X_1-f-1=1$	轻度污染
$X_1-f=2$	$X_1-f-1=2$	中度污染
$X_1-f\geqslant 3$	$X_1-f-1\geqslant 3$	重度污染

注 1. X_1为综合水质标识指数的整数位。

2. X_2为综合水质标识指数的小数点后第一位。

3. f 为水体功能区类别。

九、水质随时间变化评价

(一) 基本要求

在水质随时间变化评价中，断面（河流、水系）所选择的评价指标和监测频率应相同，以保证评价结果的可比性。

(二) 单项水质指标随时间变化评价

1. 图形描述

用单项水质指标的评价数据随时间变化的图形描述。

2. 随时间变化评价

单项指标水质随时间的变化表达为：基本不变、轻微变化、显著变化。

(1) 基本不变。在比较分析的时间间隔内，单项指标水质没有发生改善（恶化）或略有改善（恶化），判断标准见公式（附8）：

$$\frac{\left|C_{t_1}-C_{t_2}\right|}{C_{t_1}}\leqslant 10\% \qquad\qquad (附8)$$

式中 C_{t_1}——比较分析时间间隔内起始时刻的单项指标水质；

C_{t_2}——比较分析时间间隔内终止时刻的单项指标水质。

(2) 轻微变化。在比较分析的时间间隔内，单项指标水质没有发生显著的改善（恶化），判断标准见公式（附9）。

$$10\%<\frac{\left|C_{t_1}-C_{t_2}\right|}{C_{t_1}}\leqslant 20\% \qquad\qquad (附9)$$

式（附9）中符号意义同式（附8）。通过比较时间间隔内起始时刻和终止时刻的单项指标水质，判断轻微变化的趋势：轻微改善或轻微恶化。

（3）显著变化。在比较分析的时间间隔内，单项指标水质发生了显著的改善（恶化），判断标准见公式（附10）。

$$\frac{\left|C_{t_1} - C_{t_2}\right|}{C_{t_1}} > 20\%$$ （附10）

式（附10）中符号意义同式（附8）。通过比较时间间隔内起始时刻和终止时刻的单项指标水质，判断显著变化的趋势：显著改善或显著恶化。

（三）综合水质随时间变化评价

1. 图形描述

用综合水质指数（$X_1.X_2$）随时间变化的图形表述。

2. 随时间变化评价

综合水质随时间的变化表达为：基本不变、轻微变化、显著变化。

（1）基本不变。在比较分析的时间间隔内，综合水质没有发生改善（恶化）或略有改善（恶化），判断标准见公式（附11）。

$$\frac{\left|(X_1.X_2)_{t_1} - (X_1.X_2)_{t_2}\right|}{(X_1.X_2)_{t_1}} \leqslant 10\%$$ （附11）

式中　$(X_1.X_2)_{t_1}$——比较分析时间间隔内起始时刻的综合水质指数；

$(X_1.X_2)_{t_2}$——比较分析时间间隔内终止时刻的综合水质指数。

（2）轻微变化。在比较分析的时间间隔内，综合水质没有发生显著的改善（恶化），判断标准见公式（附12）。

$$10\% < \frac{\left|(X_1.X_2)_{t_1} - (X_1.X_2)_{t_2}\right|}{(X_1.X_2)_{t_1}} \leqslant 20\%$$ （附12）

式（附12）中符号意义同式（附11）。通过比较时间间隔内起始时刻和终止时刻的综合水质再作出轻微改善或轻微恶化的判断。

（3）显著变化。在比较分析的时间间隔内，综合水质发生了显著的改善（恶化），判断标准见公式（附13）。

$$\frac{\left|(X_1.X_2)_{t_1} - (X_1.X_2)_{t_2}\right|}{(X_1.X_2)_{t_1}} > 20\%$$ （附13）

式（附13）中符号意义同式（附11）。通过比较时间间隔内起始时刻和终止时刻的综合水质，具体判断显著变化的趋势：显著改善或显著恶化。

十、水质随空间变化评价

（一）基本要求

在水质随空间变化评价中，断面（河流、水系）所选择的评价指标和监测频率应相同，以保证评价结果的可比性。

（二）单项水质指标随空间变化评价

1. 图形描述
用单项水质指标的评价数据随空间变化的图形描述。

2. 随空间变化评价
单项指标水质随空间的变化表达为：基本不变、轻微变化、显著变化。

（1）基本不变。在比较分析的空间间隔内，单项指标水质没有发生改善（恶化）或略有改善（恶化），判断标准见公式（附14）。

$$\frac{\left| C_{s_1} - C_{s_2} \right|}{C_{s_1}} \leqslant 10\% \tag{附14}$$

式中　C_{s_1}——比较分析空间起始断面的单项指标水质；
　　　C_{s_2}——比较分析空间末端断面的单项指标水质。

（2）轻微变化。在比较分析的空间间隔内，单项指标水质没有发生显著的改善（恶化），判断标准见公式（附15）。

$$10\% < \frac{\left| C_{s_1} - C_{s_2} \right|}{C_{s_1}} \leqslant 20\% \tag{附15}$$

式（附15）中符号意义同式（附14）。通过比较空间间隔内起始时刻和终止时刻的单项指标水质，具体判断轻微变化的趋势：轻微改善或轻微恶化。

（3）显著变化。在比较分析的空间间隔内，单项指标水质发生了显著的改善（恶化），判断标准见公式（附16）。

$$\frac{\left| C_{s_1} - C_{s_2} \right|}{C_{s_1}} > 20\% \tag{附16}$$

式（附16）中符号意义同式（附14）。通过比较空间间隔内起始时刻和终止时刻的单项指标水质，具体判断显著变化的趋势：显著改善或显著恶化。

（三）综合水质随空间变化评价

1. 图形描述
用综合水质指数（$X_1. X_2$）随空间变化的图形表述。

2. 随空间变化评价
综合水质随空间的变化表达为：基本不变、轻微变化、显著变化。

（1）基本不变。在比较分析的空间间隔内，综合水质没有发生改善（恶化）或略有改善（恶化），判断标准见公式（附17）。

$$\frac{\left| (X_1. X_2)_{s_1} - (X_1. X_2)_{s_2} \right|}{(X_1. X_2)_{s_1}} \leqslant 10\% \tag{附17}$$

式中 $(X_1.X_2)_{s_1}$——比较分析空间起始断面的综合水质指数；

$(X_1.X_2)_{s_2}$——比较分析空间末端断面的综合水质指数。

（2）轻微变化。在比较分析的空间间隔内，综合水质没有发生显著的改善（恶化），判断标准见公式（附18）。

$$10\% < \frac{\left| (X_1.X_2)_{s_1} - (X_1.X_2)_{s_2} \right|}{(X_1.X_2)_{s_1}} \leqslant 20\% \qquad （附18）$$

式（附18）中符号意义同式（附17）。通过比较空间间隔内起始时刻和终止时刻的综合水质，具体判断轻微变化的趋势：轻微改善或轻微恶化。

（3）显著变化。在比较分析的空间间隔内，综合水质发生了显著的改善（恶化），判断标准见公式（附19）。

$$\frac{\left| (X_1.X_2)_{s_1} - (X_1.X_2)_{s_2} \right|}{(X_1.X_2)_{s_1}} > 20\% \qquad （附19）$$

式（附19）中符号意义同式（附17）。通过比较空间间隔内起始时刻和终止时刻的综合水质，具体判断显著变化的趋势：显著改善或显著恶化。

十一、水质变化原因分析要求

当评价对象的水环境质量发生明显变化时，应对引起水质变化的主要原因进行分析，并在此基础上提出水环境综合整治的对策和措施建议。

水环境质量变化的原因分析主要从直接影响因素，如水文条件、点源及面源污染排放等；间接影响因素，如人口变化、产业结构调整、污染治理措施等进行相关分析，从而得出影响水质变化的关键因素，为水环境综合整治提供决策依据。